智能通信：基于深度学习的物理层设计

金 石 温朝凯 编著

科学出版社

北京

内 容 简 介

近年来人工智能特别是深度学习在计算机视觉、自然语言处理、语音识别等领域获得了巨大成功，无线通信领域的研究者们期望将其应用于系统的各个层面，进而发展出智能通信，大幅度提升无线通信系统效能。智能通信也因此被认为是 5G 之后无线通信发展主流方向之一，其研究尚处于探索阶段。本书结合国内外学术界在该领域的最新研究进展，着眼于智能通信中基于深度学习的物理层设计，对相关理论基础、通信模块设计，以及算法实现等进行详尽的介绍与分析。内容主要包括：神经网络的基础及进阶技巧、典型神经网络、基于深度学习的通信物理层基本模块设计等。为方便读者学习，相关章节均提供了开源代码(扫描二维码下载)，以帮助读者快速理解书中涉及的原理与概念。此外，本书还推出配套的 PPT 文件下载(请访问科学在线 www.sciencereading.cn，选择"科学商城"检索图书名称，在图书详情页"资源下载"栏目中获取本书配套的 PPT 文件。)

本书适合作为高等院校相关专业高年级本科生及研究生的通信实验教学参考书，也可供移动通信领域的工程技术人员参考使用。

图书在版编目(CIP)数据

智能通信：基于深度学习的物理层设计/金石，温朝凯编著. —北京：科学出版社，2020.6

ISBN 978-7-03-065445-8

Ⅰ. ①智… Ⅱ. ①金… ②温… Ⅲ. ①智能通信 Ⅳ. ①TN91

中国版本图书馆 CIP 数据核字(2020)第 097898 号

责任编辑：惠 雪/责任校对：杨聪敏
责任印制：赵 博/封面设计：许 瑞

科学出版社 出版
北京东黄城根北街 16 号
邮政编码：100717
http://www.sciencep.com

中煤(北京)印务有限公司印刷
科学出版社发行 各地新华书店经销
*

2020 年 6 月第 一 版 开本：720×1000 1/16
2024 年 5 月第六次印刷 印张：16 1/2
字数：330 000

定价：89.00 元
(如有印装质量问题，我社负责调换)

前　言

5G 商用之后无线通信面临发展模式、架构以及安全等多方面的挑战，难以满足移动数据流量爆炸式增长以及业务多样化的需求。鉴于此，世界通信强国纷纷着手 6G 的战略布局并展开前瞻性研究。6G 将具备全覆盖、全应用、全频谱、强安全等显著特征，将从信息广度、信息深度以及信息速度等维度全面发展使能技术，预期在频谱效率、能量效率、智能、安全及隐私保护等关键性指标方面有数量级式的提升。为实现 6G 极具挑战性的愿景目标，需要在基础理论与关键技术上取得突破，相关研究已在先进信号处理、新型信道编码与调制、太赫兹通信、人工智能与无线通信结合的智能通信等领域迅速展开，其中探索以人工智能提升无线传输效能的智能通信已成为国际研究前沿领域。

智能通信被认为是 5G 之后无线通信发展主流方向之一，其基本思想是将人工智能引入无线通信系统的各个层面，实现无线通信与人工智能技术有机融合，以实现大幅度提升无线通信系统效能的愿景。学术界和工业界正在上述领域开展研究工作，前期的研究成果集中于应用层和网络层，主要将人工智能特别是深度学习引入到无线资源管理和分配等领域。目前，该方向的研究正在向 MAC（媒体访问控制）层和物理层推进，特别是在物理层已经出现无线传输与人工智能结合的趋势，各项研究目前处于探索阶段。

本书结合国内外学术界在智能通信领域的最新研究进展，着眼于基于深度学习的物理层设计，对相关理论基础、通信模块设计以及算法实现等进行详尽地介绍与分析。全书共 10 章，内容包括智能通信当前研究进展、神经网络的基础及进阶技巧、典型神经网络、基于深度学习的 QAM（正交调制）解调器设计、人工智能辅助的 OFDM（正交频分复用）接收机、CSI（信道状态信息）反馈及信道重建、基于深度学习的序列检测器实现，以及基于深度学习的 Turbo 码译码等。

本书由东南大学移动通信国家重点实验室金石和台湾中山大学通讯技术实验室温朝凯组织编写并统稿，金石主要负责或参与撰写第 1、2、3、4、7、8、10 章，温朝凯主要负责或参与撰写第 3、5、6、7、8、9 章。此外，还要特别感谢东南大学移动通信国家重点实验室的张静、王霁超、刘庆、李梦圆、司鹏勃、刘祺、高璇璇、姜培文、王天奇、陈彤、王锐、张梦娇、何云峰、李嘉珂、曹凡等研究生为本书所做的贡献。

　　限于作者认知水平和写作时间，对于本书中存在的错误或不足之处，恳请同行专家与读者给予批评指正，我们将不胜感谢！

作　者

于中国无线谷

2020 年 3 月

目　录

第1章 绪 论

1.1 智能通信引言

自 2010 年以来，5G 技术备受学术界和工业界的关注，其主要特点为高维度、高容量、密集网络、低时延。相比于已经商用化的 4G 系统，5G 无线传输速率提升 10~100 倍，峰值传输速率达到 10 Gbit/s，端到端时延降至毫秒级，连接设备密度增加 10~100 倍，流量密度提高 1000 倍，频谱效率提升 5~10 倍，能够在 500 km/h 的速度下确保用户体验。与面向人与人通信的 2G/3G/4G 不同，5G 在设计之初，就考虑了人与人、人与物、物与物的互连。国际电信联盟发布的 5G 八大指标包括：基站峰值速率、用户体验速率、频谱效率、流量空间容量、移动性能、网络能效、连接密度和时延。

迄今为止，5G 主要从 3 个维度实现上述指标，即：空口增强、更宽的频谱以及网络密集化。这 3 个维度最具代表性的使能技术分别对应于大规模多输入多输出 (multiple input multiple output，MIMO)、毫米波通信以及超密集组网。大规模 MIMO 因具备提升系统容量、频谱效率、用户体验速率、增强全维覆盖和节约能耗等诸多优点，被认为是 5G 最具潜力的核心技术。然而，大规模 MIMO 的发展和应用也面临诸多问题，如对于不具有上下行互易性的频分双工 (frequency division duplex，FDD) 系统，如何有效地实现于基站侧获取信道状态信息。毫米波指的是波长在毫米数量级的电磁波，其频率大约在 30~300 GHz 之间。现有的无线通信系统所用频段大多集中在 300 MHz~3 GHz 之间，对毫米波频段的利用率较低。毫米波技术通过增加频谱带宽有效提高网络传输速率，但会受传播路径损耗、建筑物穿透损耗和雨衰等因素的影响，在实际应用中面临着巨大挑战[1]。另外，毫米波通信可与大规模 MIMO 有机融合，通过大规模 MIMO 波束成形带来的阵列增益可以弥补毫米波穿透力差的劣势。超密集组网 (ultra dense network，UDN) 通过更加"密集化"的无线网络部署，将站间距离缩短为几十米甚至十几米，使得网站密度大大增加，从而提高频谱复用率、单位面积的网络容量以及用户体验速率。综合来看，大规模 MIMO 利用超高天线维度充分挖掘利用空间资源，毫米波通信利用超大带宽提升网络吞吐量，超密集组网利用超密基站提高频谱利用率，由此产生了海量的无线大数据，为未来无线通信系统利用人工智能手段提供了数据源。

　　另一方面，近年来人工智能特别是深度学习（deep learning，DL）在计算机视觉、自然语言处理、语音识别等领域获得了巨大成功[2]，无线通信领域的研究者们期望将其应用于系统的各个层面，进而产生智能通信系统，实现真正意义上的万物互联，满足人们对数据传输速率日新月异的需求。因此，智能通信被认为是5G之后无线通信发展主流方向之一，其基本思想是将人工智能引入无线通信系统的各个层面，实现无线通信与人工智能技术有机融合，大幅度提升无线通信系统效能的愿景。学术界和工业界正在上述领域开展研究工作，前期的研究成果集中于应用层和网络层，主要思想是将人工智能特别是深度学习的思想引入到无线资源管理和分配等领域。目前，该方向的研究正在向介质访问控制（medium access control，MAC）层和物理层推进，特别是在物理层已经出现无线传输与深度学习等结合的趋势，然而各项研究目前还处于初步探索阶段。

　　尽管无线大数据为人工智能应用于物理层提供可能[3]，智能通信系统的发展仍处于探索阶段，机遇与挑战并存。追溯历史，无线通信系统从1G演进至5G并获得巨大成功，其根源在于基于香农信息论的无线传输理论体系架构的建立与完善。一个典型的无线通信系统由发射机、无线信道和接收机构成，如图1.1所示。发射机主要包括信源、信源编码、信道编码、调制和射频发送等模块；接收机包括射频接收、信道估计、信号检测、解调、信道解码、信源解码以及信宿等模块。不同于典型的无线通信系统，智能通信的无线传输研究旨在打破原有的通信模式，获得无线传输性能的大幅提升。目前这方面的研究面临诸多挑战，国内外研究者们才开始初步探索。

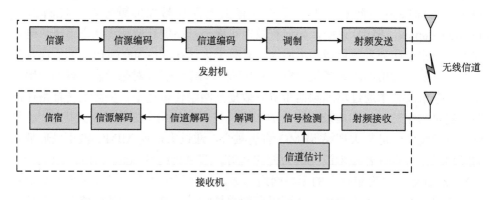

图 1.1　典型的无线通信系统

　　本书主要介绍人工智能技术，特别是深度学习应用于无线传输技术的最新研究进展，主要包括信道估计、信号检测、信道状态信息（channel state information，CSI）的反馈与重建、信道解码以及端到端的通信系统。

1.2　人工智能技术简介

1.2.1　人工神经网络

　　人工神经网络(artificial neural network，ANN)是 20 世纪 80 年代以来人工智能领域兴起的研究热点。它从信息处理角度对人脑神经元网络进行抽象，建立简单模型，按不同的连接方式组成不同的网络。在工业界与学术界也常直接简称为神经网络或类神经网络。神经网络是一种由大量的节点(或称神经元)之间相互连接构成的运算模型，神经元结构如图 1.2 所示。每两个节点间的连接都代表一个对于通过该连接信号的加权值，称之为权重，这相当于人工神经网络对该信息记忆的强度。每个节点自身则代表一种特定的输出函数，称之为激活函数(activation function)。整体的网络根据网络的连接方式、权重值和激活函数的不同构成不同的输出，以逼近自然界某种算法或者函数，或是达到某种逻辑策略。

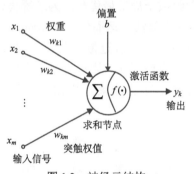

图 1.2　神经元结构

　　1996 年 Langley 将机器学习定义为人工智能的一个分支，旨在依赖经验知识提高系统性能。经过 20 世纪以来的长期研究，研究者提出了逻辑回归、判定树、支持向量机和神经网络等各种算法。2006 年，Hinton 等在 *Science* 上发表论文，其主要观点有：①多隐藏层的人工神经网络具有优异的特征学习能力；②可通过"逐层预训练"来有效克服深层神经网络在训练上的困难，从此引出深度学习的研究[4]。此后，深度学习在语音识别领域和图像识别领域取得巨大成就。深度学习作为一种新兴的神经网络算法，具有多种结构，包括深度神经网络(deep neural network，DNN)、卷积神经网络(convolutional neural network，CNN)、循环神经网络(recurrent neural network，RNN)、生成对抗神经网络(generative adversarial network，GAN)和深度增强学习神经网络(deep reinforcement learning neural network，DRLNN)等。下面详细介绍这五种深度学习网络的基本结构。

1.2.2 深度神经网络

深度神经网络(DNN)也被称为多层感知机。DNN 基本结构如图 1.3 所示，由输入层、多个隐藏层和输出层构成。每个隐藏层包含多个神经元，每个神经元连接到相邻的层，同层神经元互不连接。单个神经元将各个输入与相应权重相乘，然后加偏置参数，最后通过非线性激活函数(激活函数类型见表 1.1)。DNN 可通过反向传播有效地优化，然后隐藏层和神经元数量的增加，将使得训练过程遇到如梯度消失、收敛缓慢以及收敛到局部最小值等问题，训练程序实现变得很困难。为了解决消失梯度问题，引入了新的激活函数来代替经典的 Sigmoid 函数。为了提高收敛速度和降低计算复杂度，经典梯度下降法(gradient descent，GD)被调整为随机梯度下降法(stochastic gradient descent，SGD)，它随机选择一个样本来计算每次的损失和梯度。但随机特性在训练过程中会引起强烈的波动，因此，在经典的 GD 和 SGD 之间采用小批量随机梯度下降法(small-batch SGD)进行训练。然而，这些算法仍然会出现收敛于局部最优解。为了解决这一问题并进一步提高训练速度，数种自适应学习速率算法应运而生，如 Adagrad、RMSProp、Momentum、Adam 等[4]。训练完后还需注意是否有过拟合现象，如果训练后的网络在训练数据上表现良好，在测试过程中表现不佳，则出现过拟合现象。在这种情况下，为了在训练和测试资料上取得良好的结果，提出了正则化(regularization)和丢弃(dropout)等方案。

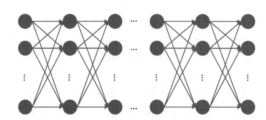

输入层　　隐藏层1　　隐藏层2　　隐藏层L–1　隐藏层L　输出层

图 1.3　深度神经网络基本结构

表 1.1　激活函数类型

函数名称	函数表达式
Sigmoid	$\dfrac{1}{1+e^{-x}}$
tanh	$\tanh(x)$
ReLu	$\max(0,x)$

1.2.3 卷积神经网络

卷积神经网络(CNN)的基本结构由输入层、多个卷积层、多个池化层、全连接层以及输出层构成,如图 1.4 所示。卷积层和池化层采用交替设置,即一个卷积层连接一个池化层,池化层后再连接一个卷积层,依此类推。卷积层中卷积核的每个神经元与其输入进行局部连接,并通过对应的连接权值与局部输入进行加权求和,然后再加入偏置值,得到该神经元输出值。由于该过程等同于卷积过程,因此被称为卷积神经网络。

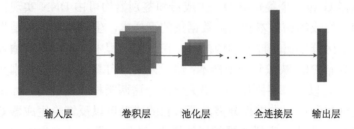

图 1.4 卷积神经网络基本结构

1.2.4 循环神经网络

循环神经网络(RNN)是一种对序列数据建模的神经网络,即一个序列当前的输出与前面的输出有关。具体的表现形式为:网络会对过去时刻的信息进行记忆并应用于当前输出的计算中,即隐藏层之间的节点不再是无连接的而是有连接的,并且隐藏层的输入不仅包括输入层,还包括上一时刻隐藏层的输出。图 1.5 是一个循环神经网络基本结构的示例。RNN 旨在为神经网络提供记忆,因为输出不仅

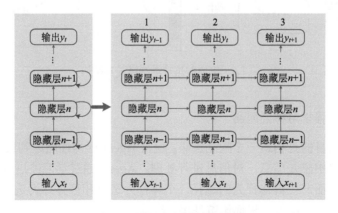

图 1.5 循环神经网络基本结构

依赖于当前输入，而且还依赖于过去时刻可用的信息或将来时刻可用的信息。图 1.5 所示的时延步长(time step)为 3。常用的 RNN 包括 Elman 网络、Jordan 网络、双向 RNN、长短时记忆(long short term memory，LSTM)和门控循环单元(gated recurrent units，GRU)。

1.2.5　生成对抗神经网络

生成对抗神经网络(GAN)是一种新型的分布学习生成方法，目的是学习一种能够在真实分布的数据集上生成伪样本的模型。GAN 基本结构如图 1.6 所示，包含一个生成器 G 和一个鉴别器 D。生成器和鉴别器均可由 DNN 实现。鉴别器用于区分生成器生成的伪样本和实际数据集的真样本，生成器的任务是生成样本数据使得鉴别器区分不出真样本和伪样本。在训练过程中，生成器将输入噪声 z 与样本的先验分布 $P(z)$ 映像到一个样本；然后采集来自真实数据的样本和来自于生成器 G 的样本，以训练鉴别器 D，最大化区分这两类样本的能力。如果鉴别器 D 成功地对真样本和伪样本进行分类，那么它的成功可以反馈给生成器 G，从而促使生成器 G 学会生成与真样本更相似的样本。当生成器 G 所产生的样本让鉴别器 D 无法区分其与真样本的差异，训练便达到平衡。此时即可结束 GAN 的训练。

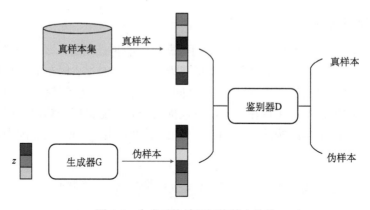

图 1.6　生成对抗神经网络基本结构

1.2.6　深度增强学习神经网络

强化学习目的是构造一个控制策略，使得 Agent 行为性能达到最大化。Agent 从复杂的环境中感知信息，对信息进行处理。Agent 通过学习改进自身的性能并选择行为，从而产生群体行为的选择，个体行为选择和群体行为选择使得 Agent 作出决策选择某一动作，进而影响环境。

增强学习(reinforcement learning，RL)是从动物学习、随机逼近和优化控制等理论发展而来，是一种无导师在线学习技术，从环境状态到动作映像学习，使得 Agent 根据最大奖励值而采取最优的策略；Agent 感知环境中的状态信息，搜索策略(哪种策略可以产生最有效的学习)选择最优的动作，从而引起状态的改变并得到一个延迟回报值，更新评估函数，完成一次学习过程后，进入下一轮的学习训练，重复循环迭代，直到满足整个学习的条件，才终止学习。

深度增强学习(DRL)是一种端到端(end-to-end)的感知与控制系统，具有很强的通用性。其学习过程可以描述为：

(1)在每个时刻 Agent 与环境交互得到一个高维度的观察，并利用深度学习(DL)方法来感知观察，以得到具体的状态特征表示；

(2)基于预期回报来评价各动作的价值函数，并通过某种策略将当前状态映像为相应的动作；

(3)环境对此动作做出反应，并得到下一个观察。

通过不断循环以上过程，最终可以得到实现目标的最优策略。

DRL 原理框架如图 1.7 所示。

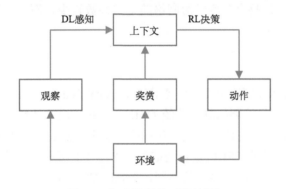

图 1.7　深度增强学习原理框架

1.3　智能通信当前研究进展

1.3.1　信道估计

在大规模 MIMO 波束毫米波场景下，信道估计极具挑战性，尤其是在天线数组密集、接收机配备的射频链路受限的场景。文献[5]提出 LDAMP(learned D-AMP)网络来解决这一信道估计问题。LDAMP 网络将信道矩阵视为二维图像作为输入，并将降噪的卷积神经网络融合到迭代信号重建算法中进行信道估计。LDAMP 网络是基于 D-AMP 算法[6]，由 L 层完全相同的结构串联而成。每层由降噪器、散度估量器和连接的系数组成。降噪器由具有 20 个卷积层的降噪卷积神经网络(denoising convolutional neural networks，DnCNN)实现，在 LDAMP 网络中起到决定性作用。在未知噪声强度的情况下，DnCNN 降噪器能够解决高斯降噪问题，比其他降噪技术准确度更高、计算速度更快。DnCNN 通过学习残余噪声，然后通过相减操作获得信道估计的图像，而非直接从含有噪声的信道图像中学习信道图像，如此不仅降低了训练时间，也增强了信道估计的准确性。仿真结果表明 LDAMP 网络的性能优越于当前最具潜力的其他信道估计方法。

从最小均方差(minimum mean-square error，MMSE)算法的基本结构出发，文献[7]提出了一种基于深度学习的信道估计器，其中估计的信道向量由条件高斯随机变量组成，协方差矩阵具有随机性。根据协方差矩阵是否具有托普利茨(Toeplitz)特性和移不变(shift-invariance)的结构特性，MMSE 信道估计器的复杂度也有所不同。若不具备上述特性时，信道估计的复杂度将会变得很大。为了降低信道估计的复杂度，文献[7]在 MMSE 的架构基础上提出了利用 CNN 网络对误差进行补偿。仿真结果表明，提出的信道估计器在降低复杂度的同时，也保证了信道估计的准确性。文献[5]和文献[7]不仅考虑到实际问题中的模型特点，而且以现有算法为基础，使整个深度学习网络的学习参数较少，而且准确性高、复杂性低，更具竞争力。

1.3.2　信号检测

文献[8]利用 DNN 解决正交频分复用(orthogonal frequency division multiplexing，OFDM)系统中的信号检测问题。传统 OFDM 系统信道估计和信号检测是两个独立的功能模块，即首先进行信道估计获得信道状态信息(channel state information，CSI)，然后利用估计的 CSI 恢复发送信号。如图 1.1 所示，信号原始恢复过程还涉及解调等模块。与传统无线通信不同，文献[8]将信道估计和信号检测视为一个整体，直接用 DNN 实现由接收信号到原始信号比特的映像；DNN 的输入为 256，隐藏层结构为 500-250-120，输出为 16，亦即 16bit；文中的 OFDM 系统采用 64 子载波，调制方式为正交相移编码(quadrature phase shift keying，QPSK)，输入信号为 128 byte，因此需要 8 个相同结构的 DNN 进行训练。所提出的 DNN 在经大量数据训练以后，性能可与传统检测算法——最小均方差(MMSE)相比拟。此外，在无循环前缀或降低峰均功率比的 OFDM 非线性系统中，DNN 获得的性能要比传统的 MMSE 提升很多。然而，这种提升并非表明设计的合理性，因为误比特率也呈现一定的饱和性(饱和性是指随着信噪比的增大，信号检测的误比特率不再下降或下降不明显)。在实际系统中，非线性情况还没有得到很好解决。另外，需要提出的是一个子 DNN 需要训练 20000 次，一次训练涉及 50000 个样本，若要得到 8 个这样的网络，其训练时间和复杂度可想而知。

文献[9]研究的是 MIMO 系统的信号重建问题，为此提出了信号检测算法

DetNet。DetNet 是在最大似然法基础上加入梯度下降算法，从而生成一个深度学习网络。为了测试 DetNet 的鲁棒性，考虑了两种 CSI 已知的情景，即时不变信道和随机变量已知的时变信道。仿真结果表明，DetNet 性能优于传统的信号检测算法——近似消息传递(approximate message passing，AMP)算法，而且与半正定松弛(semidefinite relaxation，SDR)算法性能相当，具有极高的准确性和极少的时间开销(SDR 算法速度是传统算法的 30 倍)。

文献[9,10]研究的问题相同，而且提出的解决方法均依赖已有的信号检测算法。文献[10]是以正交近似消息传递(orthogonal approximate message passing，OAMP)迭代算法为基础，结合深度学习网络提出了 OAMP-Net，目的是在原有算法基础之上，加入可调节的训练参数，进一步提升已有算法的信号检测性能。OAMP 算法在压缩感知领域被提出来解决稀疏线性求逆问题，后被用于 MIMO 的信号检测问题。与以往算法相比，OAMP 算法复杂度降低很多，但其信号检测性能有所下降。此外，其迭代的过程增加了算法的复杂度，为了弥补此缺陷，OAMP-Net 用 T 个串联层取代了算法的迭代过程。每个串联层不仅实现了 OAMP 算法的全过程，而且加入了一些可训练的参数，使得 OAMP 算法更具弹性，在参数改变时，不仅能适应更多信道场景，而且可以实现与其他算法模型的转换。仿真结果表明，OAMP-Net 的性能不仅优于 OAMP 算法，而且优于更加复杂的 LMMSE-TISTA 算法，其算法复杂度更低且能适应于时变信道。

不难看出，文献[8]提出的深度学习网络需要采集大量训练数据，前期训练工作量巨大，而文献[9,10]克服了这一困难，利用更简单的训练网络就可实现更好的信号检测性能。

1.3.3　CSI 反馈与重建

在频分复用网络中，MIMO 系统中基站需要获得下行链路的 CSI 反馈来执行预编码以及实现性能增益。然而大规模 MIMO 系统中的配置天线较多，造成过量反馈负载，因此传统的 CSI 反馈方法不再适用于此场景。文献[11]提出基于 CNN 的 CSI 感知与恢复机制 CsiNet。CsiNet 的感知部分也称为编码器，将原始 CSI 矩阵利用 CNN 转化为码本；CsiNet 的恢复部分也称为译码器，将接收到的码本利用全连接网络和 CNN 恢复成原始的 CSI 信号。编码器网络包括 32×32 输入层、2 个 3×3 卷积核、1×N 重建层(reshape)和 1 个线性的 1×M 全连接层。译码器网络包括 1×M 输入层、1×N 全连接层、32×32 重建层和 2 个 Refine 网络。Refine 网络用于特征提取，包括 4 层 3×3 卷积层。文献[12]在压缩 CSI 反馈的空间复用 MIMO 系统中只利用 DNN 网络将原始 CSI 矩阵压缩为低维度的 CSI 信号，没有涉及 CSI 反馈信号的进一步恢复。

文献[13]在文献[11]基础上提出一种实时的基于 LSTM 的 CSI 反馈架构

CsiNet-LSTM，该网络利用 CNN 和 RNN 网络分别提取 CSI 的空间特征和帧内相关性特征，从而进一步提升反馈 CSI 的正确性。CsiNet-LSTM 的时延步长为 T，第一步时延步长的信道矩阵采用高压缩率编码器，其他 $(T-1)$ 个时延步长采用低压缩率编码器。$(T-1)$ 个低压缩率编码器的输出码字分别与高压缩率编码器的输出码字符串联在一起，然后输入到相应的译码器中。最后的 CSI 重建由 T 个时延步长具有 3 层 $2\times32\times32$ 单元的 LSTM 执行。需要指出的是，此网络编码器和译码器部分与文献[11]的 CsiNet 结构完全相同。利用时变 MIMO 信道时间相关性和结构特点，CsiNet-LSTM 能实现压缩率、CSI 重建质量以及复杂度之间的折中。相比于 CsiNet，该网络以时间效率换取了 CSI 的重建质量。参考文献[11,13]提出的 CSI 反馈与重建算法均依赖大量数据进行离线训练，网络复杂度较高，泛化性能需要深入研究。

1.3.4　信道译码

文献[14]提出了一种基于 DNN 的信道译码方法。该文献得出了深度学习应用于信道译码的两个结论：一是如极化码等结构码比随机码更容易学习；二是针对结构码，深度学习网络能够译码没有训练过的码字。在接收端，k 位信息比特被编码成长度为 N 的码字，然后进行调制并通过发射机由噪声信道被送至接收端。接收端的信道译码器的任务是将接收的具有噪声干扰的码字恢复成相应的信息比特。信道译码器由输入层、3 层隐藏层、输出层构成。输入层为具有噪声干扰的码字，输出层为信息比特。3 层隐藏层神经元结构为 128-64-32。信道译码深度学习用于信道译码无疑会受到维度爆炸的限制，对于码长为 100，码率为 0.5 的编码来说，则存在 2^{50} 种不同的码字。因此，该网络只适应于码字较短的信道编码技术。仿真结果表明，对于结构码来说，训练 2^{18} 次则接近最大后验概率(maximum a posteriori probability，MAP)译码器的性能。而对于随机码来说，训练 2^{18} 次性能远远不及 MAP 译码器。另外，文献[14]分别对不同的隐藏层结构 128-64-32、256-128-64、512-256-128 和 1024-512-128 进行比较，对于此译码网络来说，隐藏层结构越复杂，训练的次数越多，该译码器的性能越优越。

文献[14]将解码部分视作一个黑盒子，直接实现了从接收码字到信息比特的转换，该方式的性能虽然能与传统方法相比拟，但是训练次数呈指数上升，深度学习网络结构也足够复杂，当码长发生改变时，该网络需要被重新调整输入输出，并重新训练，工作量之大可想而知。另外，该方法既不适应于随机码，也不适合码长较长的码字，具有很大的局限性。文献[15]与文献[14]不同，是在传统极化码迭代译码算法基础上，提出一种分离子块的深度学习极化码译码网络。该网络主要包含两个步骤：一是将原编译码分割成 M 个子块，然后分别对各个子块进行编码译码，子块译码过程采用 DNN，性能接近 MAP 译码器的性能，子块的引入克服了因码长过长造成的解码复杂度问题；二是利用置信传播（belief propagation，BP）译码算法连接各个子块，将 BP 算法与子块 DNN 连接，实现并行处理。文献[15]的译码算法是一个高度并行的译码算法，且不属于迭代算法。该算法与传统算法相比，时延大幅降低，且性能相当；与文献[14]的译码算法相比，该算法在训练次数和网络结构上的复杂度显著降低。

文献[16]与文献[15]均利用 BP 算法与深度学习网络相结合进行信道译码。文献[16]提出一种迭代的信道译码算法——BP-CNN，该算法将 CNN 与标准 BP 译码器串联，在噪声环境中估计信息比特。在接收端，标准 BP 接收机用于估计传输信号，CNN 在降低 BP 检测器的估计误差的同时可获得更加准确的信道噪声估计。具体的执行步骤如下：首先将接收的信号由 BP 译码器进行处理以获得原始的译码结果，此时信道噪声估计因译码误差而具有较大误差，故将其输入到 CNN 以降低其误差，再移除 BP 译码器的估计误差。最终，BP 算法与 CNN 之间的迭代会逐渐提高检测 SNR，获得更好的译码性能。与 CNN 结合的 BP-CNN 算法特点在于，CNN 大部分操作为线性运算，少部分为非线性运算，使得其算法不仅译码性能优于标准 BP 算法，并具有更低的复杂度。仿真结果表明：噪声相关性越强，BP-CNN 的性能优越性越高；当噪声非相关时，BP-CNN 的性能稍逊于 BP 算法。

对于高密度奇偶校验码（high density parity check，HDPC）来说，BP 算法的性能相对较差。Tanner 图为校验码的校验矩阵，Nachmani 等[17]提出了 BP-DNN 算法，该算法为 Tanner 图的边缘节点分配权重系数，并利用 DNN 进行训练获得这些系数，从而提升 BP 算法应用于 HDPC 的性能。BP-DNN 的迭代次数仅约为 BP 算法的十分之一，且性能优于传统的 BP 算法。Nachmani 等[18]又提出了 BP-RNN 算法，将 RNN 网络与 BP 算法结合，进一步提升 BP 算法的性能。另外，文献[18]将 BP-RNN 中的 BP 算法替换为改进的随机冗余迭代（modified random redundant iterative，mRRD）算法，获得的译码性能优于 mRRD 算法。

上述基于深度学习的信道译码方法中，文献[14]将无线通信系统中译码模块看作为黑盒子，其他文献均与 BP 算法结合进一步寻求性能的提升以及复杂度的降低。

1.3.5 端到端无线通信系统

O' Shea 等[12]提出一种 MIMO 系统中基于深度学习自编码器的物理层策略。在特定的信道环境下，此策略利用自编码器对估计、反馈、编码和译码过程进行全局优化，以达到最大化吞吐量和最小化误比特率的目的。文献[12]利用自编码器实现了 3 个无线通信系统，分别是：无 CSI 反馈的空间复用 MIMO 系统、完美 CSI 反馈的空间复用 MIMO 系统以及压缩 CSI 反馈的空间复用 MIMO 系统。在特定信道环境下，此物理层策略获得了较大的性能提升。

文献[19]提出了一个端到端无线通信系统模型，诠释了物理层的处理模块由 DNN 替代的可行性。传统无线通信系统的设计需要考虑硬件实现时各种不确定因素的影响，并进行时延、相位等方面的补偿，文献[19]提出的基于 DNN 的端到端无线通信系统也考虑这些因素。在系统实现时进行两个阶段的训练：第一阶段为随机信道下的发送、信道与接收 DNN 的训练。第二个阶段在第一阶段网络训练参数的基础上，在真实信道下再一次进行训练，对训练参数进行微调，使得整个系统的性能进一步提升。信道模块中时延和相位补偿均被考虑到 DNN 的训练中。接收模块中，接收信号特征提取和相位补偿由 DNN 替代，两个 DNN 训练结果串联起来输入到接收 DNN 中。这种基于 DNN 的无线通信系统充分考虑了真实信道下的时变性，系统性能与传统无线通信系统性能具有可比性。

文献[20]利用 DNN 实现端到端无线通信系统，其中信号相关的功能模块均利用 DNN 实现，如编码、译码、调制以及均衡。无线通信系统中瞬时 CSI 随着时间和位置的改变不断变化，所以很难准确获取，整个端到端无线通信系统在反向传播计算梯度时由于信道未知而无法进行。为此，文献[20]提出一种不依赖任何信道的先验知识，可适用于信道未知情况下的端到端系统。系统采用 GAN 代表无线信道影响，发送端的编码信号作为条件信息。为了克服信道的时变性，导频数据的接收信号也作为条件信息的一部分。此无线通信系统发送机和接收机各由一个 DNN 代替，GAN 作为发送端与接收端的桥梁，使得反向传播顺利进行。发送 DNN、接收 DNN、信道生成 GAN 相互迭代进行训练，最终达到全局最优解。仿真结果表明利用 GAN 进行信道估计的方法与传统信道估计性能相当，端到端无线通信系统的性能接近传统的基于通信知识的信道模型系统。此方法打破了传统模型化的无线通信模式，为无线通信系统设计开辟新道路。基于端到端的无线通信系统也被称为自编码器，用编码、信道、译码过程代替原先的无线通信系统结构，编码、信道、译码部分均用深度学习网络实现，是一种全新的无线通信系统实现思路。然而，多个 DNN 需要依赖大量的数据，数据的采集过程任务量巨大，如果环境或硬件系统发生改变，信息的采集过程需要重新进行，目前看这种方式实现无线通信系统的实际可操作性较低。

1.4　总结与展望

5G 技术具有高维度、高容量、高密集的特点，在无线传输中产生海量数据，物理层中的大数据处理成为一个兴趣点，期望利用人工智能提升物理层的传输性能。近年来，研究者已经对此做了初步探索，主要呈现出两种类型的深度学习网络，一种基于数据驱动，另一种基于数据模型双驱动。基于数据驱动的深度学习网络[8,11-14,19,20]将无线通信系统的多个功能块看作一个未知的黑盒子，利用深度学习网络取而代之，然后依赖大量训练数据完成输入到输出的训练。例如，文献[8]将 OFDM 系统中整个接收模块作为一个黑盒子，射频接收机接收到信号，然后进行移除循环前缀操作，最后利用 DNN 直接完成从射频接收机到二进制发送信号过程。基于端到端的无线通信系统将整个通信系统由深度学习网络全面替代，期望全局优化无线通信系统获得更好的性能[12,19,20]。基于数据模型双驱动的深度学习网络[5,7,9,10,15-18]在无线通信系统原有技术的基础上，不改变无线通信系统的模型结构，利用深度学习网络代替某个模块或者训练相关参数以提升某个模块的性能。例如，文献[6]在无线通信系统 MIMO 信号检测模块 OAMP 接收机基础上，利用深度学习网络引入可训练的参数，进一步提升信号检测模块的性能。基于数据驱动的深度学习网络主要依赖海量数据，而基于数据模型双驱动的深度学习网络主要依赖通信模型或者算法模型。

基于数据驱动的深度学习网络通过大量实例学习，吸收了被分析员标记的大量数据，以生成期望的输出。然而，训练深度学习网络需要大量的标记数据，获取并标记大量信息的过程不但费时而且成本高昂。除了获取并标记数据的挑战之外，大多数基于数据驱动的深度学习模型泛化性和自适应性较弱，即使网络部分结构发生微小变化，也会导致训练模型准确性大大降低。例如，如果文献[8]发送端的调制方式更换为 16QAM(quadrature amplitude modulation，正交调幅)或 64QAM，网络需要重新训练，因此，调整或修改模型所耗费的代价相当于重新创建模型。为了减少训练和调整深度学习模型的成本和时间，基于模型的深度学习网络具有更好的泛化性和自我调整性。蜂窝移动通信从 1G 演进到 5G，无线通信系统性能提升离不开功能模块的建模，基于数据驱动的深度学习网络摒弃这些已有无线通信知识，需要海量数据进行训练与学习，而获得的性能却达不到已有无线通信系统模型的性能。基于数据模型双驱动的深度学习网络是以物理层已有模型为基础，可以显著减少训练或升级所需的信息量。由于已有的模型具有环境自适应性和泛化性，因此数据模型双驱动深度学习网络不但具备这些特性，而且能在原模型基础上进一步提升系统的性能。数据驱动与数据模型双驱动的深度学习网络比较见表 1.2。由 1.3 节的分析可知，数据模型双驱动深度学习网络在信道估计、信号检测、信道译码的应用上取得良好性能，具有广阔的发展前景。

表 1.2　数据驱动与数据模型双驱动的深度学习网络比较

类型	数据依赖性	模型依赖性	准确性	复杂度
数据驱动	高	低	相对较低	高
数据模型双驱动	低	高	高	低

1.5　本　章　小　结

本章介绍了当前应用较广的几种深度学习网络，包括 DNN、CNN、RNN、GAN 和 DRL，详细阐述了深度学习应用于无线传输技术的最新研究成果，包括信道估计、信号检测、CSI 反馈与重建、信道译码以及端到端无线通信系统，并进行总结与展望。展望未来，智能无线通信作为 5G 之后发展的主流技术之一，物理层寻求技术上的突破，关键在于利用大数据降低系统实现复杂度、提升系统性能。从最新研究进展中可以看出，数据模型双驱动的深度学习网络不仅能满足这些需求，而且对数据的依赖性大为减小，成为最具潜力的发展方向之一。

参 考 文 献

[1]　Shafi M, Zhang J, Tataria H, et al. Microwave vs. millimeter-wave propagation channels: Key differences and impact on 5G cellular systems. IEEE Communications Magazine, 2018,56(12): 14-20.

[2]　Mao Q, Hu F, Hao Q. Deep learning for intelligent wireless networks: a comprehensive survey. IEEE Communications Surveys and Tutorials, 2018,20(4):2595-2621.

[3]　O'Shea T J, Hoydis J. An introduction to deep learning for the physical layer. IEEE Transactions on Cognitive Communications and Networking, 2017,3(4):563-575.

[4]　Wang T Q, Wen C K, Wang H Q, et al. Deep learning for wireless physical layer: Opportunities and challenges. China Communications, 2017,14(11):92-111.

[5]　He H, Wen C K, Jin S, et al. Deep learning-based channel estimation for beamspace mmWave massive MIMO systems. IEEE Wireless Communications Letters, 2018,7(5):852-855.

[6]　Metzler C A, Mousavi A, Baraniuk R G. Learned D-AMP: principled neural network based compressive image recovery. https://arxiv.org/pdf/1704.06625, 2017.

[7]　Neumann D, Wiese T, Utschick W. Learning the MMSE channel estimator. IEEE Trans. Signal Process.2018,66(11):2905-2917.

[8]　Ye H, Li G Y, Juang B H. Power of deep learning for channel estimation and signal detection in OFDM systems. IEEE Wireless Commun. Lett., 2018,7(1):114-117.

[9]　Samuel N, Diskin T, Wiesel A. Deep MIMO detection. IEEE International Workshop on Signal Processing Advances in Wireless Communications, Sapporo, Japan. Piscataway: IEEE Press, 2017.

[10]　He H, Wen C K, Jin S, et al. A model-driven deep learning network for mimo detection. IEEE Global Conference on Signal and Information Processing (GlobalSIP), Seoul, 2018:584-588.

[11]　Wen C K, Shih W, Jin S. Deep learning for massive MIMO CSI feedback. IEEE Wireless Commun. Lett., 2018,7(5): 748-751.

[12]　O'Shea T J, Erpek T, Clancy T C. Deep learning based MIMO communications. https://arxiv.org/abs/1707.07980. 2017.

[13] Wang T, Wen C K, Jin S, et al. Deep learning-based CSI feedback approach for time-varying massive MIMO channels. IEEE Wireless Commun. Lett., 2018, Early Access:1-10.

[14] Cammerer S, Hoydis J, Brink S T. On deep learning-based channel decoding. 51st Annual Conference on Information Sciences and Systems, Baltimore, MD, 2017.

[15] Cammerer S, Hoydis J, Brink S T. Scaling deep learning-based decoding of polar codes via partitioning. https://arxiv.org/abs/1702.06901. 2017.

[16] Liang F, Shen C, Wu F. An iterative BP-CNN architecture for channel decoding. IEEE Journal of Selected Topics in Signal Processing, 2018,12(1): 144-159.

[17] Nachmani E, Beery Y, Burshtein D. Learning to decode linear codes using deep learning. 54th Annual Allerton Conference on Communication, Control, and Computing, Monticello, Illinois, 2016.

[18] Nachmani E, Marciano E, Lugosch L, et al. Deep learning methods for improved decoding of linear codes. IEEE Journal of Selected Topics in Signal Processing, 2018,12(1):119-131.

[19] Dörner S, Cammerer S, Hoydis J, et al. Deep learning based communication over the air. IEEE J. Sel. Topics Signal Process., 2018,12(1):132-143.

[20] Ye H, Li G Y, Juang B H, et al. Channel agnostic endto-end learning based communication systems with conditional GAN. IEEE Global Communication (GLOBECOM), Abu Dhabi, 2018: 1-6.

第 2 章　神经网络的基础

2016 年 3 月，美国谷歌公司研制的人工智能系统 AlphaGo 以 4∶1 大胜世界围棋冠军李世石，相关媒体同时使用了人工智能(artificial intelligence)、机器学习(machine learning)和深度学习(deep learning)三个关键词对该事件进行了报道。尽管三者均对 AlphaGo 的胜利做出了重大贡献，但是它们依然有着很大不同。

人工智能，最早可以追溯到 1956 年，由约翰·麦卡锡(John McCarthy)首次定义，即具有人类智能的机器。人工智能可以分为 2 种：通用人工智能和狭义人工智能。具备人类全部能力的人工智能系统称为通用人工智能，经常出现在各种科幻电影和小说中，但是实现这样的系统比预期要困难得多，所以目前人类还无法实现这种人工智能。然而，面向特定任务的狭义人工智能已经可以实现。目前的大多数人工智能系统都只为解决一个特定的问题。尽管狭义人工智能只能应用于很窄的范围内，但是可以做得比人类更好。例如，图像分类和人脸识别。

机器学习的概念来自于人工智能发展的早期，它是实现人工智能的方法，阿瑟·塞缪尔(Arthur Samuel)将其定义为"没有编程就拥有学习的能力"。简单来说，与只能够执行特定指令的软件不同，机器学习通过大量的数据进行自我训练从而实现改进。例如，在图像识别问题中，数万张图片有的包含猫，有的并不包含。人们可以预先对这两类图片进行标记，然后选取一个合适的模型，通过大量训练该模型可以准确地对图片实现正确的分类。当有新的图片需要判别时，该模型同样可以实现正确的分类，也就是该模型已经学会了如何正确识别猫类。目前随着大数据应用的增加和处理器性能的提升，机器学习已经在更多领域得到了应用。例如，在生物医学领域，机器学习用于肿瘤检测和 DNA 序列分析；在自然语言处理中，机器学习用于语音识别；在计算金融学中，机器学习用于信用评估。总之，机器学习算法可以模拟人的学习行为，从而帮助人类更好地制定相关决策。

机器学习的方法主要分为 3 种：监督学习(supervised learning)、无监督学习(unsupervised learning)和强化学习(reinforcement learning)。监督学习是利用一组有标记的训练数据训练模型，不断调整分类器的参数，使其达到所要求的性能，再使用该模型对未知的数据进行预测，监督学习采用分类和回归方法建立模型。无监督学习则针对难以人工标注类别的情况，处理类别未知或者总体趋势不明的数据，挖掘数据集中隐含的规律，达到所预期的预测效果，无监督学习分为聚类和降维。强化学习与其他机器学习方法不同，是通过构建一个系统，在与环境交互的过程中提高系统的性能。当目标确定，但到达该目标的路径无法定义时，该方法效果十分明显。例如，在围棋比赛中，系统会根据当前棋盘上的局势来确定下一步。

　　深度学习是机器学习领域的一个重要分支，是让层数较多的神经网络进行训练从而演变出来的一系列新的方法。人工智能发展的早期，机器学习专家提出了人工神经网络的概念，类似于人类大脑中神经元之间的互联，人工神经网络由大量连接的神经元节点构成，具有离散的层和彼此之间的数据传播方向。深度神经网络结构与浅层神经网络相比，拥有更多的隐含层，可以通过调整不同层之间神经元的连接方法和更正激活函数来提高深层神经网络在具体数据集上的训练效果。

　　事实上，人工神经网络的概念诞生于人工智能的早期，但是由于最基本的神经网络也需要大量的计算资源，因此很难实现。然而随着计算机性能的提升以及图形处理器(GPU)的大量部署，人工神经网络的应用已经十分普遍。当下深度学习在计算机视觉和自然语言处理两大领域的应用已经远超过传统的机器学习算法，但是深度学习并不是机器学习的重点，本身依然存在很多问题。例如，深度学习需要大量的训练数据才能展现良好的性能，但是现实中往往出现小样本问题，因此，深度学习的发展还有很长的路要走。

　　总的来说，人工智能是目的，机器学习是实现人工智能的方法，深度学习是一种实现机器学习的技术，三者的关系如图 2.1 所示。

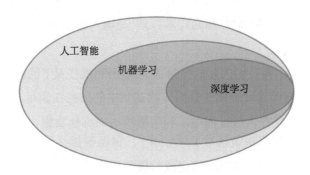

图 2.1　人工智能、机器学习、深度学习三者关系示意图

　　充分理解并且熟练运用深度学习的知识，必须对机器学习的基本原理有深刻的理解。本章将探讨贯穿全书的一些机器学习的基本原理。首先给出监督学习的过程，介绍监督学习中的分类和回归问题；接着针对机器学习中常见的鸢尾花分类问题，探究如何使用逻辑回归方法进行分类，并且给出代价函数，通过梯度下降法求解；最后，给出基于逻辑回归算法的二分类范例。

2.1　监　督　学　习

　　监督学习是利用一组既有特征又有标签的样本数据来调整模型的参数，也就是让模型寻找特征与标签的关系，再用模型对测试样本集进行预测，使其达到所要求的性能。由于在这个过程中训练集数据是同时包含特征和标签的，即输入输出信息，所以监督学习又可以称为有导师学习。

　　如图 2.2 所示，监督学习通常分为学习和预测两个过程，分别由学习系统和预测系统完成。

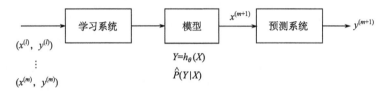

图 2.2　监督学习过程框图

　　首先给定一个训练集

$$\text{Train} = \left\{ \left(x^{(1)}, y^{(1)} \right), \left(x^{(2)}, y^{(2)} \right), \cdots, \left(x^{(m)}, y^{(m)} \right) \right\} \tag{2-1}$$

式中，$\left(x^{(i)}, y^{(i)} \right) (i = 1, 2, \cdots, m)$ 称为样本；$x^{(i)}$ 是输入的观测值；$y^{(i)}$ 是输出的观测值。

　　在监督学习中，假设输入随机变量 X 和输出随机变量 Y 的联合概率密度函数为 $\hat{P}(Y / X)$，并且假设训练集的数据和测试集中的数据在满足 $P(X, Y)$ 条件下是独立同分布的。系统在训练过程中，利用所给的训练集数据，通过学习可以得到一个模型 $h_\theta(X)$，记作决策函数 $Y = h_\theta(X)$，该函数描述了输入与输出随机变量之间的映射关系。然后，将该训练完成的模型用于预测过程。对于测试集中输入的数据 $x^{(m+1)}$，根据模型 $y^{(m+1)} = h_\theta\left(x^{(m+1)} \right)$ 可以得到相应的输出 $y^{(m+1)}$。

　　在训练过程中，系统不断地尝试，通过训练数据集中的样本 $\left(x^{(i)}, y^{(i)} \right)$ 进行学习并构建模型，从而确定模型的参数。对于每一个输入 $x^{(i)}$，模型 $Y = h_\theta(X)$ 都可以产生一个对应的输出 $h_\theta\left(x^{(i)} \right)$，而在训练数据集中，对应的输出是 $y^{(i)}$。在性能优异的模型中，训练样本输出 $y^{(i)}$ 和模型输出 $h_\theta\left(x^{(i)} \right)$ 之间的差应该足够小，对于输入数据，模型具有很好的预测能力。判断一个模型表现好坏的衡量就是对训练数据集有足够好的预测，同时对未知的测试数据集的预测也有尽可能好的推广[1]。

监督学习的典型问题是分类问题（classification）和回归问题（regression）。它们最主要的区别就是模型的输出值是否离散。当模型的输出值连续时，为回归问题，离散时则为分类问题。例如，在邮件的二分类问题中，可以将输出标签预先定义为{1,–1}，分别代表垃圾邮件和非垃圾邮件。而回归算法的输出值通常是连续的，例如，通过房地产市场的资料，预测一个给定面积的房屋价格。

典型的监督学习算法有支持向量机（SVM）、k 近邻算法、判定树算法、朴素贝叶斯算法和逻辑回归算法等。

2.2 分 类 问 题

由 2.1 节可知监督学习包含回归和分类两个核心问题。当输出变量 Y 取连续值，该类学习问题称为回归问题；当输出变量 Y 取有限数量的离散值时，预测问题转化为分类问题。此时，输入变量 X 既可以是离散的，也可以是连续的。分类问题包含学习和分类两个步骤：首先利用已知的数据集训练得到一个分类决策函数，称之为分类器（classifier）；接着，使用该分类器可以对新的输入进行预测分类。当分类的类别为两个时，称为二分类问题；分类的类别为多个时，称为多分类问题。许多机器学习方法都可以用于分类，例如，k 近邻算法、朴素贝叶斯算法、感知机等。

分类算法在于根据其特性将数据分类，在许多领域都有广泛的应用。例如，自然语言处理领域中，典型的文本分类问题是根据文本的特征将不同的文本划分到已有的类别中。类别可以是关于文本特点的，如正面意见、反面意见；也可以是关于文本内容的，如文化、经济、时政等等。一般文本的特征向量对应输入，文本的类别对应输出，每个单词对应一个特征。例如，当"国画""书法""舞蹈"这些词出现的次数较多，这个文本可能属于文化类；如果 "竞技""运动""足球"这类词出现次数较多，这个文本可能属于体育类。

20 世纪 90 年代以后，随着统计学习的发展和互联网在线文本数量的增长，形成了一套解决大规模文本分类问题的方法，该方法的主要思路是结合人工特征工程和浅层分类模型。其中，特征工程是指将文本转化为计算机可识别的矩阵的过程，通常包含文本预处理、特征提取和文本表示 3 个部分。大部分的机器学习分类方法都在文本分类领域有广泛的应用。例如，神经网络算法。分类器如图 2.3 所示，整个文本分类问题分为特征工程和分类器两个部分[2]。

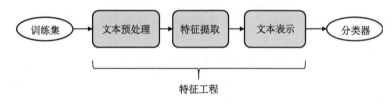

图 2.3　文本分类问题

使用机器学习算法完成建模之后，需要对模型的效果做出评价。评价分类器性能的指标一般是准确率(precision)，定义为：分类器正确分类时的样本数与总样本数之比，但是如果使用准确率作为评价指标，当数据集标签量不均衡时易造成预测失准，因此常以召回率(recall)取代，两者之间差别用猫的二分类问题为例说明。首先介绍几个常见的模型评价术语，现在假设分类目标只有两类，记为正例(positive)和负例(negative)。

True positives(TP)，实际为正例并且被分类器正确划分为正例的实例数；

False positives(FP)，实际为负例但是被分类器错误划分为正例的实例数；

False negatives(FN)，实际为正例但是被分类器错误划分为负例的实例数；

True negatives(TN)，实际为负例并且被分类器正确划分为负例的实例数。

根据上述评价术语，给出混淆矩阵的定义，如表 2.1 所示。

表 2.1　混淆矩阵

真实情况	预测结果	
	正例	负例
正例	TP	FN
负例	FP	TN

因此，分类的准确率为

$$P = \frac{TP + TN}{TP + FP + TN + FN} \tag{2-2}$$

准确率是一个很直观的评价指标，但是很多情况下准确率高不一定代表算法性能就好。这里仍然以猫的二分类问题为例，假设有 100 个图片样本，其中有 91 张图片显示的是猫类，其他 9 张图片显示的不是猫类(其他)。表 2.2 是机器学习模型将 100 张图片分为猫类(负例)或其他(正例)的结果。

由表 2.2 可以看出，在 100 张图片样本中，91 张图片描述的是猫类，包含 90 个 TN 和 1 个 FP；9 张为其他，包含 1 个 TP 和 8 个 FN。计算得到准确率为 0.91，表面上感觉该分类器在识别猫类方面效果理想。但细致地分析可知，在 91 张真正的猫类图片中，该模型将 90 张正确识别为猫类，1 个错误识别为其他，在识别正确的猫类图片方面效果很好。但是在 9 张非猫类图片中，该模型仅仅将 1 个正确识别为非猫类，其余依然识别为猫类，效果非常不理想。

表 2.2　图片分类结果

真正例(TP)	假正例(FP)
真实情况：其他	真实情况：猫类
预测结果：其他	预测结果：其他
TP 结果数：1	FP 结果数：1
假负例(FN)	真负例(TN)
真实情况：其他	真实情况：猫类
预测结果：猫类	预测结果：猫类
FN 结果数：8	TN 结果数：90

　　因此，根据以上分析可知，尽管 0.91 的准确率结果似乎不错，但是假设一种极端情况，另外一个图片分类器模型将所有的图片全部预测为猫类，也就是不具备识别非猫类图片的能力，此时该模型使用 100 张样本预测会实现相同的准确率，也就是该模型与没有预测能力的分类器在区分猫类和非猫类方面性能差不多。因此，当使用分类不平衡的数据集，例如，正例和负别的数量之间存在明显差异时，只使用准确率一项指标不能反映全面情况，需要使用其他的评价指标。

　　对于二分类问题，除了准确率，其他常用的评价指标是精确率与召回率。

　　精确率定义为

$$P = \frac{TP}{TP + FP} \tag{2-3}$$

召回率定义为

$$R = \frac{TP}{TP + FN} \tag{2-4}$$

　　直观上看，精确率指被识别为正例的样本中，确实为正例的比例；召回率为所有正例别样本中，被正确识别为正例的比例。将这两个评价指标应用到猫的二分类模型中，通过计算得到模型的精确率为 0.50，召回率约为 0.11。因此，该模型在预测猫类图片方面的准确率为 50%，能够正确识别出所有猫类图片的百分比约为 11%。此外，还可以用精确率和召回率的调和均值进行定义，即

$$F_1 = \frac{2TP}{2TP + FP + FN} \tag{2-5}$$

精确率和召回率都高时，F_1 值也会高。

2.3 线性回归

2.2 节主要介绍了模型的常用评价指标(准确率和召回率)，为了解决连续型统计数据的分类问题，可以使用监督学习中的回归方法。线性回归是对一个或多个自变量和因变量之间使用线性统计模型进行建模的一种回归分析。具体过程如下：首先给定一个训练数据集，根据该数据集训练得出一个线性函数，然后对该线性函数的训练效果进行测试，此时需要利用定义的代价函数衡量预测效果，最后确定参数。函数关系如下所示：

$$h_\theta(x) = \theta_0 + \theta_1 x_1 + \cdots + \theta_n x_n = \sum_{i=0}^{n} \theta_i x_i = \theta^{\mathrm{T}} x \tag{2-6}$$

满足公式条件的回归问题，被称作线性回归。式(2-6)中，每一个分量 x_i，就可以看作一个特征数据，每个特征数据至少对应一个未知的参数的 θ_i，x 是列向量，用来表示收集的一个样例。$(\theta_1, \theta_2, \cdots, \theta_n)$ 为通过学习得到的系数，转置后为行向量，与 x 相乘得到预测打分 $h_\theta(x)$。

这里用水稻产量的例子来说明线性回归方法的使用。水稻的产量由很多因素共同决定，包括自然因素、人为因素和社会因素等等，这些影响水稻产量的变量被称为特征。在本例中，假设在 5 块完全相同的水稻试验田上测试施肥量对产量的影响，得到表 2.3 所列一组数据。

表 2.3　水稻产量数据

施肥量/kg	水稻产量/kg
30	410
40	490
50	530
60	620
70	660

可以用一条直线拟合这些数据(表 2.3)，可能是图 2.4 呈现的趋势。如果有新的输入，则将曲线上这个点对应的值返回。

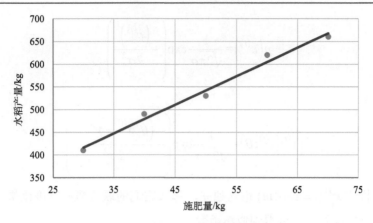

图 2.4　施肥量和水稻产量预测图

从图 2.4 可以看出，并不是所有的点都在拟合曲线上。在数学意义上，对于给定的数据，线性函数的参数是通过线性方程组进行求解的。在求解参数的个数也就是未知数个数小于方程个数条件下，这个方程组是一个超定方程组，并不存在唯一解。因此，可以将参数求解问题转化为求最小误差问题，这样可以得到一个最小二乘解。

衡量一个假设函数的误差，通常使用代价函数。线性回归的代价函数通常是平方误差，则可表示为

$$J = \frac{1}{2m} \sum_{i=1}^{m} \left(h_\theta \left(x^{(i)} \right) - y^{(i)} \right)^2 \tag{2-7}$$

式中，$y^{(i)}$ 是数据集样本 $x^{(i)}$ 的标签；$h_\theta \left(x^{(i)} \right)$ 对应训练模型的输出；m 指样本的数量。

若总体的真实值与总体的假设值差别巨大，会造成代价函数的值较大，因此目标应该为使得代价函数 J 取最小值时的参数 θ。这里会有一个疑问，为什么代价函数 J 取的是实际值与预测值的均方差，而不是对绝对值或者三次方取平均呢？可以从概率的角度通过极大似然法进行解释。

假设 $y^{(i)}$ 是数据集样本 $x^{(i)}$ 的标签，则 $y^{(i)}$ 和 $x^{(i)}$ 之间有一个误差，记作 $\varepsilon^{(i)}$，满足：

$$\varepsilon^{(i)} = h_\theta \left(x^{(i)} \right) - y^{(i)} \tag{2-8}$$

对于线性回归模型，一个基本假设就是，对于各个样本点，$\varepsilon^{(i)}$ 独立同分布。根据中心极限定理，当样本点很多时，随机变量 $\varepsilon^{(i)}$ 应当服从均值为 0，方差为 σ^2 的高斯分布。这样有

$$p\left(\varepsilon^{(i)}\right) = \frac{1}{\sqrt{2\pi}\sigma} \exp\left(-\frac{\left(\varepsilon^{(i)}\right)^2}{2\sigma^2}\right) \tag{2-9}$$

也就是

$$p\left(y^{(i)}\middle| x^{(i)};\theta\right) = \frac{1}{\sqrt{2\pi}\sigma} \exp\left(-\frac{\left(\theta^{\mathrm{T}} x^{(i)} - y^{(i)}\right)^2}{2\sigma^2}\right) \tag{2-10}$$

由于样本 $x^{(i)}(i=1,\cdots,m)$ 相互独立，那么它们的联合概率密度函数就是各自的概率密度的乘积，可以得到似然函数

$$\begin{aligned}
L(\theta) &= \prod_{i=1}^{m} p\left(y^{(i)}\middle| x^{(i)};\theta\right) \\
&= \prod_{i=1}^{m}\left(\frac{1}{\sqrt{2\pi}\sigma} \exp\left(-\frac{\left(\theta^{\mathrm{T}} x^{(i)} - y^{(i)}\right)^2}{2\sigma^2}\right)\right)
\end{aligned} \tag{2-11}$$

对式(2-11)两边取对数，得到

$$\begin{aligned}
\ln\left(L(\theta)\right) &= \ln\left(\prod_{i=1}^{m} p\left(y^{(i)}\middle| x^{(i)};\theta\right)\right) \\
&= \sum_{i=1}^{m} \ln\left(\frac{1}{\sqrt{2\pi}\sigma} \exp\left(-\frac{\left(\theta^{\mathrm{T}} x^{(i)} - y^{(i)}\right)^2}{2\sigma^2}\right)\right) \\
&= m\ln\left(\frac{1}{\sqrt{2\pi}\sigma}\right) - \frac{1}{\sigma^2}\frac{1}{2}\sum_{i=1}^{m}\left(\theta^{\mathrm{T}} x^{(i)} - y^{(i)}\right)^2
\end{aligned} \tag{2-12}$$

要使该函数值最小，则需要使 $\dfrac{1}{2}\displaystyle\sum_{i=1}^{m}\left(\theta^{\mathrm{T}} x^{(i)} - y^{(i)}\right)^2$ 最小，这样就得到线性回归的代价函数：

$$J(\theta) = \frac{1}{2m}\sum_{i=1}^{m}\left(\theta^{\mathrm{T}} x^{(i)} - y^{(i)}\right)^2 \tag{2-13}$$

为了消除不同的样本数量对 $J(\theta)$ 的影响，还需要除以样本的数量 m，也就是式(2-7)的形式，而除以 $2m$ 是为了求解参数时数学计算的方便。到此解释了代价函数使用平方差形式的合理性。

如何调整 θ 使 $J(\theta)$ 的值最小，有很多种方法，典型的有最小二乘法和梯度下降法，这两种方法同样都是对代价函数求导。

首先给出最小二乘法的求解过程，将式(2-7)写成矩阵相乘形式：

$$\frac{1}{2m}\sum_{i=1}^{m}\left(\theta^{\mathrm{T}}x^{(i)}-y^{(i)}\right)^{2}=\frac{1}{2m}\left(X\theta-y\right)^{\mathrm{T}}\left(X\theta-y\right) \tag{2-14}$$

式中，X 为 $m\times n$ 的数据矩阵$(n\leqslant m)$；θ 为 $n\times1$ 未知参数向量；y 为 $m\times1$ 观测值样本向量。对该式求导，得到：

$$\begin{aligned}
\nabla_{\theta}J(\theta)&=\nabla_{\theta}\frac{1}{2m}\left(X\theta-y\right)^{\mathrm{T}}\left(X\theta-y\right)\\
&=\frac{1}{2m}\nabla_{\theta}\left(\theta^{\mathrm{T}}X^{\mathrm{T}}X\theta-\theta^{\mathrm{T}}X^{\mathrm{T}}y-y^{\mathrm{T}}X\theta+y^{\mathrm{T}}y\right)\\
&=\frac{1}{m}\left(X^{\mathrm{T}}X\theta-X^{\mathrm{T}}y\right)
\end{aligned} \tag{2-15}$$

令求导后的结果为 0，即满足

$$\nabla_{\theta}J(\theta)=0 \tag{2-16}$$

解得

$$\theta=\left(X^{\mathrm{T}}X\right)^{-1}X^{\mathrm{T}}y \tag{2-17}$$

由此得到向量 θ 的值。

若是梯度下降法则对 J 求导，求导结果为

$$\frac{\partial J}{\partial\theta_{i}}=\frac{1}{m}\sum_{i=1}^{m}\left(h_{\theta}\left(x^{(i)}\right)-y^{(i)}\right)\frac{\partial h_{\theta}\left(x^{(i)}\right)}{\partial\theta} \tag{2-18}$$

这里正好除以 m。由此可理解，式(2-7)中除以 2 是为了求解参数时数学计算的方便。梯度下降法，这里先直接给出其求导结果，后面会重点介绍。

2.4　逻 辑 回 归

首先回顾线性回归模型

$$y=\theta^{\mathrm{T}}x \tag{2-19}$$

如果实例 x 对应的输出标记 y 是在指数尺度上变化，那么就可以将输出标记的对数建模为线性模型：

$$\ln(y)=\theta^{\mathrm{T}}x \tag{2-20}$$

这就是对数线性回归。尽管式(2-20)右边是线性回归的形式，但实际上是将输入空间 x 非线性映射到输出空间 y。

更一般地，考虑一个单调且可微函数 $g(\cdot)$，令

$$y = g^{-1}\left(\theta^{\mathrm{T}} x\right) \tag{2-21}$$

这就是广义线性模型(generalized linear models，GLM)的基本形式，函数 $g(\cdot)$ 称为联系函数。可以看出，广义线性模型取 $g(\cdot) = \ln(\cdot)$ 就可以得到对数线性回归。

　　讨论了如何使用线性模型进行回归学习，但是执行分类任务时，需要将分类任务的真实标记与回归模型的预测值相联系。下面介绍如何由"广义线性模型"引出逻辑回归模型。这里考虑简单的二分类问题，设其输出标记取值 $y \in \{0,1\}$。正如前面所介绍的，线性回归问题输出的预测值是连续的。如果使用线性回归得到的输出值 z 当作预测值 y，那么 y 的取值并不为 0 或者 1。因此，需要将连续的实数值 z 转换为离散的 0 或 1，可以考虑单位阶跃函数：

$$\phi(z) = \begin{cases} 0, & z < 0 \\ 0.5, & z = 0 \\ 1, & z > 0 \end{cases} \tag{2-22}$$

但是单位阶跃函数不连续，对逻辑回归函数的代价函数求导时会出现问题，因此不好作为联系函数 $g(\cdot)$。

　　逻辑回归算法使用一个单调可微的函数来归一化 y，使 y 的取值映射到概率要求的区间 $(0,1)$ 内，该函数称为 Logistic 函数，也可以称为 Sigmoid 函数。其函数公式如下：

$$\phi(z) = \frac{1}{1 + e^{-z}} \tag{2-23}$$

Sigmoid 函数的图像如图 2.5 所示。

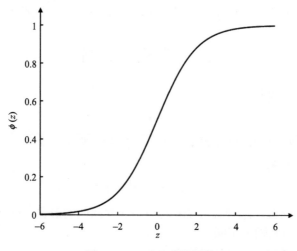

图 2.5　Sigmoid 函数图像

　　由图 2.5 可以看出，当自变量 z 很大时，Sigmoid 函数趋近于 1；当自变量很小时，Sigmoid 函数趋近于 0。

　　对逻辑回归函数的代价函数求导时，代价函数的导函数包含 $\phi(z)$ 的导数部分。而 Sigmoid 函数的一个优点是导数计算方便。

$$\phi'(z) = \frac{1}{(1+\mathrm{e}^{-z})^2}\mathrm{e}^{-z} = \frac{1}{(1+\mathrm{e}^{-z})}\left(1-\frac{1}{(1+\mathrm{e}^{-z})}\right) = \phi(z)(1-\phi(z)) \qquad (2\text{-}24)$$

式 (2-24) 的函数图像如图 2.6 所示。

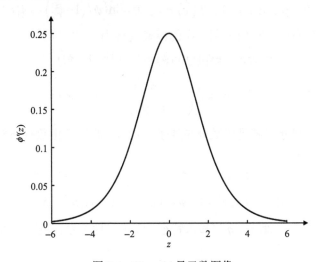

图 2.6　Sigmoid 导函数图像

　　尽管 Sigmoid 函数的良好性质使其可以用在分类问题上，但为什么逻辑回归要使用 Sigmoid 函数而非其他函数呢？首先要明确的是，并非使用 Sigmoid 函数建立逻辑回归模型在数学上更容易处理，而是因为在数学中 Sigmoid 函数是一个函数族。具备这样性质的函数有很多，以下将从广义线性模型的角度给出解释。

　　线性回归模型假定输出 y 服从高斯分布，而逻辑回归模型则与线性回归模型不同，假定输出 y 服从伯努利分布。伯努利分布的概率可以表示为

$$p(y;\phi) = \phi^y (1-\phi)^{1-y} \qquad (2\text{-}25)$$

　　式 (2-25) 表示在给定参数 ϕ 的条件下 y 满足的分布。式中，ϕ 为参数。可以知道 $y=1$ 时的概率为 ϕ，$y=0$ 时的概率为 $1-\phi$。

　　为了将广义线性模型套用到逻辑回归问题上，首先必须知道基于广义线性模型的 3 个前提：

　　(1) 给定输入特征 x 和参数 θ 后，预测 y 的条件概率服从指数分布族；

(2) 给定输入特征 x，最终的目标是预测 y 的期望值 $E[y]$；

(3) η 与输入特征向量 x 满足线性关系，即 $\eta = \theta^{\mathrm{T}} x$。

从上面 3 个假设可以得到一类很好的学习算法，下面将展示如何从广义线性模型推导出逻辑回归。

指数分布族的一般表达式为：

$$p(y;\theta) = h(\theta)\exp\left(\eta^{\mathrm{T}} T(y) - A(\theta)\right) \tag{2-26}$$

式中，η 是分布自然参数；$T(y)$ 是充分统计量；$A(\theta)$ 起着规范化常数的作用，确保概率和为 1；$\theta = \phi$；$h(\theta) = 1$；$T(y) = y$；$\eta = \ln\left(\phi/(1-\phi)\right)$；$A(\theta) = -\ln(1-\phi)$。

根据第一个假设，将伯努利分布的概率变形为：

$$\begin{aligned}
p(y;\phi) &= \exp\left((y\ln\phi) + (1-y)\ln(1-\phi)\right) \\
&= \exp\left(\left(\ln\left(\frac{\phi}{1-\phi}\right)\right)y + \ln(1-\phi)\right)
\end{aligned} \tag{2-27}$$

因此假设的伯努利分布满足指数分布族子式规范，即属于指数分布族，满足 GLM 的第一个假设。

根据第二个假设，要求 y 的期望值 $E\left[y|x;\theta\right]$。对于伯努利分布来说，$p\left(y=1|x;\theta\right) = \phi$，$p\left(y=0|x;\theta\right) = 1-\phi$，因此有 $E\left[y|x;\theta\right] = \phi$。

最后，根据第三个假设，η 与输入特征 x 满足线性关系，并由 $\eta = \ln\left(\phi/(1-\phi)\right)$，得到：

$$\phi = \frac{1}{1+\exp(-\theta^{\mathrm{T}}x)} \tag{2-28}$$

式 (2-28) 满足 Sigmoid 函数形式，这就解释了逻辑回归选用 Sigmoid 函数的原因。

在分类任务中采用 Sigmoid 函数，若假设模型为：

$$h_{\theta}(x) = \frac{1}{1+\exp(-\theta^{\mathrm{T}}x)} \tag{2-29}$$

则最后可采用常见的二分类判别方式：

$$\hat{y} = \begin{cases} 1, & h_{\theta}(x) \geqslant 0.5 \\ 0, & h_{\theta}(x) < 0.5 \end{cases} \tag{2-30}$$

这里选择阈值为 0.5 是常规做法，还可以根据特定的情况选择不同的阈值。根据式 (2-29)，假设标签 $y=1$ 为正例，$y=0$ 为反例，则满足

$$p\left(y=1|x\right) = h_{\theta}(x) \tag{2-31}$$

$$p(y=0|x)=1-h_\theta(x) \tag{2-32}$$

式中，$h_\theta(x)$ 为样本作为正例的可能性；$1-h_\theta(x)$ 为样本作为反例的可能性。此外，逻辑回归还被称作对数几率回归，这是因为 $p(y=1|x)$ 与 $p(y=0|x)$ 的比值为

$$\ln\left(\frac{h_\theta(x)}{1-h_\theta(x)}\right)=\theta^\mathrm{T}x \tag{2-33}$$

该对数称为对数几率。

逻辑回归是一种应用广泛的判别式模型，具有很多优点，主要用于对样本进行分类。例如，邮件分类和疾病判断。首先，逻辑回归并不需要知道数据的概率分布，可以直接对分类可能性进行建模，这样就避免了假设分布不准确的问题；其次，在对数据的类别进行预测时，可以得到近似的概率预测，这在任务决策需要使用概率进行辅助时是很有效的；最后，逻辑回归训练十分高效，算法非常容易实现。在研究中，通常以逻辑回归模型作为基准，再尝试使用更复杂的算法。但是逻辑回归不能解决非线性问题，因为它的决策面是线性的，因此，当数据是线性可分的，使用逻辑回归进行分类是一个很好的选择。

2.5　逻辑回归的代价函数

由前面的知识可知，当得到线性回归方程的参数解后，为了判定得到的参数是否合适，需要引入代价函数。在线性回归方程中，代价函数的实际意义就是平方误差，需要不断地调整参数来缩小代价函数的值，即减少预测值与实际值的差距。而在逻辑回归方程中，由于在线性回归的基础上加上一层 Sigmoid 函数，导致预测函数 $h_\theta(x)$ 是非线性函数，因此，如果依然在逻辑回归中引入平方误差作为代价函数，那么 $J(\theta)$ 很有可能就是非凸函数，存在很多局部最优解，这些局部最优解不一定是全局最优解。因此，需要构造出一个凸函数作为逻辑回归的代价函数。

为了确定唯一最优的模型，需要对模型中的参数进行估计。这里引入极大似然估计法来求代价函数。因为逻辑回归是一种有训练标签的监督式学习方法，根据这些训练标签的结果就可以推导出最大概率的参数 θ。最终在已知的模型中使用这些参数就可以准确地对未知的数据进行预测。

根据式 (2-31) 和式 (2-32)，$h_\theta(x)$ 可以视为类 1 的后验概率，所以有

$$p(y=1|x;\theta)=h_\theta(x;\theta)=\phi(z)=\frac{1}{1+\exp(-\theta^\mathrm{T}x)} \tag{2-34}$$

$$p(y=0|x;\theta)=1-h_\theta(x;\theta)=\phi(z)=\frac{\exp(-\theta^{\mathrm{T}}x)}{1+\exp(-\theta^{\mathrm{T}}x)} \tag{2-35}$$

将上面两式写成一般形式：

$$p(y|x;\theta)=h_\theta(x;\theta)^y\left(1-h_\theta(x;\theta)\right)^{1-y} \tag{2-36}$$

接下来用极大似然估计法来估计参数：

$$L(\theta)=\prod_{i=1}^n p\left(y^{(i)}\Big|x^{(i)};\theta\right)=\prod_{i=1}^n h_\theta\left(x^{(i)};\theta\right)^{y^{(i)}}\left(1-h_\theta\left(x^{(i)};\theta\right)\right)^{1-y^{(i)}} \tag{2-37}$$

为了简化运算，对上述等式两边各取对数：

$$l(\theta)=\ln L(\theta)=\sum_{i=1}^n\left(y^{(i)}\ln\left(h_\theta\left(x^{(i)};\theta\right)\right)+\left(1-y^{(i)}\right)\ln\left(1-h_\theta\left(x^{(i)};\theta\right)\right)\right) \tag{2-38}$$

此时需要求解使 $l(\theta)$ 最大的 θ，若在 $l(\theta)$ 前面加一个负号就变为最小化负对数似然函数：

$$J(\theta)=-l(\theta)=-\sum_{i=1}^n\left(y^{(i)}\ln\left(h_\theta\left(x^{(i)};\theta\right)\right)+\left(1-y^{(i)}\right)\ln\left(1-h_\theta\left(x^{(i)};\theta\right)\right)\right) \tag{2-39}$$

如此就得到逻辑回归的对数似然代价函数。

进一步地，代价函数可以定义为整个训练集的损失函数和的均值，通过使代价函数值最小化来求解参数，为方便表示，令 $h_\theta\left(x^{(i)};\theta\right)=\hat{y}^{(i)}$，得到：

$$J(\theta)=-\frac{1}{m}\sum_{i=1}^m\left(y^{(i)}\ln\left(\hat{y}^{(i)}\right)+\left(1-y^{(i)}\right)\ln\left(1-\hat{y}^{(i)}\right)\right) \tag{2-40}$$

式中，m 是样本的数量。

对单个样本的损失函数进行研究，可以得到

$$L\left(\hat{y}^{(i)},y^{(i)}\right)=-y^{(i)}\ln\left(\hat{y}^{(i)}\right)-\left(1-y^{(i)}\right)\ln\left(1-\hat{y}^{(i)}\right) \tag{2-41}$$

式(2-41)可称为交叉熵损失函数。可以发现，当 $y^{(i)}=1$ 时，$L\left(\hat{y}^{(i)},1\right)=-\ln\left(\hat{y}^{(i)}\right)$，$\hat{y}^{(i)}$ 的值越趋近 1，损失函数越来越趋近 0，预测错误的代价越来越小；当 $y^{(i)}=0$ 时，$L\left(\hat{y}^{(i)},0\right)=-\ln\left(1-\hat{y}^{(i)}\right)$，$\hat{y}^{(i)}$ 的值越趋近 0，损失函数越来越趋近 0，预测错误的代价越来越小。

2.6　梯度下降法

梯度下降法类似于下山的过程，可以假设如下场景：一个探险家处于雾气很大的山顶上，需要在能见度很低的情况下从山顶转移到山脚下。然而不幸的是，下山的正确路径无法确定，只能依靠探险家所处山的位置和环境信息找到最快下山的路径，梯度下降法可以解决这个问题。具体来说，就是以探险家当前的所处位置为基准，计算在这个位置上的最陡峭的方向，然后沿着该方向向下走。每走一段距离，都可以反复采用该方法，直到最后成功地抵达山脚，假设此人拥有能测量出最陡峭方向的能力。

可以发现，探险家每行走一小段距离，都需要时间再次对所在位置最陡峭的方向进行测量，这是相当耗费时间的，需要尽可能减少在行进途中测量方向的次数。这是梯度下降法两难选择，因为如果测量频繁，可以确保下山的方向正确，但是耗时多；如果测量过少，又可能偏离方向。所以梯度下降法需要找到一个合适的测量间隔，确保测量下山方向不会出错的同时，测量的次数又不是很多，该测量间隔是梯度下降法的重要参数。

因此，梯度下降法是一种基于凸函数的优化算法，通过迭代调整参数以使给定函数最小化。对于一个可微分的函数，要找到函数最小值，就需要找到函数下降最快的方向，也就是找到给定点的梯度，然后沿着梯度相反的方向，就能让函数值下降最快。

首先给出梯度的数学定义，函数在某点处的方向导数沿着该方向取得最大值，即函数值在这个点处沿着该方向变化最快，该方向的导数就定义为该函数的梯度，即

$$\nabla = \frac{\mathrm{d}f(\theta)}{\mathrm{d}\theta} \tag{2-42}$$

实际上，梯度就是多元变量函数的微分矢量，例如，

$$J(\Theta) = 0.55 - (5\theta_1 + 2\theta_2 - 12\theta_3) \tag{2-43}$$

$$\nabla J(\Theta) = \left\langle \frac{\partial J}{\partial \theta_1}, \frac{\partial J}{\partial \theta_2}, \frac{\partial J}{\partial \theta_3} \right\rangle = \langle -5, -2, 12 \rangle \tag{2-44}$$

从上式的计算结果可以看出，梯度的数学意义就是对每个变量分别进行微分。当函数中存在多个变量时，梯度就变成一个向量，指出函数在给定点的变化最快的方向。对于一个凸函数的损失函数 $J(\theta)$，可以通过梯度下降法更新权重 θ_j 获得：

$$\theta_j := \theta_j - \alpha \frac{\partial J(\theta)}{\partial \theta_j} \tag{2-45}$$

式中，学习率 α 决定了朝着最优权重移动速度的大小。

除了测量频率，为了使梯度下降至最低限度，必须将学习率设置为适当的值。该值既不能小也不能太大，若此值太大，步长会过大，最后可能在梯度下降的凸

函数之间来回跳动，无法达到局部最小值，如图 2.7(a) 所示。如果将学习速率设置为非常小的值，渐变下降最终将到达局部最小值，但是这一过程可能会花费太多的时间，造成效率的损失，如图 2.7(b) 所示。

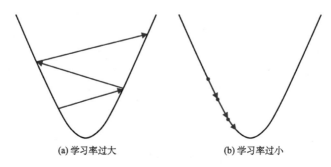

(a) 学习率过大　　　　　　　　　(b) 学习率过小

图 2.7　不同学习率对比

图 2.8 是一个含有二维特征的损失函数图像。在起始点处沿着梯度下降最快的方向不断迭代参数，最终到达终点。在这里迭代的次数肯定不是无限大，通常需要定义一个合理的阈值，当两次迭代的差值小于该阈值时，迭代终止。在之前的问题中，当探险者走到山脚下时，再想往某个方向走的时候，发现不能继续向下走，那么旅行终止。同样，当 θ_0 和 θ_1 迭代了 n 次后，发现接下来继续走 α 这么长的路，下降高度很小(临界值)，或者不再下降，甚至往上走，所以这里的迭代终止条件就是损失函数的减少值小于某个值。

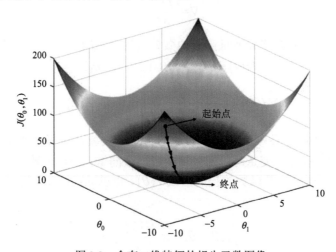

图 2.8　含有二维特征的损失函数图像

在具体数学问题中，当模型建立后，首先初始化权重参数，确定模型的超参数，使用划分的训练集数据进行模型的训练，再根据定义的损失函数，使用梯度下降法迭代寻找最小的损失值，从而可以确定使性能最佳的参数，达到模型优化的效果。具体而言，给定一批量数据 $\left\{\left(x^{(i)}, y^{(i)}\right), i=1,2,\cdots,m\right\}$，可以用批量梯度下降法来更新逻辑回归的参数。首先求逻辑回归的代价函数的导数，在逻辑回归中，代价函数为

$$J(\theta,b) = -\frac{1}{m}\sum_{i=1}^{m}\left(y^{(i)}\ln\left(h_{\theta}\left(x^{(i)};\theta\right)\right)+\left(1-y^{(i)}\right)\ln\left(1-h_{\theta}\left(x^{(i)};\theta\right)\right)\right) \tag{2-46}$$

对式 (2-46) 求导，得到

$$\frac{\partial J(\theta,b)}{\partial \theta_j} = -\frac{1}{m}\sum_{i=1}^{m}\left(y^{(i)}\frac{1}{h_{\theta}\left(x^{(i)};\theta\right)}+\left(1-y^{(i)}\right)\frac{1}{1-h_{\theta}\left(x^{(i)};\theta\right)}\right)\frac{\partial h_{\theta}\left(x^{(i)};\theta\right)}{\partial \theta_j}$$

$$= -\frac{1}{m}\sum_{i=1}^{m}\left(y^{(i)}-h_{\theta}\left(x^{(i)};\theta\right)\right)x_j^{(i)} \tag{2-47}$$

式中，$x_j^{(i)}$ 代表第 j 列特征。

再用梯度下降法更新权重，根据式 (2-45) 可得到

$$\theta_j := \theta_j - \alpha\left(\frac{1}{m}\sum_{i=1}^{m}\left(h_{\theta}\left(x^i;\theta\right)-y^{(i)}\right)x_j^{(i)}\right) \tag{2-48}$$

当样本的数量 m 很大时，每次进行权重更新则需要耗费很大的计算量，这时可以采取随机梯度下降法，每次迭代便将样本重新打乱，然后用式 (2-49) 来更新权重：

$$\theta_j := \theta_j - \alpha\left(\left(h_{\theta}\left(x^i;\theta\right)-y^{(i)}\right)x_j^{(i)}\right) \tag{2-49}$$

梯度下降法与最小二乘法都属于无约束优化算法，但是两者存在一定区别。使用梯度下降法之前需要合理选择步长，而最小二乘法则不需要这个步骤。此外，梯度下降法是通过迭代进行求解，而最小二乘法则是直接计算得到解析解。基于样本数量的大小来选择使用梯度下降法还是最小二乘法，如果样本的数量不算大，并且一定存在解析解，最小二乘法相比梯度下降法的优势就比较明显，计算速度较快；但是当样本的数量很大时，由之前的介绍可知，最小二乘法需要计算一个很大的逆矩阵，这时计算复杂度较大，并且很多情况下矩阵是不可逆的，此时使用梯度下降法比较有优势。

实际上，基于使用的样本数量大小、时间复杂度和算法的准确率，梯度下降法可以分为以下 3 种[3]：

(1) 批量梯度下降(batch gradient descent，BGD)法。在计算损失函数的每一步中都使用所有的训练样本，然后再更新各个参数的梯度。其优点是利用了矩阵可以实现并行操作，并且根据所有数据集确定的梯度方向能够更准确地朝向极值所在的

方向；但是，缺点是由于数据量过大导致训练过程较慢，并且不支持在线学习。

（2）随机梯度下降（stochastic gradient descent，SGD）法。每次迭代随机使用一个样本计算损失函数，然后再求梯度更新参数。因此，每一轮参数的更新速度大大加快，但是该方法的收敛性能不好，这是因为单个样本不能代表全体样本的趋势，可能会出现两次参数的更新相互抵消，使得目标函数出现剧烈的振荡现象，导致函数在最优点附近晃动，并且，该方法不利于并行计算。

（3）小批量梯度下降（mini-batch gradient descent，MBGD）法。该方法是对批量梯度下降算法和随机梯度下降算法取折中的一个办法。通过将数据分为若干个批量，每次迭代的梯度方向只由本批量中的一组数据决定，减少了随机性。一方面，因为批量的样本数与整个数据集相比小了很多，减少了收敛所需的迭代次数，同时不需要占用较大的计算资源；另一方面，该方法可以实现并行计算。但是批量的大小选择不当同样会带来一些问题。

2.7　模　型　验　证

为了验证模型的可靠性，在使用数据集训练模型之前，需要将整个数据集划分为三类集合，依次为训练集、验证集和测试集。训练集是用来进行模型的训练，通过不同的方法使用训练集训练不同的模型；接着再通过验证集选择最优的模型，并确定模型的超参数，这是通过不断地迭代来改善模型在验证集上的性能；最后再通过测试集对模型的性能进行评估。如果数据集划分合理，则效果最好、泛化能力最佳的模型可以被挑选出来。反之数据集如果划分不合理，则模型的效果就比较差。

假设现在需要训练一个分类模型，有 16 个不同国家的数据。下面简单介绍如何利用这些数据来进行训练集、验证集和测试集的划分。

例如，从 16 个国家中随机选出 8 个国家的数据组成训练集，再选择其他 8 个国家的数据组成测试集。这种划分看似合理，但存在一个严重的问题，即训练集和测试集的数据分布可能互不相同。在这种情况下，即使模型在训练集中呈现出的效果较好，但是由于分布不同，在测试集上表现的效果可能与预期结果不符。由于模型训练的本质是从训练数据集中学习到数据的分布，如果训练集和测试集数据不处于同一个分布中，那么训练得到的模型在测试集中的表现肯定是不够理想的。因此，在对数据进行划分时，可以先将 16 个不同国家的数据随机打乱，然后再将数据集依次划分为训练集、验证集和测试集。这种方法就可以使数据近似都处于同一分布中。此外，不同数据集的占比同样会影响数据集的划分。根据数据量的大小，可以将数据集分为小规模数据集和大规模数据集。

对于小规模数据集，通常情况下可以按照 70%/30% 的比例划分为训练集和测试集。例如，共有 10000 个数据，则数据集中 7000 个数据划分为训练集，另外 3000 个数据划分为测试集。如果需要加入验证集来进行模型选择，则可以将数据集划分为 60%/20%/20%，即将整个数据集的 60%数据划分为训练集，20%数据划分为测试集，剩余的 20%数据划分为验证集。

现在是大数据时代，很多数据集的数据规模都是上百万甚至上亿。当数据集的规模较大时，传统的数据划分方式已经不再适用。对于百万级的数据集合，即使 1%的数据也有一万多条，并且，测试集和验证集进行评估和选择模型时，需要的数据量和传统的数据量差不多，由于大规模数据集的数据量远大于小规模数据集，相应的测试集和验证集占比就要缩小。例如，对于百万级别的数据集，可以按照 98%/1%/1%的规则来对数据集进行划分。

在模型进行训练时，有些情况下数据集只划分为训练集和测试集，即利用训练集训练模型的参数，然后通过测试模型对超参数进行调整。这种方法是通过采用不同的策略来提高模型在测试集中的表现，但是没有使用验证集来对模型的性能进行评估，可能会导致模型出现过拟合的情况，从而导致泛化性较差。因此，对数据集进行划分时，验证集通常情况下不能被省略。

2.8　基于 TensorFlow 的二分类范例

前几节重点介绍了如何使用逻辑回归算法处理二分类问题。具体学习过程为：首先执行前向传播，计算输出；然后根据反向传播得到的各个参数的偏导数，进行参数的更新，通过不断训练，使参数逼近一个使代价函数取得最小值的点；最后选取决策函数阈值，根据输出结果对数据集进行分类。逻辑回归结构如图 2.9 所示，非线性函数 σ 是 Sigmoid 函数。在第 3 章可以了解到逻辑回归视为最简单的单层神经网络，而多隐层神经网络(深度学习网络)实际上就是这种单层神经网络络的扩展，均来自于反向传播算法。本节介绍基于 TensorFlow 的三分类实例。

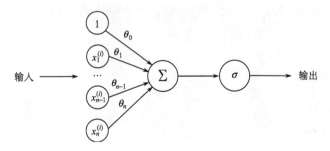

图 2.9　逻辑回归结构图

TensorFlow 是一个深度学习框架，具有完整的数据流向与处理机制，同时还封装了大量高效可用的算法以及神经网络搭建方面的函数，可以在此基础上进行深度学习的开发和研究。目前，TensorFlow 是当今深度学习领域最流行的框架之一，在 GitHub 上公布的机器学习项目榜上，TensorFlow 凭借其灵活、便捷和超强的运算性能等特性当之无愧排名第一（图 2.10）。

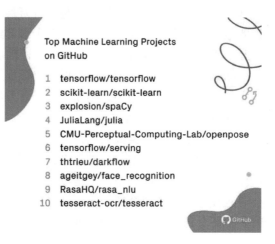

图 2.10　2018 年 GitHub 机器学习项目榜上 TensorFlow 排名第一

（来自 https://github.blog/2019-01-24-the-state-of-the-octoverse-machine-learning/）

TensorFlow 有很多常用的分类实验数据集，比如经典的 Iris 数据集，称作鸢尾花数据集，用来对鸢尾花进行分类，如图 2.11 所示。Iris 数据集共有 150 个样本，每一个样本都有 4 个特征：花萼长度（sepal length）、花萼宽度（sepal width）、花瓣长度（petal length）和花瓣宽度（petal width）。对应于三类，分别是 setosa，versicolour，virginica，每类有 50 条数据。一般使用前面四个属性预测鸢尾花属于哪一类鸢尾花。下面通过之前介绍的基于梯度下降的逻辑回归算法，用 TensorFlow 程序构造一个简单的二值分类器，来实现鸢尾花数据集的简单分类。

图 2.11　鸢尾花分类

根据要求，本节二分类算法的框架主要包括：数据预处理、初始化参数、计算代价函数和梯度、使用梯度下降法优化参数。下面就来逐一操作。

首先导入库并初始化计算图(参见代码 2-1)。

代码 2-1

```
import tensorflow as tf
import numpy as np
import matplotlib.pyplot as plt
from sklearn import datasets
sess = tf.Session()
```

其次导入数据集,这里引用 sklearn 内的 datasets 中的 Iris 数据集。为简单起见,特征只选用花瓣长度和花瓣宽度 2 种,分类对应在数据集的第 3 和第 4 列。将 setosa 标记为 1,其余二类标记为 0。

代码 2-2

```
iris = datasets.load_iris()
data = iris.data[:, 2:4]
data_target = np.array([1.0 if x == 0 else 0.0 for x in iris.target])
```

将数据用图像的形式展示出来,可以对该数据集有一个直观的整体印象,如图 2.12 所示。

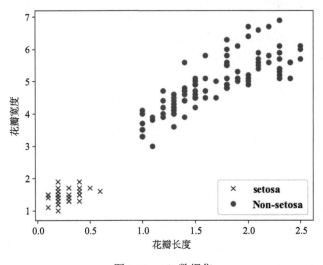

图 2.12　Iris 数据集

接下来声明批量训练大小、数据占位符和模型变量。

代码 2-3

```
batch_size = 20
x1_data = tf.placeholder(shape=[batch_size, 1], dtype=tf.float32)
x2_data = tf.placeholder(shape=[batch_size, 1], dtype=tf.float32)
y_target = tf.placeholder(shape=[batch_size, 1], dtype=tf.float32)
A = tf.Variable(tf.random_normal(shape=[1, 1]))
b = tf.Variable(tf.random_normal(shape=[1, 1]))
```

下面定义模型，由于 Sigmoid 交叉熵损失函数能够将数据传入 Sigmoid 函数中，因此只需要实现线性部分即可。

代码 2-4

```
my_mult = tf.matmul(x2_data, A)
my_add = tf.add(my_mult, b)
my_output = tf.subtract(x1_data, my_add)
```

接着创建 Sigmoid 交叉熵损失函数并声明优化器和学习率，然后初始化变量。

代码 2-5

```
loss=tf.nn.sigmoid_cross_entropy_with_logits(logits=my_output,la
bels=y_target)
opt = tf.train.GradientDescentOptimizer(0.02)
train_step = opt.minimize(loss)
init = tf.global_variables_initializer()
sess.run(init)
```

最后进行随机批量迭代训练，打印输出结果。

代码 2-6

```
num = 1500
step = np.zeros(num)
LOSS = np.zeros_like(step)
# 训练算法
for i in range(num):
    rand_index = np.random.choice(len(data), size=batch_size)
    # 传入三种数据：花瓣长度、花瓣宽度和目标变量
```

```python
        rand_x1 = np.transpose(np.array([data[rand_index, 0]]))
        rand_x2 = np.transpose(np.array([data[rand_index, 1]]))
        rand_y = np.transpose(np.array([data_target[rand_index]]))
        sess.run(train_step, feed_dict={x1_data: rand_x1, x2_data: rand_x2,
y_target: rand_y})
        # 打印
        step[i] = i
        LOSS[i] = sess.run(loss, feed_dict={x1_data: rand_x1, x2_data:
rand_x2, y_target: rand_y})[0]
        if (i + 1) % 200 == 0:
            print('step =' + str(i + 1) + ' A = ' + str(sess.run(A)) + '
b = ' + str(sess.run(b)))
            print('loss =' + str(LOSS[i]))
    fig = plt.figure()
    plt.rc('font', family='Times New Roman')
    ax = fig.add_subplot(111)
    ax.plot(step, LOSS, label='loss')
    ax.set_xlabel('step', fontsize=14)
    ax.set_ylabel('loss', fontsize=14)
    handles, labels = ax.get_legend_handles_labels()
    ax.legend(handles, labels=labels ,fontsize=14)
    plt.xticks(fontsize=14)
    plt.yticks(fontsize=14)
    [[slope]] = sess.run(A)
    [[intercept]] = sess.run(b)
    x = np.linspace(0, 3, 50)
    # X1=X2*A+b
    ablineValues = []
    for i in x:
        ablineValues.append(slope * i + intercept)

    setosa_x = data[data_target == 1, 1]
    setosa_y = data[data_target == 1, 0]
    non_setosa_x = data[data_target == 0, 1]
    non_setosa_y = data[data_target == 0, 0]

    fig2 = plt.figure()
    ax2 = fig2.add_subplot(111)
    ax2.plot(setosa_x, setosa_y, 'rx', label='setosa')
```

```
ax2.plot(non_setosa_x, non_setosa_y, 'go', label='Non-setosa')
ax2.plot(x, ablineValues, 'b-')

ax2.set_xlabel('Petal Length',fontsize=14)
ax2.set_ylabel('Petal Width',fontsize=14)
plt.legend(loc='lower right',fontsize=14)
plt.xticks(fontsize=14)
plt.yticks(fontsize=14)
plt.show()
```

打印输出结果，如代码 2-7 所示。

代码 2-7

```
step =200 A = [[ 6.61275721]] b = [[-1.93720174]]
loss =0.0682314261794
step =400 A = [[ 8.05252171]] b = [[-3.06306529]]
loss =0.0294452272356
step =600 A = [[ 8.95540524]] b = [[-3.74044609]]
loss =0.0187762230635
step =800 A = [[ 9.61841297]] b = [[-4.24331236]]
loss =0.0164838470519
step =1000 A = [[ 10.14614487]] b = [[-4.61021948]]
loss =0.00225729378872
step =1200 A = [[ 10.53145123]] b = [[-5.00471735]]
loss =1.77647416422e-06
step =1400 A = [[ 10.9384222]] b = [[-5.24245644]]
loss =4.06405291642e-07
```

获取程序代码

　　从输出结果可以发现，随着迭代次数的增加，模型参数不断优化，代价函数的值不断变小。最后，观察分类器的图像。如图 2.13 所示，可以直观地从图中看出，经过不断迭代优化的分类器可以准确地对 setosa 和 Non-setosa 进行分类。在这种情况下，可以用直线分割的方式解决问题，则可以说明这个问题是线性可分的。同理，类似 Iris 这样的数据集就可以称为线性可分数据集合。凡是使用这种方法来解决的问题就叫作线性问题。

　　下一章将介绍含有多个隐藏层的神经网络模型，处理复杂的非线性问题。

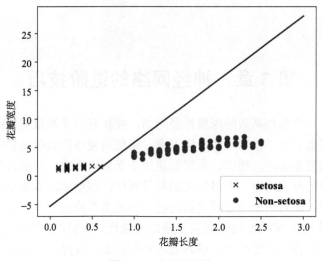

图 2.13　分类器图像

参 考 文 献

[1]　Hastie T, Tibshirani R, Friedman J. The elements of statistical Learning: data mining, inference, and prediction, 2nd ed. New York:Springer, 2013.

[2]　Pappas N, Popescu-Belis A. Multilingual Hierarchical Attention Networks for Document Classification. The 8th International Joint Conference on Natural Language Processing,Taipei, 2017.

[3]　Bishop C M. Pattern Recognition and Machine Learning（Information Science and Statistics）. New York:Springer, 2006.

第 3 章　神经网络的进阶技巧

为了构建一个完整高效的深度神经网络，往往有很多参数需要确定。例如，神经网络的层数、每层的节点数、学习率、每层所使用的激活函数，等等，更有一系列超参数需要确定。然而，在每创建一个新应用之前，训练人员无法很快地确定这些参数的值来构建一个最优化的神经网络。深度学习本质上是一个需要高度迭代的问题。面对一个亟待解决的问题，首先需要构建一个学习的框架，依据这个框架编写代码，编写好的代码需要通过大量数据实验以完善最初的学习框架。在这样一个不断迭代的过程中，学习效率不断提高，神经网络不断优化。当今，深度学习在计算机视觉、语音识别以及结构化数据等领域已获得巨大成功。每一领域的深度学习工程师都是该行业的翘楚。然而，若是人们不满足于自身成就，想要从事其他领域的深度学习，其自身行业所积累的经验并不能用于快速解决新领域问题。因此，在进入一个新应用时就需要多次循环反复获得更加完善的神经网络。

在循环反复的训练过程中，激活函数的选择、网络结构的搭建、网络模型优化算法的选取都是需要亟待解决的问题。本章将以多分类问题为例，介绍神经元的激活机制以及优化算法的演化；帮助读者认识训练过程中可能出现的过拟合问题，并介绍其解决方案；最后，将给出基于 TensorFlow 的手写数字识别范例。

3.1　多分类算法

众所周知深度学习涉及的领域甚广，可被用于解决各种问题。近年来，计算机视觉发展如日中天，尤其深层神经网络在语义分割和图像检索方面的应用。而这些应用，本质上都属于分类问题。早年间，很多归纳学习系统仅专注于解决单一任务，然而在大数据时代，简单的 {1, 0} 分类已经远远不能满足应用的需求。为增强学习能力和效率，学者们不断探索新的分类方式以解决复杂的应用问题。

分类是根据包含标签成员关系已知实例的训练数据集，来查找新实例属于哪一组标签的问题。在神经网络中，二分类是最常见的分类问题，比方说，判断一张图片是不是猫。在数学上，即就是要选择一个从输入 x 到输出 y 的映射函数 f。一般情况下，$x \in R^d, y = \{0,1\}$。那么二分类问题的输出可以有如下设定：对于类别一，可以假设目标值为 1；对于类别二，假设其目标值为 0。用于解决二分类问题的众多方法中，逻辑回归是一种常用算法。在利用逻辑回归解决二分类问题的过程中，首先给出一个假设函数，这里选用 Sigmoid 函数：

$$y = \frac{1}{1 + e^x} \tag{3-1}$$

当使用线性回归算法时，假设函数定义为 $h_\theta(x) = \theta^T x$，函数的取值范围可以是 $(-\infty, \infty)$。但二分类中，由之前的假设可知，输出只可以是 0 或 1，因而在线性函数外需要包裹上阈值函数，这里采用 Sigmoid 函数，使得最终取值范围在 $(0,1)$ 之间，给出如下定义：

$$h_\theta(x) = g(\theta^T x) = \frac{1}{1 + e^{-\theta^T x}} = P(y = 1 \mid x; \theta) \tag{3-2}$$

当 $h_\theta(x) = 0.8$ 时，表示输入 x 有 80%的概率 $y = 1$。然而，控制取值范围并不能完成分类。根据以上假设函数表示概率，可以通过设定阈值确定最终 y 的输出值：

$$y = \begin{cases} 1, & h_\theta(x) > 0.5 \\ 0, & h_\theta(x) \leqslant 0.5 \end{cases} \tag{3-3}$$

令 $h_\theta(x) = 0.5$，则 $\theta^T x = 0$，这里称 $\theta^T x = 0$ 为决策边界。

那么接下来要做的就是找到一个决策边界，使得函数的预测值尽可能地接近目标值。在深度学习中利用损失函数来检测所选函数的性能。这里定义交叉熵：

$$J(\theta) = -\frac{1}{m} \sum_{i=1}^{m} \left(\left(y^{(i)} \ln\left(\hat{y}^{(i)} \right) \right) + \left(1 - y^{(i)} \right) \ln\left(1 - \hat{y}^{(i)} \right) \right) \tag{3-4}$$

此后再用梯度下降法寻求最优解。

然而对于多分类问题，比如手写数字识别，需要 10 个分类，二分类的逻辑回归模型将不能满足任务需求。数学上，即是要选择一个从输入 x 到输出 y 的映射函数 f。一般情况下，$x \in R^d, y = \{1, 2, \cdots, k\}$，$d$ 为输入向量。解决多类问题时，机器学习中有采用二分类器组成多分类器的方法，即将多分类任务拆解为若干个二分类任务来求解，但其过程较为繁琐。而深度学习通常采用 Softmax 分类器。下面将详细介绍 Softmax 分类器。

Softmax，又称多项逻辑回归，主要用于数学领域，尤其应用于概率论及相关领域。然而，Softmax 分类器在解决 N 维向量上具有独特的优势。随着计算机视觉的迅速发展，Softmax 分类器被广泛用于深度学习领域，更常应用于深度学习中的抽取向量的分类。它决定各个分类的概率并对其进行分类。对于相同的数据集，输出向量各维度值的总和为 1。Softmax 第一次在深度学习领域发光发热是在 2009 年，Jarrerr 在目标识别分类问题上第一次应用 Softmax。之后，Rifai 和 Krizhevsky 等对深度学习领域的 Softmax 做了更深度的优化。随着 Softmax 在深度学习领域的不断优化和拓展，多项研究均表现出 Softmax 在分类问题上展现的良好性能。一般，Softmax 用于神经网络的最后一层以得到输出分类的概率分布。

Softmax 函数将一组 N 维任意值向量映射为另一组元素取值范围为$(0,1)$、和为 1 的 N 维向量，即 Softmax 将 N 维向量转换为其概率分布，其映射规律如下：

$$p(y=j|x) = \frac{\mathrm{e}^{x_j}}{\sum\limits_{k=1}^{N} \mathrm{e}^{x_k}}, \quad j \in \{1,2,\cdots,N\} \tag{3-5}$$

式中，$p(y=j|x)$ 为 Softmax 输出向量的第 j 维元素值；输入向量 x 为 $[x_1, x_2, \cdots, x_N]$。

假设 Softmax 层输出为$[0.85, 0.08, 0.03, 0.04]$，则可看出输入属于第一类别的概率为 0.85，这里将判决输入为第一类别。

这里将二分类问题的假设函数推广到多分类问题，以手写数字图片分类为例，样本集表示为 $D = \left\{(x^{(1)}, y^{(1)}), (x^{(2)}, y^{(2)}), \cdots, (x^{(N)}, y^{(N)})\right\}$，其中 $y^{(i)} = \{1,2,\cdots,k\}$，共有 $k=10$ 个分类。对于每个输入 $x^{(i)}$ 对应各分类的概率表示为 $p(y^{(i)} = j | x^{(i)})$。因而，假设函数将输出一个 k 维向量（向量元素和为 1）表示此 k 维向量元素和为 1，该 k 维向量用来表示 k 个估计的概率值。此时假设函数形式如下：

$$h_\theta(x^{(i)}) = \begin{bmatrix} p(y^{(i)}=1|x^{(i)};\theta) \\ \vdots \\ p(y^{(i)}=k|x^{(i)};\theta) \end{bmatrix} = \frac{1}{\sum\limits_{j=1}^{k} \mathrm{e}^{\theta_j^{\mathrm{T}} x^{(i)}}} \begin{bmatrix} \mathrm{e}^{\theta_1^{\mathrm{T}} x^{(i)}} \\ \vdots \\ \mathrm{e}^{\theta_k^{\mathrm{T}} x^{(i)}} \end{bmatrix} \tag{3-6}$$

式中，θ_j 是模型参数；$1 / \sum\limits_{j=1}^{k} \mathrm{e}^{\theta_j^{\mathrm{T}} x^{(i)}}$ 对概率分布进行归一化，使得所有概率之和为 1。

在 Softmax 多分类问题中，代价函数是逻辑回归代价函数的推广，可表示为：

$$J(\theta) = -\frac{1}{m} \sum_{i=1}^{m} \sum_{j=1}^{k} \left[1\{y^{(i)}=j\} \ln \frac{\mathrm{e}^{\theta_j^{\mathrm{T}} x^{(i)}}}{\sum\limits_{l=1}^{k} \mathrm{e}^{\theta_l^{\mathrm{T}} x^{(i)}}} \right] \tag{3-7}$$

式中，$1\{y^{(i)}=j\}$ 为示性函数，其取值规则为 1{值为真表达式}=1，1{值为假表达式}=0。

采用迭代的优化算法（如，梯度下降法）解决代价函数的最小化问题。经过求导，得到梯度公式为：

$$\nabla_\theta J(\theta) = -\frac{1}{m} \sum_{i=1}^{m} x^{(i)} \left[1\{y^{(i)}=j\} - p(y^{(i)}=j|x^{(i)};\theta) \right] \tag{3-8}$$

接下来，就可以将梯度公式(3-8)代入梯度下降法中来求最小化代价函数。

到这里，Softmax 回归并不完整，假设给每个模型参数 θ_j 都减去 φ，即令 $\theta_j = \theta_j - \varphi$。这时各分类的概率分布变为：

$$p(y^{(i)} = j | x^{(i)}; \theta) = \frac{e^{(\theta_j - \varphi)^T x^{(i)}}}{\sum_{j=1}^{k} e^{(\theta_j - \varphi)^T x^{(i)}}} = \frac{e^{\theta_j^T x^{(i)}} e^{-\varphi^T x^{(i)}}}{\sum_{j=1}^{k} e^{\theta_j^T x^{(i)}} e^{-\varphi^T x^{(i)}}} \tag{3-9}$$

上式分子分母约去公约项，最终得到概率分布式如下：

$$p(y^{(i)} = j | x^{(i)}; \theta) = \frac{e^{\theta_j^T x^{(i)}}}{\sum_{j=1}^{k} e^{\theta_j^T x^{(i)}}} \tag{3-10}$$

这里可以看出，参数变化前后对预测概率并无影响，这种现象称 Softmax 回归模型的参数冗余，也就是说，模型被过度参数化，多组参数得到的是完全相同的假设函数，这样会导致最终代价函数优化到最小值的解不唯一。为解决参数冗余问题，这里在代价函数中加入权重衰减。通过加入权重衰减项 $\frac{\lambda}{2} \sum_{i=1}^{k} \sum_{j=0}^{n} \theta_{ij}^2$ 来修改代价函数为如下形式：

$$J(\theta) = -\frac{1}{m} \sum_{i=1}^{m} \sum_{j=1}^{k} \left[1\{y^{(i)} = j\} \ln \frac{e^{\theta_j^T x^{(i)}}}{\sum_{l=1}^{k} e^{\theta_l^T x^{(i)}}} \right] + \frac{\lambda}{2} \sum_{i=1}^{k} \sum_{j=0}^{n} \theta_{ij}^2 \tag{3-11}$$

对应地，对修改的代价函数求导后得到的梯度公式为：

$$\nabla_{\theta_j} J(\theta) = -\frac{1}{m} \sum_{i=1}^{m} \left[x^{(i)} \left(1\{y^{(i)} = j\} - p(y^{(i)} = j | x^{(i)}; \theta) \right) \right] + \lambda \theta_j \tag{3-12}$$

进一步，在改进的代价函数和梯度公式的基础上进行迭代优化算法，即可得到一个实际可用的 Softmax 模型。之前提到 Softmax 的代价函数是逻辑回归函数的推广，二者有何联系呢？当类别数 $k=2$ 时，Softmax 回归的假设函数为：

$$h_\theta(x^{(i)}) = \frac{1}{e^{\theta_1^T x^{(i)}} + e^{\theta_2^T x^{(i)}}} \begin{bmatrix} e^{\theta_1^T x^{(i)}} \\ e^{\theta_2^T x^{(i)}} \end{bmatrix} \tag{3-13}$$

接下来，利用 Softmax 参数冗余特性，令 $\varphi = \theta_1$，更新 $\theta_1 = \theta_1 - \varphi = \vec{0}$，$\theta_2 = \theta_2 - \theta_1$，得到更新后的假设函数为：

$$h_\theta(x^{(i)}) = \frac{1}{e^{\vec{0}^T x^{(i)}} + e^{(\theta_2 - \theta_1)^T x^{(i)}}} \begin{bmatrix} e^{\vec{0}^T x^{(i)}} \\ e^{(\theta_2 - \theta_1)^T x^{(i)}} \end{bmatrix} = \begin{bmatrix} \dfrac{1}{1 + e^{(\theta_2 - \theta_1)^T x^{(i)}}} \\ 1 - \dfrac{1}{1 + e^{(\theta_2 - \theta_1)^T x^{(i)}}} \end{bmatrix} \tag{3-14}$$

这里可以看到，在 $k=2$ 时，Softmax 回归模型预测的其中一个类别的概率为 $1\big/\left(1+\mathrm{e}^{(\theta_2-\theta_1)^\mathrm{T}x^{(i)}}\right)$，另一个类别概率为 $1-1\big/\left(1+\mathrm{e}^{(\theta_2-\theta_1)^\mathrm{T}x^{(i)}}\right)$。这个与逻辑回归是一致的，即类别为 2 时，Softmax 回归退化为逻辑回归。

3.2　激活函数

在生物神经网络中，每个神经元细胞都向外伸出许多分支，其中用来接收输入的分支称为树突，用来输出信号的分支称为轴突，轴突连接到树突上形成一个突触。每个神经元可以通过这种方式来连接其他神经元，同样每个神经元也可以同时接收来自其他神经元的信息。神经元相互连接形成网状结构，生物体成千上万的体细胞通过神经纤维连接在这个网状结构的输入端和输出端，神经网络完成中枢神经系统与体细胞间上传下达的任务。生物神经网络是如何工作的呢？生物学家观察到，当有外界刺激时，网络上的某些神经元就会向与其相连的神经元发送化学物质，从而改变这些神经元内的电位，当电位超出一个阈值，那么该神经元被激活，并向其他神经元发送化学物质。

1943 年，McCulloch 和 Pitts 受其启发，将上述过程抽象为经典的 M-P 神经元模型，如图 3.1 所示。在这个模型中，神经元接收来自其他 n 个神经元传递过来的输入信号，通过带权重的连接进行传递，将神经元接收到的输入值与其阈值进行比较，通过激活函数处理以产生神经元的输出。本节将对常见的激活函数进行介绍。

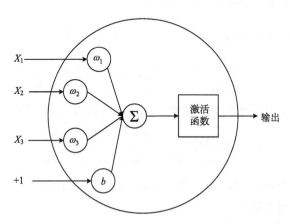

图 3.1　M-P 神经元模型

3.2.1 线性激活函数

线性激活函数是指输出与输入呈线性关系的一种简单模型。其表达式为：

$$y = \omega x + b \tag{3-15}$$

它实现的是输入信息的完全传导。在现实中由于每一层的输出都是本层输入的线性组合，与没有隐藏层效果相当，这种情况就是最原始的感知机模型，网络的逼近能力有限。因此，引入非线性函数作为激励函数，这样深层神经网络的表达能力更强，不再是输入的线性组合，而是几乎可以逼近任何函数。

3.2.2 Sigmoid 函数

Sigmoid 神经元可以将实数压缩至 0~1 的范围内，使输出平滑而连续地限制在 0~1 的范围内，大的负数趋向于 0，大的正数则趋向于 1，靠近 0 的趋向接近于线性，而远离 0 的趋向为非线性。其数学表达式为：

$$y = \frac{1}{1 + e^{-x}} \tag{3-16}$$

其图像为图 3.2 所示。

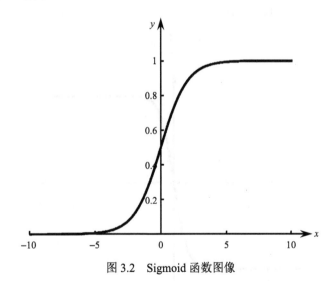

图 3.2　Sigmoid 函数图像

训练神经网络中需要计算激活函数的导数，Sigmoid 神经元的求导结果为：

$$\frac{\partial y}{\partial x} = y(1 - y) \tag{3-17}$$

由此可见，Sigmoid 的导数可以直接由其输出值来计算，但 Sigmoid 也有 3 个主要缺陷，使其在近年来鲜少使用。

（1）Sigmoid 函数会自身饱和导致梯度消失。Sigmoid 函数其中一个主要缺陷是当激活值在 0 或 1 的尾端时，这部分的梯度值接近于 0，以至于在后向传播时，迭代过程中发生梯度消失。因此，在训练过程中，需对 Sigmoid 函数额外注意权重初始化以防止,出现饱和。

（2）Sigmoid 函数并非以零为中心，即其输出不是零均值，这会导致后层神经元将上一层输出的非零均值的信号作为输入，对权重求局部梯度时，使其在反向传播中容易出现要么正向更新要么负向更新，使得收敛缓慢。

（3）Sigmoid 函数在计算过程中使用 exp()函数，这会增加计算的复杂度。

应对 Sigmoid 函数出现的 3 个问题，深度学习不断提出新的激活函数以减小训练难度。

3.2.3　tanh 函数

tanh 神经元是 Sigmoid 神经元的一个继承，它将实数压缩至–1~1 的范围内，因此改进了 Sigmoid 输出非零均值的问题。tanh 函数数学表达式为：

$$y = \frac{e^x - e^{-x}}{e^x + e^{-x}} \tag{3-18}$$

其图像为图 3.3 所示，其求导结果为：

$$\frac{\partial y}{\partial x} = 1 - y^2 \tag{3-19}$$

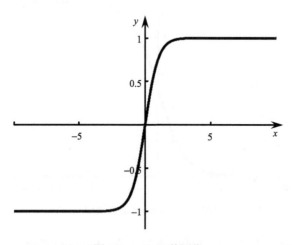

图 3.3　tanh 函数图像

然而，tanh 函数并非激活函数的最优选择，它虽然改善了 Sigmoid 函数输出非零均值的问题，却依旧存在函数值饱和以至于梯度消失的问题。在应用中，tanh 非线性优于 Sigmoid 非线性，仍有待改进。

3.2.4　ReLu 函数

ReLu 为整流线性单元，又称为修正线性单元。ReLu 单元在近几年热度愈演愈烈，其数学表达式为：

$$y = \max(0, x) \tag{3-20}$$

它在阈值以下的输出都被截断为"0"，在阈值以上的输出则线性不变。其图像为图 3.4 所示。

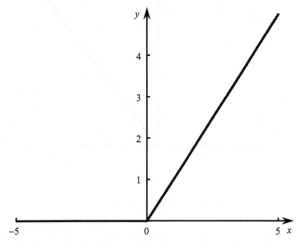

图 3.4　ReLu 函数图像

ReLu 是分段可导的，其导数形式为：

$$\frac{\partial y}{\partial x} = \begin{cases} 1, & x > 0 \\ 0, & \text{其他} \end{cases} \tag{3-21}$$

ReLu 在神经网络的实际应用中被广泛采用，因其具有非线性的特点，使得信息整合能力大大增强；在一定范围内又具有线性的特点，使得其训练简单、快速。相比较 Sigmoid 以及 tanh 函数，ReLu 非常有效地加快梯度的收敛速度。并且，相比较包含 exp() 函数的计算，ReLu 计算的复杂度非常小。

然而，ReLu 也存在一个不可忽略的问题，ReLu 激活函数容易出现"死亡"现象。流入 ReLu 神经元的大梯度带来的更新权重可能使得神经元激活值为 0，训练神经网络时，如果学习率没有设置好，使得第一次更新权重时输入是负值，那么自此之后，该神经元"死亡"。因为 ReLu 的导数在 $x > 0$ 时是 1，在 $x < 0$ 时是 0，如果输入为负，那么 ReLu 的输出是 0，反向传播的梯度也是 0，权重将不再更新，ReLu 神经元出现不可逆转性死亡。而这种情况在学习率越大时，越为常见。

这就限制了网络的训练速率。

为此，在初始化 ReLu 神经元时，通常会设置一个微小的偏差，或者修改 ReLu 表达式为：

$$y = \max(0.01x, x) \tag{3-22}$$

修改后的函数称为 Leaky ReLu，其图像如图 3.5 所示。

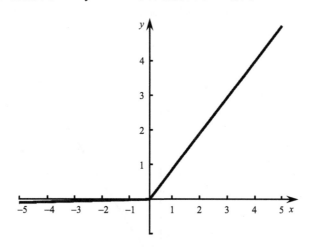

图 3.5　Leaky ReLu 函数图像

Leaky ReLu 相比 ReLu 只对 $x<0$ 部分做了修改，并具有 ReLu 所具备的一切优点。由于函数并不会得到恒零值，修正了 ReLu 可能出现"死亡"的情况，网络稳定性有所提高，并消除了对学习率的限制。在其基础上，学者们并未止步探索，对其不断改进，出现了参数修正（parametric rectifier），即 PReLu，其数学表达式如下：

$$y = \max(\alpha x, x) \tag{3-23}$$

PReLu 相较 Leaky ReLu 在神经元中加入参数 α。而实际上，无论是 ReLu 还是 Leaky ReLu，都是 Maxout 函数的特例。Maxout 将非线性激活函数应用于权重与数据的点积，数学表达式如下：

$$y = \max(\omega_1^T x + b_1, \omega_2^T x + b_2) \tag{3-24}$$

可以看出，ReLu 即为 Maxout 函数中参数 ω_1，b_1 均为 0 的情况。因而，Maxout 函数具有 ReLu 所具有的一切优点，并避免出现 ReLu 出现"死亡"的情况。但 Maxout 会增加每个神经元的参数数量，使得整个网络参数数目加倍。

3.3　神经网络的训练准备

3.3.1　输入归一化

在训练神经网络时，加快训练速度的一种方式是输入归一化。假设有一个训练集，其输入特征是二维的，表示为 $D = \left\{ (x^{(1)}, y^{(1)}), (x^{(2)}, y^{(2)}), \cdots, (x^{(N)}, y^{(N)}) \right\}$。图 3.6 是数据集的散点图。

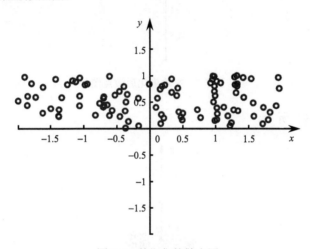

图 3.6　数据集的散点图

输入归一化需要 2 个步骤：

(1)零均值化。

$$\mu = \frac{1}{m} \sum_{i=1}^{m} x^{(i)} \tag{3-25}$$

$$x^{(i)} = x^{(i)} - \mu \tag{3-26}$$

结果如图 3.7 所示。

(2)归一化方差。由图 3.7 可见，$y^{(i)}$ 的方差比 $x^{(i)}$ 的方差要大很多，处理如下：

$$\sigma^2 = \frac{1}{m} \sum_{i}^{m} \left(y^{(i)} \right)^2 \tag{3-27}$$

$$y^{(i)} = \frac{y^{(i)}}{\sigma} \tag{3-28}$$

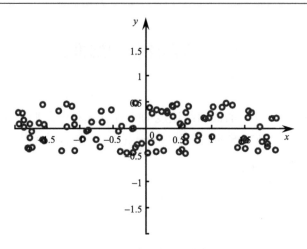

图 3.7　零均值化后散点图

结果如图 3.8 所示。

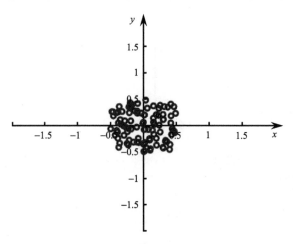

图 3.8　归一化方差后散点图

需注意的是，若采用这种方法计算出来的均值和方差来调整训练数据，那么，也必须用同样的均值和方差对测试数据进行归一化。

为什么要输入归一化？如果使用未归一化的原始数据，得到的代价函数会表现出较为狭长的特征。在这样一个代价函数上运行梯度下降，不仅需要一个较小的学习率，还需要多次迭代方能最后找到最小值。而使用归一化后的数据后，代价函数呈现的特征更为规则圆润，方便后期运行梯度下降算法。

如果输入特征在一个相似的范围内，输入归一化显得可有可无。例如，若输入是图像的像素，则归一化经常可有可无；若是输入特征差异较大，那么通过归一化的所有特征都处于相似范围内，使得训练过程更快速高效。

3.3.2　权重初始化

针对梯度消失和梯度爆炸问题，机器学习提出一个解决方案，即权重初始化。

对于深度学习，不同的初始化往往导致不同的收敛速度和效果，所以在开始模型训练之前，寻找最合适的权重初始化方法也是非常重要的。比较直观或常见的权重初始化方法有：

1. 全零初始化

在训练网络中，我们无法知道每个权重的最终值，但是依据数据归一化的特点，我们可以合理猜想最终权重大约是一半为正值，一半为负值。因此，对权重的初始值设为零是否可以作为一种保证期望值合理的初始化方法。但其实，这种方法并不可取。如果网络中的每个神经元输出都相同，那么在反向传输中，梯度亦完全相同，更新参数更是一致。换而言之，如果权重初始化为同一个值，那么神经元之间将不会存在不对称性。

2. 随机初始化

我们仍希望权重的值可以在零的附近，但正如上面所阐述的，并不希望是全零值。为此提出随机初始化，将权重值初始化为一个很小的随机数，这使得每一个神经元在初始位置都具有随机性和唯一性，它们在后续将有不同的更新值，并将自己整合为网络的不同部分。一个权重矩阵生成方式如下：

$$\omega = 0.01 \times np.random.randn(D, H) \tag{3-29}$$

式中，np.random.randn 取自零均值标准差的高斯随机数；(D, H) 表示矩阵维数。

通过式(3-29)，每一个神经元的权重都初始化为从多维高斯采样的随机向量，神经元在输入空间指向不同方向。另外，也可以从均匀分布中取较小数来初始化，但在实践中显示其对最终性能影响较小。

3. 方差校准

随机初始化的权重会带来神经元输出方差随着输入维数的增加而增大的问题。为了避免随机初始化方差不稳定的问题，可以利用数据量的大小来调节初始化的数值范围，方法是每个初始化值都除以 $\sqrt{n}$，其中 n 是输入的维数。方差校准确保了神经元的输出符合一个大致相同的分布，且经验表明可以提高收敛速度。类似的校准方法还可以将初始化范围修改为：

$$\omega \sim U\left[-\frac{\sqrt{6}}{\sqrt{n^{[j]}+n^{[j+1]}}}, \frac{\sqrt{6}}{\sqrt{n^{[j]}+n^{[j+1]}}}\right] \tag{3-30}$$

式中，U 表示均匀分布；$n^{[j]}$ 和 $n^{[j+1]}$ 分别表示当前层和后一层的输入维数。

4. 适用整流网络的初始化

相比较应用 Sigmoid 作为激活函数的网络，应用 ReLu 函数的网络会更加容易训练。然而，这类网络对参数初始化的要求也更高。文献[1]提出一种鲁棒性初始化方式消除训练整流网络的障碍。

对于单层神经网络，其输出为：

$$y^{[l]} = \omega^{[l]} x^{[l]} + b^{[l]} \tag{3-31}$$

式中，$x^{[l]} = f(y^{[l-1]})$，是该层网络输入，表示一个 $n^{[l]} \times 1$ 的矩阵，其中 $n^{[l]} = k^2 c^{[l]}$，表示 $k \times k$ 像素通过 $c^{[l]}$ 个输入通道；$f(\cdot)$ 表示激活函数；l 表示网络层数，$l \in \{1, 2, \cdots, L\}$。假设权重矩阵 $\omega^{[l]}$ 和输入矩阵 $x^{[l]}$ 中各元素独立同分布，$\omega^{[l]}$ 和 $x^{[l]}$ 相互独立，则可以得到如下关系：

$$\text{Var}[y_j^{[l]}] = n^{[l]} \text{Var}[\omega_j^{[l]} x_j^{[l]}] \tag{3-32}$$

式中，$y_j^{[l]}$，$x_j^{[l]}$，$\omega_j^{[l]}$ 分别为矩阵 $y^{[l]}$，$x^{[l]}$，$\omega^{[l]}$ 中的元素。令 $\omega_j^{[l]}$ 为零均值，得到：

$$\text{Var}[y_j^{[l]}] = n^{[l]} \text{Var}[\omega_j^{[l]}] E\left[\left(x_j^{[l]}\right)^2\right] \tag{3-33}$$

在 ReLu 函数中，$x_j^{[l]} = \max(0, y_j^{[l-1]})$，令 $\omega^{[l-1]}$ 是关于零对称分布，$b^{[l-1]} = 0$，依据 ReLu 函数进一步可推出：

$$E\left[\left(x_j^{[l]}\right)^2\right] = \frac{1}{2} \text{Var}[y_j^{[l-1]}] \tag{3-34}$$

将式(3-34)结果代入式(3-33)中得到：

$$\text{Var}[y_j^{[l]}] = \frac{1}{2} n^{[l]} \text{Var}[\omega_j^{[l]}] \text{Var}[y_j^{[l-1]}] \tag{3-35}$$

对于全部 L 层网络的叠加可得：

$$\text{Var}[y_j^{[L]}] = \text{Var}[y_j^{[1]}] \prod_{l=2}^{L} \frac{1}{2} n^{[l]} \text{Var}[\omega_j^{[l]}] \tag{3-36}$$

以上即为设计初始化的重要思想。一个好的初始化算法应避免指数级放大输入数据，因而设计限制条件如下：

$$\frac{1}{2} n^{[l]} \text{Var}[\omega_j^{[l]}] = 1, \ \forall l \tag{3-37}$$

由上述条件，初始化权重矩阵为零均值、标准差为 $\sqrt{2/n^{[l]}}$ 的高斯分布，同时初始化 $b=0$。这种初始化方式适合 ReLu/PReLu 所在网络，可以帮助深层神经网络更好地收敛。

3.4 正　则　化

3.4.1 偏差和方差

偏差，用于描述模型输出结果的期望与样本真实结果的差距。方差，用于描述模型对于给定值的输出稳定性。简单来说，偏差描述了输出结果的整体与预期的"标准"的偏移程度，而方差描述的输出结果的离散程度。用射击打靶图（图 3.9）来做一个直观的感受。

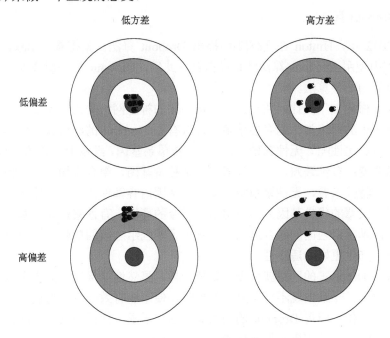

图 3.9　不同偏差、方差的数据分布图

那么偏差与方差在数据处理过程中会造成什么样的影响呢？偏差表现为算法在训练集上的错误率；方差表现为算法在测试集上的错误率与训练集错误率的差值。总误差为偏差与方差之和。

在训练神经网络的过程中，我们希望错误率尽可能的小。如果训练集错误率达到 0.5%，测试集错误率为 1%，此时偏差和方差均为 0.5%，总误差为 1%。这种错误率，我们称为在允许范围内，此时算法在训练集和测试集上同时表现良好。

若训练集错误率为 15%，测试集错误率为 16%，此时偏差为 15%，方差为 1%，总误差为 16%。此种算法具有高偏差和高方差，在训练集和测试集均未有良好表现。这种情况我们称之为欠拟合。若训练集错误率为 1%，测试集错误率为 15%，此时偏差为 1%，方差为 14%，总误差为 15%。这种算法虽然训练误差低，但是没有成功泛化到测试集，在测试集上误差较大。这种情况我们称其为过拟合。

当出现高偏差或高方差，如何降低这两项指标以得到优化的神经网络？在训练完初始模型之后，我们首先看这一模型是否存在高偏差，如果偏差过高，则需尝试不同的模型，考虑建立一个更深更复杂的神经网络，或者花费更多时间去训练算法，或者尝试更先进的优化算法。通过这一系列过程降低偏差，偏差降低之后，则需要评估方差是否过高。如果方差过高，数据出现过拟合，则需增加数据量到训练网络或者采取正则化的方式等。具体补偿过拟合的方法将在以下几节中详细介绍。

3.4.2　Dropout 算法

在 2012 年，Hinton 在文献[2]中提出 Dropout 算法。紧接着，Alex、Hinton 在文献[3]中使用 Dropout 算法防止过拟合。此后，Dropout 算法便成为深度学习中极为重要的一种算法。

Hinton 做出如下类比：将未应用 Dropout 的神经网络类比为无性繁殖，而将应用 Dropout 的网络类比为有性繁殖。那么有无 Dropout 的网络和遗传学之间存在怎样的可类比性呢？无性繁殖，下一代遗传单亲基因，继承上一代的优秀基因，存在轻微突变；有性繁殖，下一代遗传双亲独特基因，组合再加上随机突变。从二者的遗传特性来看，无性繁殖将父辈优良基因内容都保留下来，然而，随着环境的变化，父辈的优良基因并不一定适应当今的环境。有性繁殖通过基因的随机组合，打破基因组之间的联合适应性，减少了基因组之间的依赖，这样可以在突变的环境下产生更好的适应性。

未应用 Dropout 的网络就像无性繁殖一样，虽然性能优良，但更多适用于数据固定的情况。一旦出现不可预见的数据时，便不能有效应对。为适应环境，网络需要突变进化，应用 Dropout 的网络满足这一需求，使得网络更好地去适应非特定场景的情况，具有更好的泛化能力。

Dropout 遍历神经网络的每一层，并设置消除神经网络中节点的概率，随机消除网络中的一些节点，简化神经网络的构造。这使得模型的泛化性更强，因为它不会太依赖一些局部的特征。而 Dropout 也有不同方式，有直接 Dropout 但并不常用，较常用的一种为反向随机失活（inverted dropout）。

Dropout 以概率 p 舍弃神经元。每个神经元被舍弃的概率相同，设概率 p 随机舍弃神经元，单个神经元对输入有如下计算：$y = \omega x + b$。在训练阶段，对网络中的神经元进行舍弃，相当于用一个多维的伯努利变量与激活函数网络进行"与或"运算。

$$f(y) = D \odot g(y) \tag{3-38}$$

式中，$g(y)$ 为激活函数；D 为多维的伯努利变量 $\{X_i\}$，伯努利变量具有如下的概率质量分布：

$$f(X_i; p) = \begin{cases} p, & X_i = 1 \\ 1-p, & X_i = 0 \end{cases} \tag{3-39}$$

将 Dropout 应用在第 i 个神经元上，

$$z_i = X_i\, g(y_i) \tag{3-40}$$

式中，z_i 表示该神经元的最终输出。

由于在训练阶段神经元保持 $(1-p)$ 概率，因而为保证输出期望不变，在测试阶段，也应当用系数 $(1-p)$ 来缩放激活函数。这里通过一个三层神经网络直观地感受一下 Dropout 的工作原理，如图 3.10 所示。

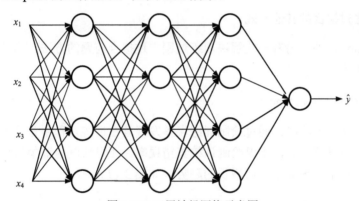

图 3.10　三层神经网络示意图

删除神经网络的部分节点，并删除网络与移除节点之间的连接，得到一个如图 3.11 所示的简化神经网络。

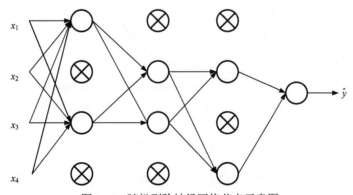

图 3.11　随机删除神经网络节点示意图

在反向随机失活中，实现过程主要分 4 步：

(1)第三层的网络权重参数用 a_3 表示，使用 a_3 的维数产生一个从 0 到 1 的随机矩阵。

(2)设置 keep-prop 的大小，keep-prop 表示该层节点保留的概率。对于(1)产生的随机矩阵与 keep-prop 进行比较，大于则取值为 0，并删除节点，小于则取值为 1，并保留节点。

(3)将 a_3 与 0、1 矩阵相乘得到新权重矩阵 a_3。

(4)对输出的新权重矩阵 a_3 除以 keep-prop，以保证权重矩阵的均值不变，从而保证第三层的输出不变。

因为 Dropout 随机删除节点，因此在训练过程中，不能依赖任意一个网络节点，必须分散权重。并且 keep-prop 可根据每层权重进行变化，对于过拟合现象明显的情况，可以使用更小的 keep-prop 值，获得更强有力的 Dropout。

3.4.3　补偿过拟合的其他方式

除 Dropout 外，另有一些解决训练过程中过拟合问题的方法，本节将简单介绍供读者参考。

1. 早停法(early stopping)

在运行梯度下降时，通过绘制训练误差发现其在训练过程中是呈单调下降趋势的。在使用早停法时，不仅绘制训练集错误率，还可绘制验证集错误率，发现其在训练过程中呈现先下降后增长的趋势，如图 3.12 所示。

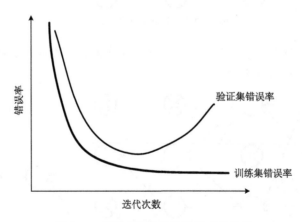

图 3.12　错误率随迭代次数的变化趋势

这种方法中，我们需要做的就是在验证集错误率达到最低时，截断迭代过程，使得神经网络呈现出一个较好的训练效果。

2. 数据增生（data argumentation）

减少神经网络中过拟合的另一种方式是扩增训练数据，但扩增训练数据往往代价比较高，并且有时无法得到更多数据，因而，可以通过对数据进行一系列处理来扩增数据。比如在图像分类问题上，可以通过对图像进行水平翻转、任意裁剪、放大或者缩小等方法来增大数据集，额外生成假训练数据。这种方式虽无法提供很多新信息，但是代价为零。

3. L1/L2 正则化

在逻辑回归中，训练结果使得损失函数达到最小值，损失函数表示为：

$$J(\omega,b) = \frac{1}{m}\sum_{i=1}^{m}L(\hat{y}^{(i)},y^{(i)}) \tag{3-41}$$

为加入正则化，损失函数会增加一项：

$$J(\omega,b) = \frac{1}{m}\sum_{i=1}^{m}L(\hat{y}^{(i)},y^{(i)}) + \frac{\lambda}{2}\|\omega\|_1 \tag{3-42}$$

式中，$\|\omega\|_1 = \sum_{j=1}^{n}|\omega_j|$，被称为 L1 范数，因而这种正则化也被称为 L1 正则化；λ 为正则化参数，通常采用交叉验证的方法来配置该参数；$L(\hat{y}^{(i)},y^{(i)})$ 为损失函数。L1 正则化会导致权重向量在优化过程中变得稀疏，即权重向量中有很多零。这种稀疏性使得网络在训练时采用最重要输入数据的稀疏子集，从而降低网络对噪声的敏感程度。在实际训练中，如果不关注特征选择，通常 L2 正则化比 L1 正则化呈现一个更好的性能。L2 正则化修改损失函数如下：

$$J(\omega,b) = \frac{1}{m}\sum_{i=1}^{m}L(\hat{y}^{(i)},y^{(i)}) + \frac{\lambda}{2}\|\omega\|_2^2 \tag{3-43}$$

式中，$\|\omega\|_2^2 = \sum_{j=1}^{n}\omega_j^2 = \omega^{\mathrm{T}}\omega$；$\lambda$ 为正则化参数；$L(\hat{y}^{(i)},y^{(i)})$ 为损失函数。这就是在逻辑回归中实现 L2 正则化的过程。那么在神经网络中又如何实现？神经网络中损失函数表示为：

$$J(\omega^{[1]},b^{[1]},\cdots,\omega^{[L]},b^{[L]}) = \frac{1}{m}\sum_{i=1}^{m}L(\hat{y}^{(i)},y^{(i)}) \tag{3-44}$$

加入正则化后，损失函数表示为：

$$J(\omega^{[1]},b^{[1]},\cdots,\omega^{[L]},b^{[L]}) = \frac{1}{m}\sum_{i=1}^{m}L(\hat{y}^{(i)},y^{(i)}) + \frac{\lambda}{2}\sum_{l=1}^{L}\left\|\omega^{[l]}\right\|_F^2 \tag{3-45}$$

式中，$\left\|\omega^{[l]}\right\|_F^2 = \sum_{i=1}^{n^{[L-1]}}\sum_{j=1}^{n^{[L]}}(\omega_{ij}^{[l]})^2$。

那么正则化后的损失函数如何实现梯度下降呢？正则化后，在后向传播中计算出：

$$\mathrm{d}\omega^{[l]} = (\mathrm{from\_backprop}) + \lambda\omega^{[l]} \tag{3-46}$$

$$\omega^{[l]} = \omega^{[l]} - \alpha\mathrm{d}\omega^{[l]} = (1-\alpha\lambda)\omega^{[l]} - \alpha(\mathrm{from\_backprop}) \tag{3-47}$$

由上式可看出，在正则化后的迭代过程中，权重会发生衰减。因此，L2 正则化有时也被称为权重衰减。

3.5　批量归一化

神经网络训练过程中每层输入分布随着上层参数的变化而变化，决定了深度神经网络训练的复杂性。这要求谨慎选择参数初始化的方法并降低学习率，但学习率的降低将导致训练速度变慢，尤其增加了对于饱和非线性网络的训练难度。文献[4]将这种现象称为内部相关变量偏移。应对这种现象，可在网络结构中加入归一化的步骤，并对每一个 Mini-Batch 都采用归一化，即批量归一化（batch normalization，BN）。BN 算法允许网络采用较大的学习率，降低对权重初始化的要求，一定程度消除了网络对 Dropout 的需求。

3.5.1　归一化网络的激活函数

批量归一化（BN）是深度学习中很重要的一种思想，它使得参数搜索问题变得很容易，使得神经网络对超参数的选择更加稳定，这样超参数的范围会更庞大、工作效果更好，也会更容易地训练深层神经网络。BN 算法并非凭空出世，之前的研究表明，在图像处理中，若对输入进行白化（whiten）操作，即控制输入分布为零均值单位方差的正态分布，神经网络收敛速度会加快。那么 BN 算法实际上就是对每个隐藏层都进行白化操作。

假设在某一深层神经网络中，已知某一隐藏单元输入 $x^{(i)}$ 经线性变化后得到 $y^{(i)}$，BN 算法对其操作如下：

$$\mu = \frac{1}{m}\sum_{i=1}^{m} x^{(i)} \tag{3-48}$$

$$\sigma^2 = \frac{1}{m}\sum_{i=1}^{m} \left(y^{(i)} - \mu\right)^2 \tag{3-49}$$

$$y_{\mathrm{norm}}^{(i)} = \frac{y_{\mathrm{norm}}^{(i)} - \mu}{\sqrt{\sigma^2 + \varepsilon}} \tag{3-50}$$

$$\tilde{y}^{(i)} = \gamma y_{\mathrm{norm}}^{(i)} + \beta \tag{3-51}$$

式中，γ, β 是模型的学习参数，可通过算法更新参数的值，如更新神经网络权重一样。在式 (3-50) 中，分母添加参数 ε 使其不会趋于零。这里，γ, β 是可以随意设置隐藏单元值的平均值。注意，若对隐藏层的每一输入归一化，可能会改变该层的输出。例如，对 Sigmoid 函数的输入归一化可能会将输出限定在函数的线性范围内，这样使得非线性变化变成线性变化。为避免这种情况，归一化步骤应保证是一个恒等变换，这需要对学习参数有一个精确的定义。若设置 γ, β 参数值如下：

$$\gamma = \sqrt{\sigma^2 + \varepsilon} \tag{3-52}$$

$$\beta = \mu \tag{3-53}$$

既可保证变化的恒等性，也可通过对参数赋予其他值，从而得到不同平均值和方差的隐藏单元值。

由此可得，BN 算法的作用是其适用的归一化过程不只是输入层，甚至同样适用于神经网络中的深度隐藏层。不过训练输入和这些隐藏单元值的区别是，平均值和方差并不一定固定为 0 和 1。通过参数 γ, β，可以确保所有的隐藏单元值是我们想赋予的任意值；或者说，γ, β 保证隐藏单元值的均值和方差的标准化。

3.5.2 BN 与神经网络的拟合

3.5.1 节给出如何在某一隐藏单元上完成 BN，本节将介绍如何将 BN 拟合进深层神经网络中。

神经网络中每个神经元都可以认为是两个计算过程，首先计算隐藏单元值，其次将隐藏单元值通过激活函数得到激活值。若是应用 BN 算法，那么将输入拟合到第一隐藏层，由参数 ω, b 确定。将隐藏层输出通过 BN 算法进行归一化，此过程将由参数 γ, β 控制，这一步将得到新的规范化后的隐藏值。之后，将规范化后的隐藏值通过激活函数得到激活值。这便是第一层的计算过程，其中 BN 操作位于隐藏值和激活值的计算之间。下一层的计算过程是第一层的计算重复。因此在应用 BN 的神经网络中，需要训练的参数不仅仅是 ω、b，还有参数 γ、β。

在实际应用中，BN 通常与训练集的 Mini-Batch 一起使用。隐藏值的计算方式如下：

$$y_j^{[l]} = \omega_j^{[l]} g\left(y_j^{[l-1]}\right) + b_j^{[l]} \tag{3-54}$$

式中，$g(\bullet)$ 表示激活函数。BN 将 $y_j^{[l]}$ 归一化，结果为零均值和标准方差，再由参数 γ, β 重缩放。这意味着，无论 $b_j^{[l]}$ 值是多少，都是要被减去的。因此训练参数时，可以将参数 $b_j^{[l]}$ 删除，或将其暂时设置为 0。

BN 可以使权重比网络更滞后或更深层，深层的权重相比于浅层的权重更经得起变化。

那么到这里，读者对于如何训练应用 BN 算法的神经网络应该有一个简单了解。但在测试网络时需注意，BN 算法在训练和测试时做法不一样。一旦网络训练结束，参数都固定下来，当测试样本流入网络，用的则是训练好的均值和方差来进行归一化处理。对于测试集应用 BN 算法步骤如下：

$$E[x] = E[\mu] \tag{3-55}$$

$$\mathrm{Var}[x] = \frac{m}{m-1} E[\sigma^2] \tag{3-56}$$

也就是说，直接利用所有 Mini-Batch 的 μ 值的平均值作为均值，对于方差采用每个 Mini-Batch 方差的无偏估计，最后测试阶段应用 BN 如下：

$$y = \frac{\gamma}{\sqrt{\mathrm{Var}[x] + \varepsilon}} \cdot (x - E[x]) + \beta \tag{3-57}$$

3.6　优 化 算 法

3.6.1　Mini-Batch 梯度下降法

机器学习的应用是一个高度依赖经验的过程，伴随着大量迭代的过程。需要训练诸多模型，才能找到最合适的那一个。其中一个难点在于，深度学习在大数据领域没有发挥出最大的效果，可以利用庞大的数据集训练神经网络，然而其训练速度是非常缓慢的。因此，采用优化算法可以很大程度地提高神经网络的训练速度，从而提高工作效率。

上文提到，向量化能有效地对所有样本进行计算，允许处理整个数据集而无需某个明确的公式，所以将训练样本向量化。但如果矩阵的维数过大，在对整个数据集进行梯度下降时，需要对整个数据集进行计算才能进入下一步的梯度下降。如果在整个数据集计算结束之前，先对部分数据应用梯度下降法，则算法速度会大大加快。在具体操作中，将训练集分为较小的子训练集，这些子集则被称为 Mini-Batch。那么之前所理解的 Batch 梯度下降就是指对整个数据集计算结束之后再进行梯度下降的方法，而这里提出的在整个数据集计算结束前对部分进行梯度下降的方法，称为 Mini-Batch 梯度下降法。接下来将详细介绍 Mini-Batch 梯度下降法的原理。

首先对输入进行前向传输，在第一步计算第一层隐藏值时，只对第一个 Mini-Batch 进行计算；然后执行激活函数得到激活值；重复直至得到所有预测值。在这里可以采用向量化，但此处的向量化是只对 Mini-Batch 的向量化，而不是对整个数据的向量化，接下来再计算损失成本函数。这里也是对 Mini-Batch 中的样本进行计算。使用 Mini-Batch 梯度下降法训练样本的一步也可称为进行一次迭代

（1 epoch）梯度下降。epoch 意味着只是一次历遍训练集。使用 Batch 梯度下降法，一次历遍训练集只能做一个梯度下降；而 Mini-Batch 梯度下降法中，一次历遍训练集能让子训练集总数梯度下降。

使用 Batch 梯度下降时，每次迭代都需要历遍整个训练集，预期每次迭代的损失都会下降。使用 Mini-Batch 梯度下降法，损失函数在整个过程中并不是随着迭代次数的增加而减小的。因为每次计算 Mini-Batch 的损失函数时，使用的都是不同的样本集。通常，此时的损失函数走向虽朝下，但会有更多的噪声。噪声产生的原因是 Mini-Batch 不同，其计算难度也不同。在 Mini-Batch 算法中，需要确定的一个参数是一个 Mini-Batch 的大小。若一个 Mini-Batch 的大小等于整个训练集的大小，则 Mini-Batch 算法退化为 Batch 梯度下降；若一个 Mini-Batch 的大小等于 1，这种特殊情况称为随机梯度下降。随机梯度下降永远不会收敛，最终只会在最小值附近波动。Batch 梯度下降在处理大数据时非常缓慢，随机梯度下降会失去向量化带来的加速。所以在实际训练中，Mini-Batch 的大小也是一个需要谨慎考虑的参数。如果训练集较小，Batch 梯度下降可以快速高效；如果训练集较大，一般 Mini-Batch 的大小可以是 64、128 等，为考虑电脑的内存设置，使其是 2 的 n 次方，代码会进行地快一些。

3.6.2 指数加权平均

指数加权平均（exponentially weighted moving averages）的本质就是以指数式递减加权的移动平均。各数值的加权随时间呈指数式递减，越近期的数据加权越重，但较旧的数据也给予一定的加权。其表示形式如下：

$$v_t = \beta v_{t-1} + (1-\beta)\theta_t \tag{3-58}$$

式中，θ_t 为第 t 次的实际观测值；v_t 是要代替 θ_t 的估计值，也就是第 t 次的指数加权平均值；β 为可调节的超参。指数加权平均作为原数据的估计值，不仅可以抚平短期波动，起到平滑的作用，还能够将长线趋势或周期趋势显现出来。根据前面的计算，可以得到第 t 次的估计值与第一次的观测值之间的关系：

$$v_t = \sum_{i=0}^{t} (1-\beta)\beta^{t-i}\theta_i \tag{3.59}$$

这里可以看出，由于加权系数随着时间呈指数式递减，时间越靠近，权重越大，反之，权重越小。计算移动平均值时，将初始值设为 0，所以在计算第一个平均值时，会产生一个较大的偏差。为修正这一偏差，用下式代替之前用的 v_t：

$$v_t = \frac{v_t}{1-\beta^t} \tag{3-60}$$

这一步称为指数加权平均的偏差修正。在 t 较大的时候，式（3-60）与 v_t 并无太大区别；但在 t 较小时，可对初始时期的偏差起到一个有效的修正，同时 β 的选取对平滑效果也有一定的影响。

3.6.3　动量梯度下降法

动量梯度下降(gradient descent with momentum)法有效提高了深层网络训练过程的收敛效率。将损失函数视为山坡的高度，随机数初始化参数相当于在某个位置设置初始速度为 0 的粒子，将优化过程等同于该粒子在山坡上滚动的过程。粒子所受的力受梯度势能影响，事实上，粒子受力等于损失函数的负梯度，进而梯度通过加速度影响粒子的滚动速度。相较于 Batch 梯度下降法，Mini-Batch 梯度下降法不能很好地保证收敛性：对于非凸函数，容易陷入局部极小值，尤其在鞍点附近（一个维度向上倾斜，另一个维度向下倾斜），在这些位置，梯度在所有维度都接近于零。这就导致梯度下降无法继续优化至最优解。因而，动量梯度下降法的目的就是使得在梯度方向不变的维度上的速度变快，而在梯度方向改变的维度上的速度变慢，从而加快收敛并减小振荡。

动量梯度下降法运行速度总是快于梯度下降法，其基本思想是：计算梯度的指数加权平均数，并利用该梯度更新权重。我们需要做的是，在第 t 次迭代的过程中，对于参数 θ 用现有的 Mini-Batch 计算微分 $\mathrm{d}\theta$，优化算法中会有下式过程：

$$v_t = \beta v_{t-1} + (1-\beta)\mathrm{d}\theta \tag{3-61}$$

式中，$\mathrm{d}\theta$ 表示损失函数对 θ 的微分；变量 β 被称为动量，其在物理意义上更接近于摩擦系数，可降低粒子滚动速度从而降低系统动能，使得粒子最终可以停在山脚。交叉验证时，该参数可设为[0.5,0.9,0.95,0.99]，然后重新赋值参数，即

$$\theta = \theta - \alpha v_t \tag{3-62}$$

式中，α 为学习率。随着迭代次数的增加，初始状态的偏差会逐渐消失。因此，在此算法中，通常不考虑对于指数加权平均的偏差修正。

牛顿动量(Nesterov momentum)法是动量梯度下降法的一个更新版本，其更好地保证了对凸函数的收敛性，并在实际应用中显示出其较动量梯度下降法更好的工作效果。它的核心思想是：当前参数处于某个位置 θ 时，通过上面的动量更新，我们知道动量项 βv_{t-1} 将推动参数向量。这时，若我们要计算梯度，可以通过计算先行位置 $\theta + \beta v_{t-1}$ 的梯度取代在原位置计算的梯度。对动量梯度下降法的过程做些许修改：

$$\theta_{\mathrm{ahead}} = \theta + \beta v_t \tag{3-63}$$

$$v_t = \beta v_{t-1} + (1-\beta)\mathrm{d}\theta_{\mathrm{ahead}} \tag{3-64}$$

后续通过学习率更新参数，步骤与之前相同。

3.6.4 RMS prop

前面提到在损失函数不规则的情况下，梯度下降过程不是一个直接下降的过程，而是一个振荡下降的过程。在不影响甚至加快下降速度的情况下，为了减小振荡幅度，提出 RMS prop 算法，该算法全称为 root mean square prop（均方根传播）。RMS prop 算法是根据最新两次梯度更新的均值为下一次梯度更新适应性地修改学习率，这意味着算法在非稳态问题上可以展示出较为优秀的性能。其基本步骤如下：

在第 t 次迭代中，照常计算当下 Mini-Batch 的参数微分 $\mathrm{d}\theta$。计算指数加权平均数：

$$s_t = \beta s_{t-1} + (1-\beta)(\mathrm{d}\theta)^2 \tag{3-65}$$

这样做能保留微分平方的加权平均数，紧接着 RMS prop 算法更新参数如下：

$$\theta = \theta - \alpha \frac{\mathrm{d}\theta}{\sqrt{s_t}} \tag{3-66}$$

该算法中，希望对权重计算指数加权平均数可以相对较小，而希望对偏差计算指数加权平均数可以相对较大。这样可以用一个相对较大的学习率来加快学习而无需考虑在下降方向的偏离。这种做法有利于消除摆动幅度大的方向，用来修正摆动幅度，使得各个维度的摆动幅度都很小；另一方面也使得网络的收敛速度更快。在实际中，我们面对的是高维度的梯度下降，所以需要消除摆动的参数也会是一个高维度的向量。同时，在实际训练中，为防止 s_t 趋于零的情况下使得参数更新不稳定，通常在分母上添加参数 ε 使其不会趋于零，如下：

$$\theta = \theta - \alpha \frac{\mathrm{d}\theta}{\sqrt{s_t + \varepsilon}} \tag{3-67}$$

3.6.5 Adam 优化算法

Adam 优化算法是一种可以替代传统随机梯度下降过程的一阶优化算法，它能基于训练数据迭代地更新神经网络权重。Adam 最早是由 Diederik 和 Jimmy 在文献[5]中提出，是一种能基于训练数据迭代地更新神经网络权重，有效替代传统随机梯度下降过程的一阶优化算法。Adam 来源于 adaptive moment estimation。Adam 优化算法基本上就是将动量梯度下降法和 RMS prop 算法结合在一起。

使用 Adam 算法，首先对参数进行初始化：

$$\begin{cases} v_t = 0 \\ s_t = 0 \end{cases} \tag{3-68}$$

在第 t 次迭代中，计算当下 Mini-Batch 的微分 $\mathrm{d}\theta$；接下来计算动量梯度下降法指数加权平均数：

$$v_t = \beta_1 v_{t-1} + (1-\beta_1)\mathrm{d}\theta \tag{3-69}$$

再计算 RMS prop 算法指数加权平均数：

$$s_t = \beta_2 s_{t-1} + (1-\beta_2)(\mathrm{d}\theta)^2 \tag{3-70}$$

一般在运用 Adam 算法时，需要计算偏差修正：

$$v_{t\_\mathrm{correct}} = \frac{v_t}{1-\beta_1^t} \tag{3-71}$$

$$s_{t\_\mathrm{correct}} = \frac{s_t}{1-\beta_2^t} \tag{3-72}$$

更新权重得到：

$$\theta = \theta - \alpha \frac{v_{t\_\mathrm{correct}}}{\sqrt{s_{t\_\mathrm{correct}}} + \varepsilon} \tag{3-73}$$

Adam 算法结合了动量梯度下降法和 RMS prop 算法。Adam 算法被证明是一种非常有效的优化算法并适用于广泛的结构。在同等数据量的情况下，Adam 算法占用内存更少，超参相对固定（β_1 常设为 0.9，β_2 常用 0.999），几乎不需要调整，更适用于大量训练数据的场景，且对梯度系数和梯度噪声有很大的容忍性。

3.6.6 学习率衰减

加快学习算法的一个方法就是随时间缓慢减小学习率，称之为学习率衰减。在梯度下降的过程中，由于迭代过程中会产生噪声，使得下降过程较为曲折，并最终在最小值周围徘徊而不能精确收敛。这样，在迭代后期减小学习率，使得下降幅度更小，最终徘徊在离最小值更近的一个区域，可以使得训练结果更好。所以减小学习率的本质在于，在训练初期或许可以承受较大步伐的下降，但当开始收敛的时候，小一些的学习率使得收敛步伐变小。

我们通过下式来达到学习率的衰减：

$$\alpha = \frac{1}{1 + \mathrm{decay\_rate} \times \mathrm{epoch\_num}} \alpha_0 \tag{3-74}$$

式中，decay_rate 为衰减率，也是需要不断调整的超参；epoch_num 则是遍历次数；α_0 为初始学习率。如果想用学习率衰减，则式(3.74)中参数都是需要不断训练以确定一个合适值。除式(3.74)可以完成学习率衰减外，还有其他几种常用方法，比方说指数衰减：

$$\alpha = 0.95^{\mathrm{epoch\_num}} \alpha_0 \tag{3-75}$$

或者

$$\alpha = \frac{k}{\sqrt{\text{epoch\_num}}} \alpha_0 \tag{3.76}$$

3.7　基于 TensorFlow 的两层神经网络实例

上一章提到 TensorFlow 作为深度学习领域最受欢迎的框架之一，其一原因是依赖于其庞大的开源数据库。本章将利用一个开源的训练数据集——MNIST。MNIST数据集是一个手写数字数据集，包含各种手写数字图片以及每一张图片对应的标签，告诉使用者这是数字几，其中包含 60000 个训练样本以及 10000 个测试样本，这些样本均标准化为 28×28 像素大小。MNIST 数据库可帮助使用者在真实数据上训练神经网络模型，简化了训练过程中的数据处理步骤。

MNIST 官网地址是 http://yann.lecun.com/exdb/mnist/，读者可在这里下载数据集。

导入数据集时，TensorFlow 所具有的优势就体现出来。TensorFlow 提供一个库，可以直接下载并安装 MNIST 数据集，并将文件解压到当前代码所在同级目录下，其代码如下：

代码 3-1

```
from tensorflow.examples.tutorials.mnist import input_data
mnist=input_data.read_data_sets("MNIST_data", one_hot=True)
```

也可直接将官网下载的数据集置于代码所在同级目录，之后直接引用数据集。这里通过几行代码打印 MNIST 数据集中的信息，来看看它的具体内容。

代码 3-2

```
import pylab
print ('input data:', mnist.train.images)
print ('input shape:', mnist.train.images.shape)
im=mnist.train.images[1]
im=im.reshape(-1,28)
label=mnist.train.labels[1]
print('input label:, label)
ylab.imshow(im)
lab.show()
```

运行代码 3-2，得到如下输出信息：

```
imput data: [(0.0.0....,0.0.0.)]
```

```
[(0.0.0…,0.0.0.)]
[(0.0.0…,0.0.0.)]
…
 input shape: (55000,784)
input label: ([0.0.0.1.0.0.0.0.0.0.])
```

得到输出图片如图 3.13 所示。

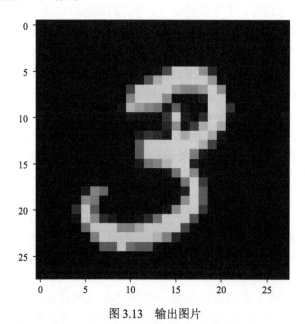

图 3.13　输出图片

代码 3-1 中 one_hot 指令对应 one hot 编码。同时，在输出信息中可以看到，标签以向量形式输出。这种编码方式将样本标签转化为一列向量。在 MNIST 数据集中，数字标签共十类。0 的 one hot 编码为（[1,0,0,0,0,0,0,0,0,0]），1 的 one hot 编码为([0,1,0,0,0,0,0,0,0,0])，2 的 one hot 编码为([0,0,1,0,0,0,0,0,0,0])，以此类推。向量中 1 所在的位置表示类别。

首先导入库并初始化计算图，如代码 3-3 所示。

代码 3-3

```
import tensorflow as tf
import numpy as np
from tensorflow.contrib.layers.python.layers import Batch_norm
```

经尝试显示，卷积神经网络(CNN)在训练集和测试集上均能达到较好的精确率，因而这里采用 CNN 架构，并在其中加入 BN 算法。TensorFlow 对复杂的 BN 算法定义了一个封装好的高级函数，但由于 BN 算法在训练集和测试集上的不同应用，这里依旧给它定义一个子函数方便调用。代码 3-4 对网络中所用的卷积层、池化层以及 BN 层逐一定义。

代码 3-4

```
#定义卷积层
def conv2d(x,W):
    return tf.nn.conv2d(x,W,strides=[1,1,1,1],padding='same')
#定义最大池化层
def max_pool_2*2(x):
    return
tf.nn.max_pool(x,ksize=[1,2,2,1],strides=[1,2,2,1],padding='same')
#定义平均池化层
def avg_pool_7*7(x):
    return
tf.nn.avg_pool(x,ksize=[1,7,7,1],strides=[1,7,7,1],padding='same')
#定义BN层
def batch_norm_layer(value,train=None,name='batch_nome'):
    if train is not None:
        return batch_norm(value, decay=0.9,updates_collection=None,
is_training=True)
    else:
        return batch_norm(value, decay=0.9,updates_collection=None,
is_training=False)
```

正如 3.3 节所阐述的，在神经网络训练前需对参数进行初始化，如代码 3-5 所示。

代码 3-5

```
def initialize_weight(shape):
    initial=tf.truncated_normal(shape,stdev=0.1)
    return tf.Variable(initial)
def initialize_bias(shape)
    initial=tf.constant(0.1,shape=shape)
    return tf.Variable(initial)
```

TensorFlow 的又一优势体现在后向传播中，参数更新的代码较为简单。例如，若是采用梯度下降法，代码如 3-6 所示。为优化算法性能，代码 3-7 使用的是 Adam 优化算法。

代码 3-6

```
optimizer = tf.train.GradientDescentOptimizer(learning_rate = learning_rate).
minimize(cost)
```

代码 3-7

```
#定义占位符，数据维度28×28=784
x=tf.placeholder(tf.float32,[None,784])
y=tf.placeholder(tf.float32,[None,10])
train=tf.placeholder(tf.float32)
#构建网络结构，两层卷积层，一层Softmax层
W_conv1=initialize_weight([5,5,1,32])
b_conv1=initialize_bias([32])
x_image= tf.nn.ReLu(x,[-1,28,28,1])
h_conv1 = tf.nn.relu(batch_norm_layer((conv2d(x_image, W_conv1) + b_conv1),train))
h_pool1 = max_pool_2x2(h_conv1)
W_conv2_5x5 = weight_variable([5, 5, 32, 32])
b_conv2_5x5 = bias_variable([32])
W_conv2_7x7 = weight_variable([7, 7, 32, 32])
b_conv2_7x7 = bias_variable([32])
h_conv2_5x5 = tf.nn.ReLu(batch_norm_layer((conv2d(h_pool1, W_conv2_5x5) + b_conv2_5x5),train))
h_conv2_7x7 = tf.nn.ReLu(batch_norm_layer((conv2d(h_pool1, W_conv2_7x7) + b_conv2_7x7),train))
h_conv2 = tf.concat([h_conv2_5x5,h_conv2_7x7],3)
h_pool2 = max_pool_2x2(h_conv2)
W_conv3 = weight_variable([5, 5, 64, 10])
b_conv3 = bias_variable([10])
h_conv3 = tf.nn.ReLu(conv2d(h_pool2, W_conv3) + b_conv3)
nt_hpool3=avg_pool_7x7(h_conv3)
nt_hpool3_flat = tf.reshape(nt_hpool3, [-1, 10])
y_conv=tf.nn.Softmax(nt_hpool3_flat)
keep_prob = tf.placeholder("float")
#定义交叉熵
cross_entropy = -tf.reduce_sum(y*tf.log(y_conv))
```

```
#在迭代中加入学习率衰减，使用0.01的初始值，每1000步衰减0.9
decaylearning_rate = tf.train.exponential_decay(0.01, 20000,1000,
0.9)
    train_step = tf.train.AdamOptimizer(decaylearning_rate).minimize
(cross_entropy)
    correct_prediction = tf.equal(tf.argmax(y_conv,1), tf.argmax(y,1))
    accuracy = tf.reduce_mean(tf.cast(correct_prediction, "float"))
    with tf.Session() as sess:
        sess.run(tf.global_variables_initializer())
        for i in range(20000):#20000
          batch = mnist.train.next_batch(50)
          if i%1000  == 0: train_accuracy = accuracy.eval(feed_dict=
{ x:Batch[0], y: Batch[1], keep_prob: 1.0})
              print( "step %d, training accuracy %g"%(i, train_accuracy))
          train_step.run(feed_dict={x: batch[0], y: batch[1], keep_prob:
0.5})
        batch_test = mnist.test.next_Batch(1000)
        print ("test accuracy %g"%accuracy.eval(feed_dict={ x: batch_
test[0], y: batch_test[1], keep_prob: 1.0}))
```

　　代码运用封装好的函数通过最小化输出与输入之间的损失函数迭代更新网络参数。构建网络结构后，在其中调用之前所述的函数。

　　最后输出训练集和测试集精确率如代码 3-8 所示。

代码 3-8

```
step 0, training accuracy: 0.06
step 1000, training accuracy:1
step 2000, training accuracy:0.96
…
step 18000, training accuracy:0.98
step 19000, training accuracy:1
Test accuracy: 0.99
```

获取程序代码

参 考 文 献

[1]　He K, Zhang X, Ren S, et al. Delving Deep into Rectifiers: Surpassing Human-Level Performance on ImageNet Classification. 2015 IEEE International Conference on Computer Vision（ICCV）, Santiago, 2015: 1026-1034.

[2]　Hinton G E, Srivastava N, Krizhevsky A, et al. Improving neural networks by preventing

co-adaptation of feature detectors. http://arxiv.org/abs/1207.0580, 2012.

[3]　Krizhevsky A, Sutskever I, Hinton G. ImageNet classification with deep convolutional neural networks. Advances in Neural Information Processing Systems. 2012, 25 (2) :1106-1114.

[4]　Ioffe S, Szegedy C. Batch normalization: Accelerating deep network training by reducing internal covariate shift. The 32nd International Conference on Machine Learning, 2015.

[5]　Kingma D P, Ba J. Adam: A method for stochastic optimization. Computer Science.The 3rd International Conference for Learning Representations, San Diego, 2015.

第 4 章　卷积神经网络

卷积神经网络（convolutional neural network，CNN）是一种前馈型的神经网络，在大型图像处理方面有出色的表现，目前已经被大范围应用到图像分类、定位等领域中。相比于其他神经网络结构，卷积神经网络需要的参数相对较少，使得其能够广泛应用。本章将首先介绍卷积神经网络在计算机视觉领域的作用，然后介绍卷积神经网络的结构、原理，以及一些经典的网络模型，最后结合实例展示如何应用卷积神经网络。

4.1　什么是卷积神经网络

4.1.1　计算机视觉

计算机视觉是让机器代替人眼执行特殊任务的一个领域，具体来说就是使用摄像机和计算机代替人眼对目标进行识别、跟踪和测量等机器视觉，并进一步做图形处理，用计算机处理成为更适合人眼观察或传送给仪器检测的图像。作为一门科学学科，计算机视觉研究相关的理论和技术，试图建立能够从图像或者多维数据中获取信息的人工智能系统。计算机视觉的主要任务有四类：目标识别、目标检测、目标识别+定位、图像分割。计算机视觉是一个飞速发展的领域，日常用到的人脸识别技术、自动驾驶技术等都属于计算机视觉任务。计算机视觉任务处理的对象主要是图像和视频，在处理图像时关注的信息主要有：高度、宽度、深度和信道数，而视频就是图像序列，在处理视频时主要关注的信息是码率、帧率、分辨率和清晰度。

以处理一张像素为 64×64 的彩色图像（图 4.1）为例，神经网络要处理的任务是判断该图中的目标是否为猫，网络输出 1 代表网络判断这张图中的目标是猫，输出 0 则代表不是。由于彩色图像包括 R、G、B 三信道，实际上数据量是 $64 \times 64 \times 3 = 12288$，因此特征向量 x 的维度是 12288。

如果仅仅使用神经网络，假设第一层隐藏层中有 1000 个神经元，并使用全连接，那么权重矩阵 W 的大小就是 1000×12288，处理如此庞大的数据量需要耗费巨大内存和很长的训练时间，而在计算机视觉任务中通常处理的图片都是更大的像素，用单纯的神经网络就会产生更多权重参数，加上随着网络层数不断变深，要处理的参数量是不能令人接受的，而卷积神经网络的出现则很好解决了这个问题。

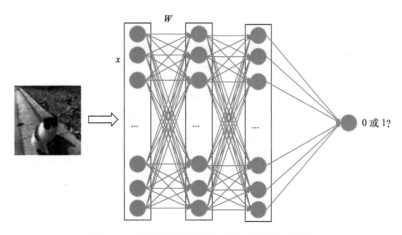

图 4.1　利用神经网络判断输入图像是否为猫

4.1.2　卷积神经网络

卷积神经网络(convolutional neural networks，CNN)是一类包含卷积计算且具有深度结构的前馈神经网络(feedforward neural networks，FNN)，是深度学习(deep learning)的代表算法之一。卷积神经网络是近年发展起来并引起广泛重视的一种高效识别方法，它可以有效降低反馈网络的复杂度，现在已成为众多科学研究的重点。另外，卷积神经网络避免了对图像复杂的预处理，可以直接输入原始图像，因而得到广泛的应用。

卷积神经网络的基本结构包括两层：其一为特征提取层，每个神经元的输入与前一层的局部接收域相连，并提取该局部的特征。一旦该局部特征被提取后，它与其他特征间的相对位置关系也随之确定。其二是特征映像层，网络的每个计算层由多个特征映像组成，每个特征映像是一个平面，平面上所有神经元的权值相等。特征映像结构采用影响函数核小的 Sigmoid 函数作为卷积网络的激活函数，使得特征映像具有位移不变性。此外，由于一个映像面上的神经元共享权值，因而减少了网络自由参数的个数。卷积神经网络中的每一个卷积层都紧跟着一个用来求局部平均与二次提取的计算层，这种特有的两次特征提取结构减小了特征分辨率[1]。卷积神经网络主要用来识别那些位移、缩放及其他形式扭曲不变形的二维图形。由于卷积神经网络的特征检测层是通过训练数据进行学习，所以在使用时，避免了显式地特征提取，而隐式地从训练数据中进行学习；另外，卷积神经网络相较于简单神经元的一大优势在于卷积神经网络同一特征映像面上的神经元权重相同，使其网络具有并行学习能力。卷积神经网络以其局部权值共享的特殊结构，在语音识别和图像处理方面有着独特的优越性，其布局更接近于实际的生物神经网络，权值共享降低了网络的复杂性，特别是多维输入向量的图像可以直接输入网络，这一特点避免了特征提取和分类过程中数据重构的复杂度。

本章首先对卷积神经网络的各个层级进行功能性的介绍，然后介绍 AlexNet、VGGNet 和 ResNet 等经典网络，最后介绍多层卷积神经网络实例（TensorFlow 范例）。

4.2 卷积神经网络基本原理

4.2.1 卷积神经网络的结构

卷积神经网络相比于神经网络来说，依旧是层级网络，只是层的功能和形式发生了变化，是传统神经网络的改进。传统神经网络的结构如图 4.2 所示。

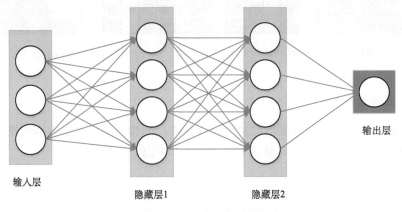

图 4.2 传统神经网络结构图

而卷积神经网络则对结构作了更加复杂的改变。在卷积神经网络中，各层的神经元是三维排列的，这使得卷积神经网络对于图像的处理十分有优势。图 4.3 是一个卷积神经网络的例子，可以看出神经网络在卷积层之间夹杂了更多其他类型的层，这些层共同发挥作用。

针对卷积神经网络的层级，研究卷积神经网络的作用机制。首先，给出每个层级的工作原理及作用；其次，比较卷积神经网络与其他网络，并总结其优缺点；最后，简单介绍卷积神经网络的常用计算框架。

4.2.2 卷积神经网络的层级组成及其原理

卷积神经网络的层级一般包括：数据输入层（input layer）、卷积计算层（CONV layer）、激活层（activation layer）、池化层（pooling layer）、全连接层（fully connected layer，或 FC layer）。各层相互连接，互相作用。其中卷积计算层和池化层是卷积神经网络特有的，本节将重点介绍这两个层级。

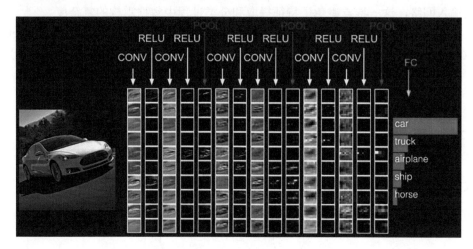

图 4.3　卷积神经网络结构图（图片来源：http://cs231n.stanford.edu/）

1. 数据输入层

数据输入层主要是对原始数据进行预处理，而预处理的主要内容包括：去均值、归一化、PCA/白化，具体内容在本章不作赘述。

2. 卷积计算层

卷积计算层是卷积神经网络的核心层。在卷积计算层中，有两个十分重要的操作：第一是局部关联，把每个神经元看作一个滤波器，数据预处理后输入卷积层进行滤波；第二是窗口滑动，滤波器只对局部数据进行计算。图 4.4 是卷积计算过程示例图，卷积核（滤波器）以一定的步长在数据层上进行移动，计算得到卷积结果。

卷积核首先对输入数据（图 4.4）的左上 3×3 部分进行逐个相乘再求和的运算，即 $2×1+0×4+0×0+0×3+1×0+1×1+1×0+3×0+4×2$，接下来输入数据的左上 3×3 块以步长 1 右移，继续上面的运算，得到结果 5。用同样的方法逐次运算得到最终的运算结果，输入维度是 5×5 ，输出维度是 3×3。

为构建深度神经网络，有一个重要的卷积操作就是填充（padding）。在如图 4.4 所示的例子中，用一个 3×3 的卷积核卷积一个 5×5 的图像，最终得到 3×3 的输出，这个结果背后的数学解释是：假如有一个维度是 $n×n$ 输入图像，用维度 $f×f$ 的卷积核做卷积，步长为 1，那么输出维度就是 $(n-f+1)×(n-f+1)$ 。这样操作会有两个缺点：第一个缺点是每次做卷积操作，图像都会缩小，随着卷积次数增加，图像可能越来越小，不利于特征提取；第二个缺点是角落边缘的像素只被卷积核碰触一次，这样会丢失许多图像的边缘信息。为了解决这两个问题，在进行卷积操作之前对图像进行填充处理，如图 4.5 所示。

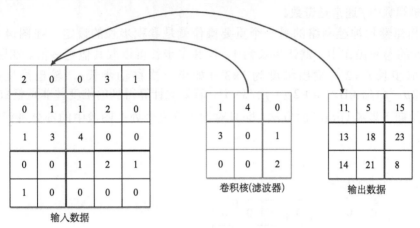

图 4.4　卷积计算过程示例图

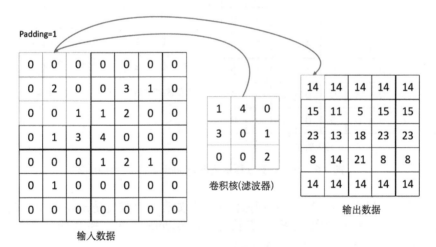

图 4.5　卷积计算过程示例图（padding =1）

在输入数据四周都填充了一个像素点，padding =1，输出维度就变成了 5×5，其背后的数学解释是：假如有一个维度是 $n×n$ 的输入图像，用维度是 $f×f$ 的卷积核做卷积，步长为 1，padding $= p$，那么输出维度就是 $(n+2p-f+1)×(n+2p-f+1)$。这样角落里或者图像边缘的信息发挥作用较小的这一缺点就被削弱。

一般来说，填充像素的个数有两个选择：一是 valid padding；另外一个是 same padding。valid padding 意味着不填充，这样会得到 $(n-f+1)\times(n-f+1)$ 维度的输出；same padding 意味着填充之后做卷积，此操作可得到的输出维度与输入维度相同，若 $(n+2p-f+1)\times(n+2p-f+1)=n\times n$，那么 $p=(f-1)/2$。习惯上，在计算机视觉中 f 通常是奇数。

构建卷积神经网络的另一个重要操作就是卷积步长的设定。在图 4.4 和图 4.5 的卷积操作中，默认步长为 1，但其实步长可以取其他更多值。在图 4.6 中，取步长 $s=2$，输出维度为 3×3。如果一次移动步长 s，输出维度就是 $[(n+2p-f)/s+1]\times[(n+2p-f)/s+1]$。若如此计算得到的维度并非是整数，那么采用向下取整（floor）的方法，即只对卷积核完全处在图像中的部分进行卷积操作。

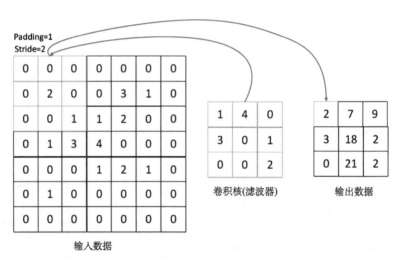

图 4.6　卷积计算过程示例图（padding $=1$，　stride $=2$）

至此，可以得出结论：在卷积操作中，假如有一个维度是 $n\times n$ 的输入图像，用维度 $f\times f$ 的卷积核做卷积，步长为 s，padding $=p$，那么输出维度就是 $[(n+2p-f)/s+1]\times[(n+2p-f)/s+1]$。

然而，在处理计算机视觉的任务时，一般是利用卷积神经网络处理 R、G、B 三信道的彩色图像，这就要求卷积是三维卷积。此时，将滤波器的维度变成 $n\times n\times3$，卷积过程如图 4.7 所示。卷积核的信道数必须与输入图像信道数一致，然后依次在 R、G、B 三个信道上相应地做卷积运算，最后将它们相加，得到最终的输出结果。如果采用多个卷积核进行卷积运算，卷积核数目为 n_f，那么会得到维度为 $[(n+2p-f)/s+1]\times[(n+2p-f)/s+1]\times n_f$ 的输出。

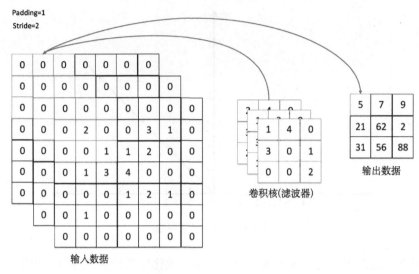

图 4.7　卷积计算过程示例图（R、G、B 三信道，padding = 1，stride = 2）

3. 激活层

激活层的作用就是引入非线性函数，把卷积层的结果做非线性映像。如果不用激励函数，每一层输出都是上一层输入的线性函数，那么很容易验证，无论有多少层神经网络，输出的都是输入的线性组合。

卷积神经网络普遍采用的激励函数是收敛快、求解梯度简单的 ReLu（rectified linear unit，修正线性单元），但其在训练过程中不适应较大梯度输入。例如，一个非常大的梯度流过一个 ReLu 神经元，更新参数之后，导致对任何数据输入永远是负数，这个神经元将再也不会有激活现象，那么这个神经元的梯度就永远都会是 0。图 4.8 显示 ReLu 函数图像，ReLu 相较于 Sigmoid 函数节省了很多计算量，在深层网络中进行反向传播时速度更快。此外，ReLu 函数将会使一部分神经元的输出为 0，构造的网络具有稀疏性，参数之间互相依存的关系降低，在挖掘数据特征时，更能降低模型的非线性化，缓解了过拟合的发生。

4. 池化层

除了卷积层，卷积网络也经常用池化层来缩减模型的大小，提高计算速度，同时提高所提取特征的鲁棒性。池化层夹杂在连续的卷积层之间，可以非常有效地缩小参数矩阵的尺寸，从而减少最后全连接层中的参数数量，因此使用池化层可以加快计算速度，还具有防止过拟合的作用。在图像识别领域，有时图像太大需要减少训练参数的数量，这就要求在随后的卷积层之间周期性地引进池化层，

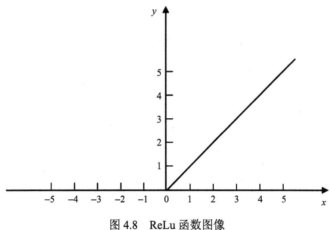

图 4.8　ReLu 函数图像

池化最重要的作用就是减少图像的空间大小。池化层的计算过程与卷积层有颇多类似之处，池化的方法有最大池化（max pooling）和平均池化（average pooling）两种，即取对应区域的最大值或者平均值作为池化后的元素值，其中最大池化较为常用。图 4.9 是以最大池化为例，采用 2×2 的池化，最终结果：输入的 4×4 矩阵变为 2×2 矩阵输出。在图 4.9 中，左上 2×2 最大值为 7，故输出对应部分为 7，其他部分类似。

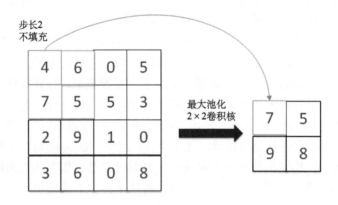

图 4.9　最大池化

5. 全连接层

全连接层在卷积神经网络中起到"分类器"的作用，它的每个结点都与上层所有神经元连接，将前面提取的特征综合起来。在实际使用中，全连接层可由卷积操作实现，卷积是全连接的一种简化。在卷积神经网络中，全连接层出现在最后的几层，对前面提取的特征做加权和，最后一层的全连接输出可以采用回归函数（如 Softmax、Sigmoid 函数）进行分类，至此，全连接层作为"分类器"在卷积神经网络中发挥作用。

4.2.3　卷积神经网络的特点

卷积神经网络映像参数少的原因之一是可以共享卷积核，这样使得它对高维数据处理无压力，并且无需手动选取特征，只要设定好损失函数，并进行恰当的调节参数进行训练，就能得到效果良好的分类器。映射参数少的第二个原因就是使用稀疏连接，即输出单元只与"相关"的输入单元连接，其他不相关的输入都不会对这部分输出产生影响。卷积神经网络可以通过这两种机制减少参数，以便用更少的参数量进行训练，从而防止过拟合。而且，卷积神经网络善于捕捉平移不变，图片即使平移几个像素，依旧与之前的图片有非常相似的特征，所以卷积神经网络在计算机视觉任务中表现良好。但是，卷积神经网络也有一些缺陷，尤为明显的就是在进行训练时，往往需要大量的样本数据，并且需要根据训练结果调节参数。另外，卷积神经网络的物理意义不明确，使用起来不太容易理解深层次工作机制，相当于一个"黑箱模型"。总的来说，卷积神经网络在计算机视觉、自然语言处理等领域都有着巨大的作用，随着设备的发展及调节参数手段的进步，卷积神经网络也在飞速发展中。

4.3　卷积神经网络的经典网络

4.3.1　经典的卷积神经网络

4.2 节详细介绍了卷积神经网络的组成和作用机制，本节将讨论几种卷积神经网络中的经典网络。LeNet 是最早用于数字识别的卷积神经网络，之后在 2012 年的 ILSVRC 比赛上出现了比 LeNet 网络更深、用多层小卷积迭加代替单个大卷积的 AlexNet；后来又出现了 VGGNet，在迁移学习中表现优异；ResNet 则是在以上网络中做的结构修正，以适应更深层的网络训练。本节将分别介绍其中的 AlexNet、VGGNet 和 ResNet 等经典网络。

4.3.2　AlexNet 概述

AlexNet 是具有重大历史意义的一种网络，在 AlexNet 出现之前，深度学习已经沉寂了很久，与用于计算机视觉设计的 CNN 相比，AlexNet 要大得多。AlexNet 拥有 6000 万个参数和 65 万个神经元，并且花了 5～6 天的时间来训练 2 个 GTX 580。现在有很多更复杂的 CNN，即使是在非常大的数据集中，也可以高效地运行在更快的 GPU 上。AlexNet 的网络结构如图 4.10 所示。其中，CONV 代表卷积层，Overlapping Max Pool 代表重叠最大池化层，FC 代表全连接层；Stride 代表步长，Pad 代表边长填充 0 的个数。AlexNet 是由交替出现的 8 层卷积层和最大池化层，以及最后的 2 层全连接层和 SoftMax 层组成，最终可以实现 1000 个种类的分类[2]。

AlexNet 网络使用了非线性激活函数——ReLu 函数，并采用了 Dropout、数据增强(data augmentation)等方法防止过拟合，用百万级的 ImageNet 图像进行大数据训练，这些都使得 AlexNet 网络设计的非常成功，深度学习重回历史舞台。

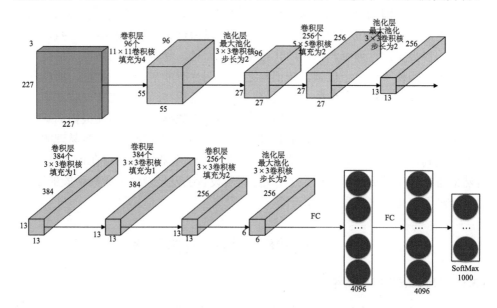

图 4.10　AlexNet 网络结构图

4.3.3　VGGNet 概述

AlexNet 在 2012 年的 ILSVRC 比赛上取得胜利之后，深度学习在图像识别领域得到了巨大的发展。2014 年，牛津大学计算机视觉组和 Google DeepMind 公司的研究人员共同研发出新的深度卷积神经网络——VGGNet，并在同年取得了 ILSVRC 比赛分类项目第二名。

VGGNet 可以看成是加深版本的 AlexNet，都是由卷积层、全连接层两大部分构成，VGGNet 网络结构与 AlexNet 网络结构相比，最大的改进在于 VGGNet 发展卷积群结构，取代 AlexNet 中单一的卷积层结构，在增加网络深度时，普遍使用小卷积核以及"保持输入大小"等技巧，确保各层输入大小不会随深度的增加而急剧减少。而卷积层通道数从 3-64-128-256-512，逐渐增加。VGGNet 网络结构如图 4.11[3]所示。

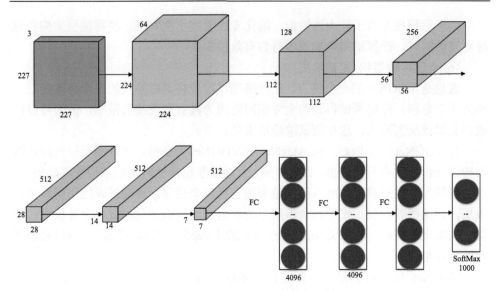

图 4.11　VGGNet 网络结构图[3]

VGGNet 网络具有如下特点：

(1)结构简洁。

VGGNet 由 5 层卷积层、3 层全连接层、SoftMax 输出层构成，层与层之间使用最大池化(max pooling)分开，所有隐藏层的激活单元都采用 ReLu 函数。

(2)小卷积核和多卷积子层。

VGGNet 使用多个较小卷积核(3×3)的卷积层代替一个卷积核较大的卷积层，一方面可以减少参数，另一方面相当于进行更多的非线性映像，可以增加网络的拟合/表达能力。小卷积核是 VGGNet 的一个重要特点，虽然 VGGNet 是在模仿 AlexNet 的网络结构，但没有采用 AlexNet 中比较大的卷积核尺寸(如7×7)，而是通过降低卷积核的大小(3×3)，增加卷积子层数来达到同样的性能(VGGNet：从 1 到 4 卷积子层，AlexNet：1 子层)。VGGNet 2 个3×3的卷积堆栈获得的感受野(receptive field)大小相当于一个5×5的卷积；而 3 个3×3卷积的堆栈获取到的感受野相当于一个7×7的卷积。这样可以增加非线性映像，也能很好地减少参数(如7×7的参数为49 个，而 3 个3×3的参数为27)。

(3)小池化核。

相比 AlexNet 的3×3的池化核，VGGNet 全部采用2×2的池化核。

(4)通道数多。

VGGNet 网络第一层的通道数为 64，后面每层都进行翻倍，最多达到 512 个通道，通道数的增加使得更多的信息可以被提取出来。

(5)层数更深，特征图更宽。

由于卷积核专注于扩大通道数、池化专注于缩小宽和高，使得模型架构在更深更宽的同时，计算量的增加规模得到有效控制。

(6)全连接转卷积（测试阶段）。

这也是VGGNet的一个特点，在网络测试阶段将训练阶段的3个全连接层替换为3个卷积，使得测试得到的全卷积网络因为没有全连接的限制，因而可以接收任意宽或高为输入，这在测试阶段很重要。

在VGGNet提出以后，以AlexNet和VGGNet为基础，大规模卷积神经网络结构以及新技术不断被提出。目前看来，大规模卷积神经网络的结构发展趋势是：过滤器的尺寸越来越小，网络结构越来越宽且越来越深，逐渐摆脱池化层和全连接层，只保留卷积层。比如把全连接层替换为全局均值池化层或者全卷积层；网络结构越来越复杂，比如GoogLeNet引入的Inception结构、ResNet以及它们之间的相互组合。

VGGNet的拓展性很强，迁移到其他图片数据上的泛化性非常好，因此，VGGNet经常被用来提取图像特征。经由VGGNet训练好的模型参数可被用来在相似领域的图像分类任务上进行再训练，相当于提供了非常好的初始化权重。

4.3.4　ResNet概述

残差网络ResNet(residual network)是由微软研究院的He K等[4]提出，通过使用ResNet单元成功训练出152层的神经网络，参数量比VGGNet少，效果显著。ResNet的结构可以极快地加速神经网络的训练，模型的准确率也有比较大提升，同时ResNet的推广性非常好，甚至可以直接用到Inception网络中。ResNet是加入了类似高速网络(highway network)的思想，在网络中增加了直连通道，如图4.12所示[4]。此思想的核心是允许原始输入信息直接传到后面的层中。在加入此信道前，网络结构仅是在性能上做一非线性变换；修正后，则允许保留之前网络层一定比例的输出。

由于非常深的网络往往存在梯度消失的问题，导致难以训练。因此采用跳跃连接，从某一网络层获得激活，然后迅速反馈给另外一层，甚至是神经网络的更深层，如果深层网络后面的那些层是恒等映像，那么模型就退化为一个浅层网络。但是直接让一些层去拟合一个潜在的恒等映像函数$H(x) = X$会比较困难，这也许就是深层网络难以训练的原因。但是，如果把网络设计为$H(x) = F(x) + X$，如图4.12所示。可以转换为学习一个残差函数$F(x) = H(x) - X$，只要$F(x) = 0$就构成了一个恒等映像$H(x) = X$，而且，拟合残差肯定更加容易。ResNet就是由这样的跳跃连接构成的。ResNet还可以说明在构建深层网络的同时不降低在训练集上的效率，因此在构建深层网络时，ResNet出现的频率特别高。

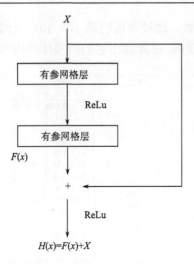

图 4.12 ResNet 结构图

ResNet 的模块组成主要有以下两种结构：如图 4.13 所示，这两种结构分别针对 ResNet34 和 ResNet50/101/152。图 4.13（a）是以 2 个3×3的卷积网络串联在一起作为一个残差模块，图 4.13（b）是1×1、3×3、1×1 的 3 个卷积网络串联在一起作为一个残差模块。在探究更深层网络性能的时候，基于训练时间的考虑，使用瓶颈设计（bottleneck design）的方式来设计积木块（building block）。对于每一个残差函数，使用一个 3 层的堆栈（stack）代替以前的两层，这 3 层分别使用1×1、3×3 和1×1的卷积。其中，1×1卷积用来降维然后升维，即利用1×1卷积解决维度不同的问题。3×3对应一个瓶颈（更少的输入、输出维度），如图 4.13（b）所示。

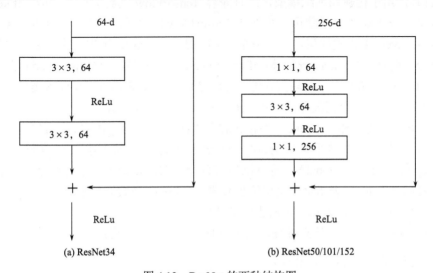

图 4.13 ResNet 的两种结构图

ResNet 有不同的网络层数，比较常用的是 50、101、152 层，它们都是由上述的残差模块堆栈在一起实现的。在此给出它们的具体结构以供参考，如图 4.14 所示。

层名	输出大小	18层	34层	50层	101层	152层
conv1	112×112	7×7, 64, 步长为2				
conv2_x	56×56	3×3, 最大池, 步长为2				
conv2_x	56×56	$\begin{bmatrix} 3\times3, 64 \\ 3\times3, 64 \end{bmatrix} \times 2$	$\begin{bmatrix} 3\times3, 64 \\ 3\times3, 64 \end{bmatrix} \times 3$	$\begin{bmatrix} 1\times1, 64 \\ 3\times3, 64 \\ 1\times1, 256 \end{bmatrix} \times 3$	$\begin{bmatrix} 1\times1, 64 \\ 3\times3, 64 \\ 1\times1, 256 \end{bmatrix} \times 3$	$\begin{bmatrix} 1\times1, 64 \\ 3\times3, 64 \\ 1\times1, 256 \end{bmatrix} \times 3$
conv3_x	28×28	$\begin{bmatrix} 3\times3, 128 \\ 3\times3, 128 \end{bmatrix} \times 2$	$\begin{bmatrix} 3\times3, 128 \\ 3\times3, 128 \end{bmatrix} \times 4$	$\begin{bmatrix} 1\times1, 128 \\ 3\times3, 128 \\ 1\times1, 512 \end{bmatrix} \times 4$	$\begin{bmatrix} 1\times1, 128 \\ 3\times3, 128 \\ 1\times1, 512 \end{bmatrix} \times 4$	$\begin{bmatrix} 1\times1, 128 \\ 3\times3, 128 \\ 1\times1, 512 \end{bmatrix} \times 8$
conv4_x	14×14	$\begin{bmatrix} 3\times3, 256 \\ 3\times3, 256 \end{bmatrix} \times 2$	$\begin{bmatrix} 3\times3, 256 \\ 3\times3, 256 \end{bmatrix} \times 6$	$\begin{bmatrix} 1\times1, 256 \\ 3\times3, 256 \\ 1\times1, 1024 \end{bmatrix} \times 6$	$\begin{bmatrix} 1\times1, 256 \\ 3\times3, 256 \\ 1\times1, 1024 \end{bmatrix} \times 23$	$\begin{bmatrix} 1\times1, 256 \\ 3\times3, 256 \\ 1\times1, 1024 \end{bmatrix} \times 36$
conv5_x	7×7	$\begin{bmatrix} 3\times3, 512 \\ 3\times3, 512 \end{bmatrix} \times 2$	$\begin{bmatrix} 3\times3, 512 \\ 3\times3, 512 \end{bmatrix} \times 3$	$\begin{bmatrix} 1\times1, 512 \\ 3\times3, 512 \\ 1\times1, 2048 \end{bmatrix} \times 3$	$\begin{bmatrix} 1\times1, 512 \\ 3\times3, 512 \\ 1\times1, 2048 \end{bmatrix} \times 3$	$\begin{bmatrix} 1\times1, 512 \\ 3\times3, 512 \\ 1\times1, 2048 \end{bmatrix} \times 3$
	1×1	平均池, 1000-d FC, Softmax				
FLOPs		1.8×10^9	3.6×10^9	3.8×10^9	7.6×10^9	11.3×10^9

图 4.14　ResNet 不同网络层次的结构图

4.4　多层卷积神经网络实例

本节首先结合 VGGNet 模型的搭建介绍 TensorFlow 中常用函数的用法，然后以 MNIST 算法的测试和训练过程为例，展示多层卷积神经网络 (CNN) 工作机制。

tf.keras 是 Keras API 在 TensorFlow 里的实现。Keras 是一个高级 API（应用程序接口），用于构建和训练模型，同时兼容 TensorFlow 的绝大部分功能。tf.keras 使得 TensorFlow 更易于使用，且保持 TensorFlow 的灵活性和性能。在 Keras 中，通常用 Layers 来搭建模型。一个模型（通常）是一个 Layer 组成的图。最常见的模型类型一般是多个 Layer 堆栈体：tf.keras.Sequential 模型，通过 model.add 函数来添加。Conv2D 函数表示卷积层，其中常用参数 filters 表示卷积层滤波器的数量，kernel_size 表示每个滤波器的大小，strides 表示滤波器滑动步长，activation 表示激活函数，常用选择有 "relu" "sigmoid" "softmax" 等。MaxPooling2D 函数表示最大池化，其中常用参数 pool_size 表示池化区域的大小。其他函数还有 AveragePooling2D , GlobalAveragePooling2D 等。Dense 函数表示普通全连接层，其中常用参数 units 表示全连接层输出数量；Dropout 函数为常用的正则化方法，其中参数 rate 表示输入单元随机去除的比例。

以 VGG16 的模型建立过程，具体解释这些函数的作用：

```
model = Sequential()
# BLOCK 1
```

```
   model.add(Conv2D(filters = 64, kernel_size = (3, 3), activation =
'relu', padding = 'same', name = 'block1_conv1', input_shape = (224, 224,
3)))
   model.add(Conv2D(filters = 64, kernel_size = (3, 3), activation =
'relu', padding = 'same', name = 'block1_conv2'))
   model.add(MaxPooling2D(pool_size = (2, 2), strides = (2, 2), name =
      'block1_pool'))

   # BLOCK2
   model.add(Conv2D(filters = 128, kernel_size = (3, 3), activation =
'relu', padding = 'same', name = 'block2_conv1'))
   model.add(Conv2D(filters = 128, kernel_size = (3, 3), activation =
'relu', padding = 'same', name = 'block2_conv2'))
   model.add(MaxPooling2D(pool_size = (2, 2), strides = (2, 2), name =
      'block2_pool'))

   # BLOCK3
   model.add(Conv2D(filters = 256, kernel_size = (3, 3), activation =
'relu', padding = 'same', name = 'block3_conv1'))
   model.add(Conv2D(filters = 256, kernel_size = (3, 3), activation =
'relu', padding = 'same', name = 'block3_conv2'))
   model.add(Conv2D(filters = 256, kernel_size = (3, 3), activation =
'relu', padding = 'same', name = 'block3_conv3'))
   model.add(MaxPooling2D(pool_size = (2, 2), strides = (2, 2), name
='block3_pool'))

   # BLOCK4
   model.add(Conv2D(filters = 512, kernel_size = (3, 3), activation =
'relu', padding = 'same', name = 'block4_conv1'))
   model.add(Conv2D(filters = 512, kernel_size = (3, 3), activation =
'relu', padding = 'same', name = 'block4_conv2'))
   model.add(Conv2D(filters = 512, kernel_size = (3, 3), activation =
'relu', padding = 'same', name = 'block4_conv3'))
   model.add(MaxPooling2D(pool_size = (2, 2), strides = (2, 2), name =
      'block4_pool'))

   # BLOCK5
   model.add(Conv2D(filters = 512, kernel_size = (3, 3), activation =
'relu', padding = 'same', name = 'block5_conv1'))
```

```
  model.add(Conv2D(filters = 512, kernel_size = (3, 3), activation =
'relu', padding = 'same', name = 'block5_conv2'))
  model.add(Conv2D(filters = 512, kernel_size = (3, 3), activation =
'relu', padding = 'same', name = 'block5_conv3'))
  model.add(MaxPooling2D(pool_size = (2, 2), strides = (2, 2), name =
'block5_pool'))

  model.add(Flatten())
  model.add(Dense(4096, activation = 'relu', name = 'fc1'))
  model.add(Dropout(0.5))
  model.add(Dense(4096, activation = 'relu', name = 'fc2'))
  model.add(Dropout(0.5))
  model.add(Dense(1000, activation = 'softmax', name = 'prediction'))
```

当模型建立完成后，可以采用调用 compile 方法来指定配置训练过程，tf.keras.model.compile 有 3 个重要参数：optimizer 参数表示训练过程中使用的优化方法，此参数可以通过 tf.train 模块优化方法的实例来指定，如 AdamOptimizer，RMSPropOptimizer，GradientDescentOptimizer；loss 参数表示训练过程中使用的损失函数（通过最小化损失函数来训练模型），此参数可以通过 tf.keras.losses 模块中的函数来指定，例如 mse，categorical_crossentropy 和 binary_crossentropy；metrics 参数表示训练过程中监测的指标，通常由 tf.keras.metrics 模块中的函数来指定。

```
  model.compile(optimizer=tf.train.AdamOptimizer(0.001),
loss='categorical_crossentropy', metrics=['accuracy'])
```

训练时模型可以使用 fit 方法直接使用 numpy 格式的数据训练模型，tf.keras.Model.fit 有 3 个重要的参数：epochs 参数表示训练多少个 epochs；batch_size 参数表示当使用 numpy 格式数据时，指定数据切片的数量；validation_data 参数表示验证集数据，模型在每个 epochs 结束后在该数据上计算损失和准确率。

```
  model.fit(data, labels, epochs=10, batch_size=32,
    validation_data=(val_data, val_labels))
```

MNIST（手写字体识别算法）是深度学习的经典入门案例，它是由 6 万张训练图片和 1 万张测试图片构成的，每张图片都是 28×28 大小，而且都是黑白色构成（这里的黑色是一个 0～1 的浮点数，黑色越深表示数值越靠近 1），这些图片是采集的不同的人手写从 0 到 9 的数字。TensorFlow 将这个数据集和相关操作封装到库中，以下是以 MNIST 算法展示多层 CNN 工作机制。

```
import tensorflow as tf
import matplotlib.pyplot as plt
#读取MNIST数据
from tensorflow.examples.tutorials.mnist import input_data
#定义MNIST模型
mnist = input_data.read_data_sets(FLAGS.data_dir, one_hot=True)
# x是特征值
x = tf.placeholder(tf.float32, [None, 784])
# W表示每一个特征值(像素点)会影响结果的权重
W = tf.Variable(tf.zeros([784, 10]))
b = tf.Variable(tf.zeros([10]))
y = tf.matmul(x, W) + b
# y是图片实际对应的值
y_ = tf.placeholder(tf.float32, [None, 10])<br>
cross_entropy =
tf.reduce_mean(tf.nn.softmax_cross_entropy_with_logits(labels=y_,
logits=y))
train_step =
tf.train.GradientDescentOptimizer(0.5).minimize(cross_entropy)
sess = tf.InteractiveSession()
tf.global_variables_initializer().run()
# mnist.train 训练数据
for _ in range(1000):
    batch_xs, batch_ys = mnist.train.next_batch(100)
    sess.run(train_step, feed_dict={x: batch_xs, y_: batch_ys})
#取得y的最大概率对应的数组索引与y_的数组索引对比,如果索引相同,则表示预测正确
correct_prediction = tf.equal(tf.arg_max(y, 1), tf.arg_max(y_, 1))
accuracy = tf.reduce_mean(tf.cast(correct_prediction, tf.float32))
print(sess.run(accuracy, feed_dict={x: mnist.test.images, _: mnist.
test.labels}))
```

x(图片的特征值):使用一个28×28=784列的数据表示一个图片的构成。

W(特征值对应的权重)

b(偏置量)

y(预测的结果):单个样本被预测出来是哪个数字的概率,取最大值对应的数字为最终预测结果。

y_(真实结果):来自MNIST的训练集,每一个图片所对应的真实值。

#使用损失函数(交叉熵)和梯度下降算法,通过不断地调整权重和偏置量的值,逐渐减小根据计算的预测结果和提供的真实结果之间的差异,以达到训练模型的目的。

```
for i in range(0, len(mnist.test.images)):
    result = sess.run(correct_prediction, feed_dict={x: np.array
([mnist.test.images[i]]), y_: np.array([mnist.test.labels[i]])})
    if not result: print('预测的值是: ',sess.run(y, feed_dict={x:np.array
([mnist.test.images[i]]),y_: np.array([mnist. test.labels[i]])}))
    print('实际的值是: ',sess.run(y_,feed_dict={x: np.array([mnist.test.
images[i]]), y_: np.array([mnist.test.labels[i]])}))
    one_pic_arr = np.reshape(mnist.test.images[i], (28, 28))
    pic_matrix = np.matrix(one_pic_arr, dtype="float")
    plt.imshow(pic_matrix)
    pylab.show()
    break
print(sess.run(accuracy, feed_dict={x: mnist.test.images,
y_: mnist.test.labels}))
```

运行结果如下：

```
Extracting MNIST_data/train-images-idx3-ubyte.gz
Extracting MNIST_data/train-labels-idx1-ubyte.gz
Extracting MNIST_data/t10k-images-idx3-ubyte.gz
Extracting MNIST_data/t10k-labels-idx1-ubyte.gz
step 0,train_accuracy= 0.1 test accuracy=0.05
step 100,train_accuracy= 0.76 test accuracy=0.56
step 200,train_accuracy= 0.9 test accuracy=0.85
step 300,train_accuracy= 0.84 test accuracy=0.79
step 400,train_accuracy= 0.98 test accuracy=0.96
……
……
……
step 19600,train_accuracy= 1 test accuracy=0.96
step 19700,train_accuracy= 0.98 test accuracy=0.95
step 19800,train_accuracy= 1 test accuracy=0.97
```

获取程序代码

　　由上面的测试结果可以看出，MNIST 对于手写字体的识别精度随着迭代次数的不断增加而逐渐提高，最后可以达到非常准确的检测结果。由此可见，卷积神经网络在识别手写字体方面具有不错的效果。

4.5 本章小结

本章首先介绍为什么使用卷积神经网络和卷积神经网络的组成层级，并重点介绍卷积层和池化层的结构和功能。随后，介绍了卷积神经网络中的经典网络 AlexNet、VGGNet、ResNet 的结构和原理，对构建深层网络时的常用模块，即对 ResNet 做了详细介绍。进一步，以 VGG16 建立过程为例，介绍了 TensorFlow 中多层卷积网络常用函数的使用方法。最后，给出 VGGNet 用于手写字体识别（MNIST）数据集的代码以及详细的代码讲解，以此展示多层卷积网络在 TensorFlow 中的具体实现过程。

参 考 文 献

[1] Szegedy C, Liu W, Jia Y, et al. Going deeper with convolutions. IEEE Conference on Computer Vision and Pattern Recognition（CVPR），2015.

[2] Krizhevsky A, Sutskever I, Hinton G E. ImageNet classification with deep convolutional neural networks. Advances in Neural Information Processing Systems. 2012, 25（2）:1097-1105.

[3] Simonyan K, Zisserman A. Very deep convolutional networks for large-scale image recognition. IEEE Conference on Computer Vision and Pattern Recognition（CVPR），2014.

[4] He K, Zhang X, Ren S, et al. Deep residual learning for image recognition. IEEE Conference on Computer Vision and Pattern Recognition（CVPR），2016.

第 5 章　循环神经网络

在上一章介绍的卷积神经网络功能强大，擅长处理图片这一类的数据，并且已经有了各种性能优异的网络结构。但是我们发现这种网络结构只接收当前时刻的输入，并不能将历史信息考虑其中。在处理图片这种静态的数据时的确表现良好，但是对于那些具有时间属性的序列数据，比如一段文字、一段语音等，这种数据前后具有紧密的联系，而卷积神经网络在处理这方面数据就不尽人意了，因此循环神经网络就出现了。

循环神经网络的输出不仅与网络当前时刻输入有关，还与网络之前的输入息息相关。该网络会对历史数据产生记忆，充分利用过往经验和记忆。这一特点使得循环神经网络在自然语言处理、机器翻译、语音识别等序列数据上有很好的表现。

本章节首先结合具体实例阐述序列模型的基本概念和符号定义的使用；然后结合框图详细阐述循环神经网络的前向传播和反向传播原理，并简单介绍循环神经网络的种类以及目前面临的问题；最后给出模块化的分析长短时记忆网络的结构，并附以长短时记忆网络在 MNIST 手写数字数据集上的实例代码。

5.1　什么是序列模型

5.1.1　序列模型简介

在日常生活中有一种很常见的数据类型，即就是一组按照时间顺序的序列。比如一家公司每个季度的销售额，一个国家每年的新生儿数量等都是时间序列。除此之外，人们说的一句话和书上的一段文字也可以看成是时间序列。通常一组时间序列的时间间隔是一个恒定的值，所以就可以对这么一组离散资料进行分析。为了处理分析这样一组时间序列，就需要建立一个时序模型。图 5.1 所示的几个例子可以帮助大家更好理解。

现在很多网购软件的评价系统支持用户输入具体文字评论后，自动生成好评差评打分。比如当输入的评价 x 是"这件衣服很漂亮，这是一次愉快的购物体验！"，系统将会自动将其归类为好评评论 y。当输入"这件衣服的质量太差了。"，系统就会将其贴上差评的标签。这里的文字输入评价就是一个序列模型，但输出的标签不是。机器翻译也是一个使用序列模型的例子，当输入 x 是"这部电影的票房特别好。"，系统很可能有输出 y "The box office of this movie is particularly good."。这里的输入和输出也都是序列模型，但是它们的长度很可能不相同。

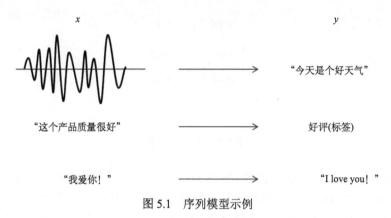

图 5.1　序列模型示例

在以上这些例子中至少有一组数据是序列模型，而且两者之间的长度并没有固定的关系，这就说明序列模型的复杂性和多样性。不过所有这些问题都可以使用 (x, y) 作为训练集来训练神经网络。

5.1.2　序列模型的符号定义

本节以机器翻译为例，讲解序列模型中的符号定义。假设要翻译的一句英文，现在给定这样一个输入 x "I hope the good weather stay."，想要得到一个中文的翻译输出 y。在使用神经网络实现这一功能之前，需要将这一句英文转换为一组系统能够处理的符号。

输入资料是 6 个单词组成的序列，所以就可以用 6 个特征集来表示这 6 个单词，按照顺序依次索引 x_1, x_2, ..., x_6。也可以使用 x_t 表示该序列中的第 t 个单词，这里的 t 也意味着该序列是一个具有时间属性的时序序列。使用 S_x 来表示输入序列的长度，这个例子中 $S_x=6$。对于输出序列 y，同样使用 y_1, y_2, ..., y_m 来索引输出序列。对于机器翻译来说，翻译前的序列长度 S_x 并不一定等于翻译后的序列长度 S_y，所以这里的 m 不一定是 6，不过对于不同的应用场景也会存在 $S_x=S_y$ 的情况。

现在知道了序列模型中的各种符号标记，下面讨论如何表示。对于输入 x "I hope the good weather stay."，应该怎样表示第二个单词 hope，它对应的索引 x_2 又应该是什么形式？要完成这个任务，首先要建立一个词典，这个词典可以是一列该语言系统中经常出现的词汇[1]。比如这个词典（图 5.2）的第一个单词是 cat，之后的单词还有 and、hope、the、stay 等等。

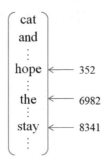

图 5.2　词典示意图

　　这样就可以对照着这个词典（图 5.2）描述索引 x_t，在此使用独热码（one-hot code）对序列中的每个单词进行编码。比如说 x_2 表示的是第二个单词 hope，而 hope 这个单词在所使用的词典中位于第 352 行，那么 x_2 就会是一个在第 352 行为 1，其他地方都是 0 的向量，其维度等同于字典的维度。同样地，表示第 6 个单词 stay 的索引向量 x_6 只在第 8341 行为 1，其他地方都是 0。如果序列中有的单词在字典中找不到，那么这些单词将会贴上一个<UNK>（unknow word）的标签。

　　至此已经了解怎么来规范地表示一组时序模型，下面就可以通过 (x, y) 数据集来搭建训练循环神经网络。

5.2　循环神经网络模型

　　在 1982 年，John Hopfield 提出了 Hopfield 网络，它是最早的循环神经网络（recurrent neural network，RNN），但是由于该网络实现复杂，没有得到广泛的应用，1986 年后逐渐被前馈神经网络取代。1990 年，出现了 Elman&Jordan SRN 两种新的 RNN，同样由于没有得到合适的应用，逐渐被抛弃。Dalle Molle 人工智能研究所的主任 Jurgen Schmidhuber 在论文 *The Vanishing Gradient Problem During Learning Recurrent Neural Nets and Problem Solutions* 中提出了长短时记忆（long short-term memory，LSTM）网络，促进了循环神经网络的发展，如今 RNN（LSTM）在自然语言处理（natural language processing，NLP）领域，如机器翻译、语音识别、智慧对话等方面取得显著的成绩。

5.2.1　RNN 的前向传播

　　为什么要选择用一个全新的神经网络来处理时序数据呢？这主要是考虑到时序数据自身的特殊性质，每个数据之间存在着时间上的关联属性。比如，这样一句话"刚刚我吃了一根..."，那么下面紧跟着"香蕉"的概率将会远远大于

"马路"的概率。对于传统的神经网络，由于没有反馈机制，其输出只能取决于此刻的输入，而无法利用到很久以前的历史信息。另一个问题就是时序资料的长度不固定，它可以沿着时间的方向延伸很长，这对传统神经网络也是一个挑战。例如，对于长度为 S_x，维度为 n 的输入序列，使用传统神经网络在第一层的输入数据将会有 $S_x \times n$ 个之多，训练难度很大。

而循环神经网络正好可以解决以上几个难点。首先，循环神经网络存在一个反馈，可以将之前输入的相关信息记录并作用在之后的输出上，而且通过不断地训练学习，模型会只保留与之后输出 y_t 有关的重要信息。第二，对于序列长度不唯一的情况，由于循环神经网络是每次输入一个数据，将序列按顺序依次输入到网络中，所以可以自适应序列长度。相比传统神经网络权值众多的问题，循环神经网络的权值维度是和输入序列的维度 n 成线性关系的，并且对于不同时刻的输入，网络的权值是共享通用的，这就大大降低了权值的复杂度。

图 5.3 就是一个标准的循环神经网络，从图中可以看到网络接收两个输入：x 和前一时刻的网络状态 h，通过网络后，输出当前时刻的输出值 y 和当前时刻的网络状态 h，并将其反馈到网络中作为下一时刻的输入。这里的反馈是循环神经网络的核心，通过当前的输入 x 和前一时刻的状态 h 就可以生成一个新的状态变量，也可以叫做激活值，这就实现了对前期信息的记忆功能。

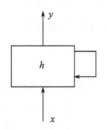

图 5.3　循环神经网络结构图

下面将这个反馈的网络展开，可以得到图 5.4 所示的结构，即变成一个权值共享的深度前馈神经网络。可以很清楚地从图中看到整个循环神经网络的工作流程。从 $t=1$ 起始时刻开始，有一个输入 x_1 和状态值 h_0。这里的 h_0 可以随机初始化，也可以设置为全零向量。之后网络使用权值 w_{hx}、w_{hh} 和偏置 b_h，以及激活函数 f_1，计算出当前时刻的状态值 h_1，如式(5-1)。这里的激活函数 f_1 通常会使用 tanh 函数表示。计算出 h_1 后，可以将其用于 $t=2$ 时刻的状态输入。$t=1$ 时刻的输出 y_1 将由 h_1、权值 w_{yh}、偏置 b_y 和激活函数 f_2 计算而得，如式(5-2)。这里的激活函数 f_2 有时会用 Sigmoid 函数表示或直接输出。

$$h_1 = f_1(w_{hx}x_1 + w_{hh}h_0 + b_h) \tag{5-1}$$

$$y_1 = f_2(w_{yh}h_1 + b_y) \tag{5-2}$$

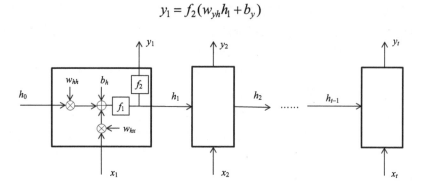

图 5.4　循环神经网络展开结构图

本例演示的是输入和输出序列等长的情况，也就是每一步输入都会有对应的输出，其实这并不是必须的。像机器翻译这样的应用，网络会先接收所有输入，再开始输出，而且两者的长度也不一定相同。循环神经网络就按照这个流程逐次接收输入序列并产生输出，就好像是将同一个简单的网络重复执行。对于更一般的情况，当处于 t 时刻，将会有以下计算公式：

$$h_t = f_1(w_{hx}x_t + w_{hh}h_{t-1} + b_h) \tag{5-3}$$

$$y_t = f_2(w_{yh}h_t + b_y) \tag{5-4}$$

这就是一个标准循环神经网络的前向传播过程。

5.2.2　RNN 的反向传播

了解了循环神经网络的前向传播后，再学习反向传播，就可以开始训练网络。其实在现在的很多深度学习框架里，定义损失函数后只需要一个调用，就可以自动计算反向传播。所以这里只是简单讲解一下循环神经网络 (RNN) 的反向传播过程。

在计算 RNN 反向传播之前，首先需要定义一个总的损失函数 L。假设 t 时刻网络输出是 y_t，真实结果是 $\overline{y}_t$，其中 $t = 1, 2, \cdots, m$。这里使用均方误差定义损失函数 L：

$$L_t = \frac{1}{2}(\overline{y}_t - y_t)^2 \tag{5-5}$$

$$L = \frac{1}{m}\sum_{t=1}^{m}L_t \tag{5-6}$$

不同的场景会选取不同的损失函数，对于那些最后通过 softmax 激活函数输出的场景，一般会使用交叉熵 (cross entropy) 作为损失函数。训练神经网络的目的就是通过改变权值使损失函数最小，可使用最常见的梯度下降法实现这一目标。

要理解循环神经网络的反向传播需要把握好两点：一是链式求导，二是通过时间的反向传播。由图 5.5 可以看到向右的箭头表示的是前向传播，向左沿原路返回的箭头表示的是反向传播，由于这张图在时间上展开，所以循环神经网络的反向传播又称为通过时间的反向传播（back propagation trough time，BPTT）。

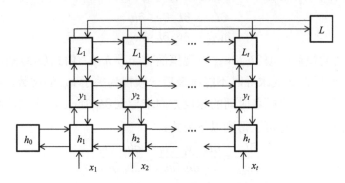

图 5.5　循环神经网络的反向传播示意图

在整个循环神经网络中，一共有 5 个权值需要调整，即 w_{hh}、w_{hx}、w_{yh}、b_h、b_y，所以要求的也就是这 5 个权值对总损失函数 L 的偏导。首先来看 w_{yh}、b_h 和 b_y 对 L 的偏导 $\partial L/\partial w_{yh}$、$\partial L/\partial b_h$、$\partial L/\partial b_y$，这 3 个参数对 L 的偏导可以使用其对 L_t 的偏导累和，如式(5-7)、式(5-8)、式(5-9)所示。

$$\frac{\partial L}{\partial w_{yh}} = \frac{1}{m}\sum_{t=1}^{m}\frac{\partial L_t}{\partial w_{yh}} \tag{5-7}$$

$$\frac{\partial L}{\partial b_h} = \frac{1}{m}\sum_{t=1}^{m}\frac{\partial L_t}{\partial b_h} \tag{5-8}$$

$$\frac{\partial L}{\partial b_y} = \frac{1}{m}\sum_{t=1}^{m}\frac{\partial L_t}{\partial b_y} \tag{5-9}$$

对求和式的其中一项来看，结合式(5-3)、式(5-4)、式(5-5)和链式求导法则，可以得到：

$$\frac{\partial L_t}{\partial w_{yh}} = \frac{\partial L_t}{\partial y_t}\frac{\partial y_t}{\partial w_{yh}} \tag{5-10}$$

$$\frac{\partial L_t}{\partial b_h} = \frac{\partial L_t}{\partial y_t}\frac{\partial y_t}{\partial h_t}\frac{\partial h_t}{\partial b_h} \tag{5-11}$$

$$\frac{\partial L_t}{\partial b_y} = \frac{\partial L_t}{\partial y_t}\frac{\partial y_t}{\partial b_y} \tag{5-12}$$

这三个偏导数是比较好求解的，因为在式(5-10)的最后一项 $\partial y_t/\partial w_{yh}$ 是对 ∂w_{yh} 偏

导后的结果，不再包含和 ∂w_{yh} 有关的元素，所以不需要通过时间求导传播到之前的时刻，对 $\partial h_t / \partial b_h$、$\partial y_t / \partial b_y$ 同理。

接下来看比较复杂的部分，求解 w_{hh}、w_{hx} 对 L 的偏导，根据前面的经验，可以通过求解对 L_t 的偏导累和。下面以 $\partial L_t / \partial w_{hh}$ 为例，

$$\frac{\partial L_t}{\partial w_{hh}} = \frac{\partial L_t}{\partial y_t} \frac{\partial y_t}{\partial h_t} \frac{\partial h_t}{\partial w_{hh}} \tag{5-13}$$

观察上式的最后一项 $\partial h_t / \partial w_{hh}$ 发现里面有一项 h_{t-1}，由式(5-3)知，它是包含 w_{hh} 元素的，所以在链式求导时不能将最后一项视为关于 w_{hh} 的常数，而应该将链式求导继续下去，一直顺着时间的相反方向求导到 $\partial h_1 / \partial w_{hh}$，这就是通过时间的反向传播的由来。于是可以得到以下公式：

$$\frac{\partial L_t}{\partial w_{hh}} = \frac{\partial L_t}{\partial y_t} \frac{\partial y_t}{\partial h_t} \frac{\partial h_t}{\partial h_{t-1}} \cdots \frac{\partial h_2}{\partial h_1} \frac{\partial h_1}{\partial w_{hh}} \tag{5-14}$$

$$\frac{\partial L_t}{\partial w_{hx}} = \frac{\partial L_t}{\partial y_t} \frac{\partial y_t}{\partial h_t} \frac{\partial h_t}{\partial h_{t-1}} \cdots \frac{\partial h_2}{\partial h_1} \frac{\partial h_1}{\partial w_{hx}} \tag{5-15}$$

以上就是循环神经网络的反向传播的原理。可以看出通过时间的反向传播有着自身的特点。可以通过这个方法来优化网络中的参数，但当序列比较长的时候，一些参数求梯度的过程将会很长，这也使得长序列的循环神经网络参数收敛比较缓慢，在实际过程中会限制一次输入序列的长度，将长序列截断，来减轻训练压力。

5.2.3　不同类型的 RNN

在前面两节中循环神经网络都是基于一种每个时刻都有输入和输出的结构，也就是 $S_x = S_y$ 的情况，其实除此之外还有很多其他的结构[2]。以下逐一概述介绍各种结构。

对于机器翻译来说，很多情况下是一个多输入多输出，但 $S_x \neq S_y$ 的状态。这种结构不同于输入一个 x 即刻输出一个 y，而是将序列全部依次输入到网络中，输入阶段结束后再依次产生输出序列，这就是多对多且不等长的结构，如图 5.6 所示。

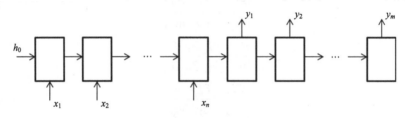

图 5.6　多对多且不等长的结构

很多购物网站如今已经实现了对客户输入的文字评论进行情感分析,并将其打上标签归类。这个网络结构就是将一段话中的单词依次输入网络,在序列输入结束后,只给出一个好评或差评的输出结果。这就是多对一的结构,如图 5.7 所示。

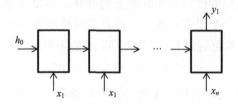

图 5.7　多对一的结构

循环神经网络在自然语言处理(NLP)领域取得令人瞩目的成绩,有人甚至可以用它们训练的网络来写一首诗或一段代码。除了上述多对一的结构,对于一个具有一定特征的训练集训练网络,可以通过一种方法测试当前网络的学习情况。随机给出一个起始的输入值,网络输出一个对应的输出值,再将这个输出值作为下一时刻的输入,这样一直产生下去,或人为限制输出长度,将会得到一个很有趣的一段输出。这就是一对多的结构,如图 5.8 所示。

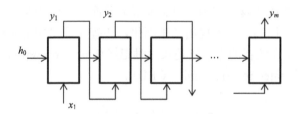

图 5.8　一对多的结构

还有一种是单对单网络,其本质就是一个很简单传统神经网络。由此看来即使是简单的基础版循环神经网络亦有如此多种结构,对于不同的应用场景,唯有选取合适的结构才能发挥神经网络的最大效益。

5.2.4　长期依赖问题

当神经网络变得越来越深时,它将会面临一个严峻的问题——长期依赖。长期依赖是指随着网络深度的增加,后面的输出将很难利用较前面相关的输入信息。这个问题常出现在深度神经网络和循环神经网络中,而由于循环神经网络的深度会更深,每一步又使用相同的权值,长期依赖问题在循环神经网络中更为严重。举一个小例子,如果给出"刚下了雨,现在地上是"来预测下一个词,是很容易得到"湿"这个结果。但如果输入一个"刚下了雨,我没有带伞,等了好久才从公司出来，路过菜市场的时候买了一些蔬菜，路上差点摔了一跤，因为地上是"，这预测起来就比较困难了。

下面定性地分析一下，为什么循环神经网络会存在这种问题。循环神经网络相当于一个简单的浅层前馈网络在时间上的展开，所以会涉及到同一变量同一函数的多次相乘。假设一个没有输入 x，没有非线性激活函数的循环神经网络，则网络 t 时刻的状态值 h_t 可通过相关权值矩阵 W 的矩阵运算得到[3]：

$$h_t = Wh_{t-1} = W^2 h_{t-2} = ... = W^t h_0 \qquad (5\text{-}16)$$

且如果矩阵 W 可以正交对角化，A 为特征值对角阵，则 W 可表示为：

$$W = QAQ^T \qquad (5\text{-}17)$$

式(5-17)可以化简为：

$$h_t = QA^t Q^T h_0 \qquad (5\text{-}18)$$

对于由特征值构成的对角阵 A 来说，经过 t 次相乘后，小于 1 的特征值将会不断趋近于 0，大于 1 的特征值将会呈指数级增长，且越来越大。也就是说对于很小的特征值所对应的那一行，h_0 对 h_t 几乎不产生影响，即 0 时刻的信息已经被遗忘了。这也就造成梯度消失和梯度爆炸，梯度爆炸在训练中会比较容易发现，很多数值会变为 NaN 程序而崩溃，对此可以使用预处理的阈值裁剪梯度。对于梯度消失的情况，会比较难观察到它只是表现为前面和后面的信息很难互相影响。

为了解决这一问题，有人提出了正则化，还有人提出使用 ReLU 来代替 tanh 激活函数，不过现在流行的方法还是长短时记忆(long short-term memory，LSTM)和门控循环单元(gated recurrent unit，GRU)。

5.3　长短时记忆

5.3.1　长短时记忆网络

1997 年，Sepp Hochreiter 和 Jurgen Schmidhuber 发表了一篇开创性的论文 *Long Short-Term Memory*，提出了长短时记忆(LSTM)网络。LSTM 网络在很多问题上取得了巨大的成功，并得到广泛应用。通过在循环模块中加入了几个复杂的结构，LSTM 使得学习长期依赖信息不再困难。

相比较传统的循环神经网络，LSTM 有几个新特性。首先多了一个记忆细胞单元 c，其目的就是记住重要的前期信息；还有 3 个控制门：更新门 G_u、遗忘门 G_f 和输出门 G_o。LSTM 循环模块如图 5.9 所示[4]。

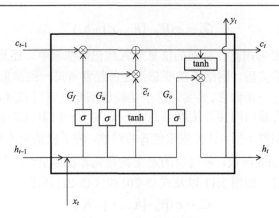

图 5.9　LSTM 循环模块

在 LSTM 循环模块框图的上方，上一时刻的记忆细胞状态 c_{t-1} 通过一条传输线只与下方的复杂结构进行简单地交互，就输出到下一个 c_t 中，这就保证了记忆细胞能够不受太多干扰并记住很久以前的信息，因此 c_t 称为长记忆状态，而 h_t 称为短记忆状态。LSTM 还设计了一个"门"结构来限制或增强记忆细胞对某一信息的记忆。这里门函数的功能就像一个开关，使某个信息通过或者不通过。不过为了函数是可导的，一般选取 Sigmoid 作为门函数的激活函数，因为 Sigmoid 函数可将负无穷到正无穷的值映射在 0 到 1 之间，且绝大多数情况下都是非常接近于 0 或 1，这就近似地模拟了开关的功能。

现在将图 5.9 从左向右分解，逐个分析各个部分的工作原理。LSTM 首先考虑的是有哪些信息需要丢弃。比如一段文字"小明以前学习特别用功，经常考年级第一名，……后来他沉迷于游戏，成绩一落千丈"。在看到成绩一落千丈后，网络就应该忘记之前经常考第一的信息，遗忘门就是这个作用。要计算遗忘门 G_f，首先网络接收当前输入 x_t 和前一时刻网络状态 h_{t-1}，经过一些权值矩阵的计算，再通过 Sigmoid 函数输出一个近似于 0 或 1 的值，如图 5.10 和式 (5-19) 所示。

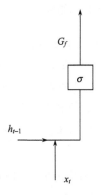

图 5.10　遗忘门结构图

$$G_f = \sigma(W_f \cdot [h_{t-1}, x_t] + b_f) \tag{5-19}$$

之后 LSTM 要考虑把什么新的信息加入到记忆细胞中。还是上面那个例子，在看到成绩一落千丈后，网络不仅要忘记之前经常考第一的信息，还要再记住现在小明成绩不好这一新信息。要实现这个功能就需要更新门 G_u 和候选记忆细胞值 $\tilde{c}_t$ 这两个变量。更新门同样是接收当前输入 x_t 和前一时刻网络状态 h_{t-1}，只不过它的权值矩阵和偏置不同。计算候选值 $\tilde{c}_t$ 的时候，除了权值矩阵和偏置不同以外，激活函数也改成 tanh 函数，候选值的意义就是先算在哪里，用不用，用多少还要具体看更新门的值。如图 5.11 以及式 (5-20) 和式 (5-21) 所示。

$$G_u = \sigma(W_u \cdot [h_{t-1}, x_t] + b_u) \tag{5-20}$$

$$\tilde{c}_t = \tanh(W_c \cdot [h_{t-1}, x_t] + b_c) \tag{5-21}$$

经过前面两部分相关值的计算后，现在就可以更新当前时刻的记忆细胞值了。将旧的记忆细胞值 c_{t-1} 与遗忘门 G_f 相乘，丢弃旧信息中不再有用的东西。将候选值 $\tilde{c}_t$ 和更新门 G_u 相乘，实现对当前记忆细胞值不同程度的更新，如图 5.12 和式 (5-22) 所示。

$$c_t = G_f \cdot c_{t-1} + G_u \cdot \tilde{c}_t \tag{5-22}$$

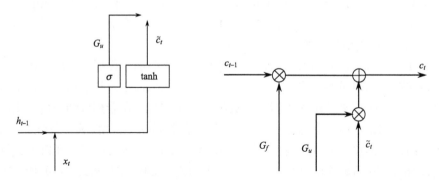

图 5.11　候选记忆细胞值和更新门结构　　图 5.12　记忆细胞值结构图

最后一步，无论是求解当前时刻网络输出 y_t，还是进入下一时刻的循环体，都需要计算出当前时刻的网络状态值 h_t，而这就是输出门的作用。首先使用相同的法则计算出输出门的值，以确定需要将哪部分的值输出。将当前记忆细胞值经过 tanh 激活函数映射到 –1 到 1 之间，再将两者相乘便得到 h_t，如图 5.13 和式 (5-23)、式 (5-24) 所示。总的来说，可以将 G_f、G_u 看成对特定动作执行程度的控制，将 G_o 看成对输出的控制。

$$G_o = \sigma(W_o \cdot [h_{t-1}, x_t] + b_o) \tag{5-23}$$

$$h_t = G_o \tanh(c_t) \tag{5-24}$$

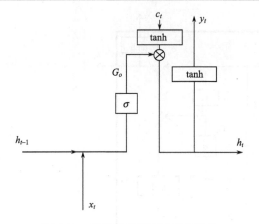

图 5-13 网络状态值和输出门结构

以上就是 LSTM 网络的全部实现流程,虽然有些复杂,不过这也正是 LSTM 的强大之处。自从 LSTM 被提出后,循环神经网络才得到了广泛地应用,并且在情感分析、语言模型、序列生成、语音识别、机器翻译、问答系统等领域取得很好的成绩。

5.3.2 LSTM 的变形与演进

LSTM 网络的确在长期依赖方面做的很好,可以记住很久之前的信息,不过它的结构比较复杂,一共有 3 个门,用来计算每个门的权值还都不一样,训练起来有一定挑战。在之后的发展中有很多基于 LSTM 的变体,在 2000 年 Gers 和 Schmidhuber 增加了"窥视孔连接"(peephole connections),使得 3 个门的输出还受到记忆细胞单元值的影响。还有一种变形是将更新门和遗忘门作为一个相互影响的整体来看,$G_u + G_f = 1$。也就是说更新和遗忘不会同时发生,只能做其中一件事。除此之外,有一种变形改动比较大,效果也很好,和 LSTM 能互补应用到不同的场景,它就是下面要着重介绍的门控循环单元(gated recurrent unit,GRU)。GRU 相比较 LSTM 简化了不少,从 3 个门变成 2 个门,不再有记忆细胞单元,或者可以认为此时的网络状态 h_t 就是记忆细胞值 c_t。GRU 的循环体结构如图 5.14 所示。

使用同样的方法来从左到右依次剖析 GRU 结构。首先来看重置门 G_r,重置门是用来控制前一时刻网络 h_{t-1} 能有多少信息被保留到候选值 $\tilde{h}_t$ 中。重置门输入 h_{t-1} 和 x_t,并将两者与相关权值矩阵进行运算,通过 Sigmoid 激活函数得到输出,如图 5.15 和式(5-25)所示。

$$G_r = \sigma(W_r \cdot [h_{t-1}, x_t] + b_r) \tag{5-25}$$

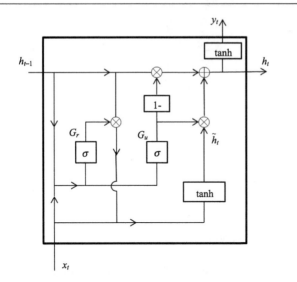

图 5.14　GRU 循环体结构

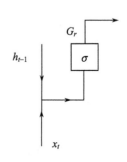

图 5.15　重置门结构

　　然后是计算候选值 $\tilde{h}_t$，在 LSTM 中候选值的计算只是基于当前网络状态值和输入值，但在 GRU 中专门为其设置一个重置门，其实这是多年来研究人员试验过很多不同的方法设计的单元，而这个结构在不同问题上表现出鲁棒性。首先将重置门 G_r 与前一时刻状态值 h_{t-1} 相乘，再将其与输入 x_t 结合，同样经过矩阵运算、tanh 函数得到候选值 $\tilde{h}_t$，如图 5.16 和式 (5-26) 所示。

$$\tilde{h}_t = \tanh(W_h \cdot [G_r \cdot h_{t-1}, x_t] + b_h) \tag{5-26}$$

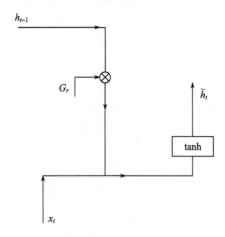

图 5.16　候选值结构

GRU 减少的那一个门可以理解为是将 LSTM 的遗忘门和更新门结合起来，

得到一个 G_u 和 $(1-G_u)$ 门，计算方法和其他门的计算方法一样，局部结构如图 5.17 和式(5-27)所示。

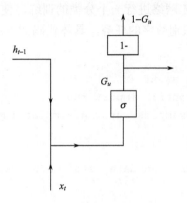

图 5.17　更新门局部结构

$$G_u = \sigma(W_u \cdot [h_{t-1}, x_t] + b_u) \tag{5-27}$$

进入到最后一步，更新网络状态值，将使用到前期的状态值 h_{t-1} 和候选值 $\tilde{h}_t$，还有 2 个门 G_u 和 $(1-G_u)$，结构图如图 5.18 和式(5-28)所示。

$$h_t = (1-G_u) \cdot h_{t-1} + G_u \cdot \tilde{h}_t \tag{5-28}$$

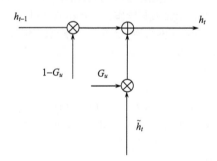

图 5.18　网络状态值结构

以上就是 GRU 网络的全部流程。总的来说，LSTM 和 GRU 都是通过各种门保留、传递有用的信息，这样就解决了长期依赖问题。相较于 LSTM，GRU 有更少的门和相对较少的参数，有利于构建大型网络，训练速度也比 LSTM 快。不过 LSTM 拥有更加灵活、强大的结构，目前大多数人还是会选择 LSTM 作为网络结构。因此，两者各有优缺点，结合实际应用才能发挥神经网络的最大威力。

5.3.3 LSTM 实例应用

本小节将使用 LSTM 网络进行一个分类的训练，使用手写数字 MNIST 数据集让循环神经网络完成识别数字的任务，具体代码如下：

```
#coding:utf-8
import tensorflow as tf
from tensorflow.contrib import rnn
from tensorflow.examples.tutorials.mnist import input_data
                                                        #下载数据集

mnist = input_data.read_data_sets('MNIST_data', one_hot=True)

#设置参数
learning_rate = 0.001 #学习率
training_steps = 500 #训练次数
batch_size = 64 #批处理数量
display_step = 100 #每训练100次就显示训练结果
num_test = 64 #测试集大小

num_input = 28 #MNIST数据是28×28的数据点，每行的28个数据作为一个输入
timesteps = 28 #将28行的数据看作长度为28的序列
num_units = 128 #全连接网络神经元个数，亦h(t)的维度
num_classes = 10 #输出的分类(0~9)

#定义输入和输出
X = tf.placeholder(tf.float32,[None,timesteps,num_input])
Y = tf.placeholder(tf.float32,[None,num_classes])

#定义输出层权重和偏置
weight = tf.Variable(tf.random_normal([num_units,num_classes]))
biase = tf.Variable(tf.constant(0.1,shape = [num_classes,]))

# 定义LSTM
def LSTM(X, weight, biase):

#设置LSTM循环体
cell = rnn.BasicLSTMCell(num_units)
#输出两个参数，其中output是三维的，分别为batch_size、time_step、num_units
```

```
    init_state = cell.zero_state(batch_size, dtype=tf.float32)
                                              #初始状态全部置0
    output,hs=tf.nn.dynamic_rnn(cell,X,initial_state=init_state,
time_major=False)

    #设置输出层
    output = tf.unstack(tf.transpose(output, [1,0,2]))
    result = tf.matmul(output[-1], weight) + biase #多对单,调用最后一个
output
    return result   #数据类型为(64, 10)

    #定义损失函数和优化器
    predict = LSTM(X, weight, biase)
    loss_op = tf.reduce_mean(tf.nn.softmax_cross_entropy_with_logits
(logits=predict, labels=Y))
    optimizer = tf.train.AdamOptimizer(learning_rate=learning_rate)
    train_op = optimizer.minimize(loss_op)

    #定义准确度计算公式
    correct_pred = tf.equal(tf.argmax(predict, 1), tf.argmax(Y, 1))
    accuracy = tf.reduce_mean(tf.cast(correct_pred, tf.float32))

    #训练
    with tf.Session() as sess:
    sess.run(tf.global_variables_initializer())
    for i in range(1, training_steps+1): batch_x, batch_y = mnist.train.
next_batch(batch_size)
    #原始资料是放在一行共784个,将其拆成长为28的序列,每一个是28维的向量
    batch_x = batch_x.reshape((batch_size, timesteps, num_input))
    sess.run(train_op, feed_dict={X: batch_x, Y: batch_y})
    if i % display_step == 0 or i == 1:
    loss, acc = sess.run([loss_op, accuracy], feed_dict={X: batch_x, Y:
batch_y})
    print("Step " + str(i) + ", loss = " + \"{:.4f}".format(loss) + ",
训练集准确度 = " + \"{:.4f}".format(acc))

    #测试
    test_x = mnist.test.images[:num_test]
    test_x = test_x.reshape(-1, timesteps, num_input)
    test_y = mnist.test.labels[:num_test]
```

```
acc = sess.run(accuracy, feed_dict = {X: test_x, Y: test_y})
print ("测试集准确度: " + "{:.4f}".format(acc))
```

运行结果如下：

```
Step 1, loss = 2.1993 ,准确度 = 0.1875
Step 100, loss = 0.5325 ,准确度 = 0.7500
Step 200, loss = 0.3569 ,准确度 = 0.9219
Step 300, loss = 0.1018 ,准确度 = 1.0000
Step 400, loss = 0.2273 ,准确度 = 0.9062
Step 500, loss = 0.1482 ,准确度 = 0.9531
测试集准确度：0.9688
```

获取程序代码

通过代码运行结果可以看出，刚开始识别的准确度还很低，不过仅仅经过很少的训练次数后就达到相当高的识别率，而且在测试集上的准确度也很高。可见 LSTM 网络在手写数字识别方面具有不错的效果。

5.4　本　章　小　结

本章首先介绍了序列模型的概念和符号定义，并使用序列模型表示自然语言；之后介绍循环神经网络的基本结构，包括前向传播、反向传播，以及在实际应用中存在的问题；介绍了现在比较流行的 LSTM 网络，详细分析了它的每一部分，分解每个门的工作原理；介绍了 LSTM 网络的一个重要变形 GRU；通过一段具体 Tensorflow 代码，展示了 LSTM 网络在手写数字识别方面的应用。

参 考 文 献

[1]　Ng. Notation-Recurrent Neural Networks. https://www.coursera.org/lecture/nlp-sequence-models/notation-aJT8i, 2018.

[2]　Karpathy. The Unresonable Effectiveness of Recurrent Neural Networks. http://karpathy.github.io/ 2015/05/21/rnn-effectiveness/, 2015.

[3]　Goodfellow, Bengio Y, Courville A. Deep Learning. Cambridge:MIT Press, 2016.

[4]　Olah. Understanding LSTM Networks. http://colah.github.io/posts/2015-08-Understanding-LSTMs/, 2015.

第 6 章 正交调制解调器

数字振幅调制、数字频率调制和数字相位调制是数字调制的基础，然而，这3种数字调制方式都存在不足。例如，频谱利用率低、抗多径衰落能力差、功率谱衰减慢、带外辐射严重等。随着现代通信技术的发展，特别是移动通信技术高速发展，新的需求层出不穷，促使新的业务不断产生，因而导致频率资源越来越紧张。在有限的带宽里传输大量的多媒体数据，频谱利用率则成为当前至关重要的课题。为了改善这些不足，人们不断提出一些新的数字调制解调技术，以适应各种通信系统的要求。其主要研究内容围绕减小信号带宽以提高频谱利用率，提高功率利用率以增强抗干扰性能等。

正交调制解调（quadrature modulation and demodulation）就是一种高效的数字调制解调方式，应用于大、中容量数字微波通信系统、有线电视网络高数据传输、卫星通信。由于具有高频谱利用率、高功率谱密度等优势，16QAM 技术被广泛应用于高速数据传输系统，在很多宽带应用领域，比如数字电视广播、Internet宽带接入、QAM 系统都得到广泛的应用。QAM（quadrature amplitude modulation，正交振幅调制）也可用于数字调制。数字 QAM 有 4QAM、8QAM、16QAM、32QAM等调制方式。其中，16QAM 和 32QAM 广泛用于数字有线电视系统。当今出现了采用 16QAM 调制技术的卫通调制解调器，如美国 COMTECH EF DATA 公司推出的 CDM-600，该卫通调制解调器支持速率高达 20Mbit/s。

无线通信技术的迅猛发展对数据传输速率、传输效率和频带利用率提出更高的要求。选择高效可行调制解调技术，对提高信号的有效性和可靠性起着至关重要的作用。由于 QAM 已经成为宽带无线接入和无线视频通信的重要技术，关于调制解调技术的仿真研究对于 QAM 理论研究和相关产品开发具有重要意义。本章将以基于 softmax 多分类器的全连接神经网络为例，展现全数据学习。全连接神经网络的方法可学习到与最佳的传统 QAM 解调方法完全一致的功能。

6.1 基于深度学习的 QAM 解调器设计

6.1.1 基本原理

单独使用振幅和相位携带信息时，不能最充分利用信号平面，这可由向量图中信号向量端点的分布直接观察到。多进制振幅调制时，向量端点在一条轴上分布；多进制相位调制时，向量点在一个圆上分布。随着进制 M 的增大，这些向量端点之间的最小距离也随之减少。但如果充分利用整个平面，将向量端点重新合理地分布，则可能在不减小最小距离的情况下，增加信号的端点数。上述概念引出的振幅与相位结合的调制方式被称为数字复合调制方式，一般的复合调制称为幅相键控（APK），2 个正交载波幅相键控称为正交振幅调制（QAM）。

　　QAM 技术是把 2ASK 和 2PSK 两种调制结合起来的调制技术，使得带宽得到双倍扩展。QAM 技术用两路独立的基带信号对频率相同、相位正交的两个载波进行抑制载波双边带调幅，并将已调信号加在一起进行传输。MQAM 代表 M 个状态的正交调幅，一般有二进制（4QAM）、四进制（16QAM）、八进制（64QAM）。正交调制信号的一般表达式为：

$$S_{\text{QAM}}(t) = \sum_n A_n g(t - nT_s)\cos(\omega_c + \phi_n), \tag{6.1}$$

不难看出，A_n 为 ASK 部分，而 ϕ_n 为 PSK 部分；$g(t)$ 是持续时间为 T_s 的矩形脉冲，将上式以正交形式展开得：

$$S_{\text{QAM}}(t) = \left[\sum_n A_n g(t - nT_s)\cos\phi_n\right]\cos\omega_c t - \left[\sum_n A_n g(t - nT_s)\sin\phi_n\right]\sin\omega_c t \tag{6.2}$$

令 $S_{\text{I}}(t) = \sum_n A_n g(t - nT_s)\cos\phi_n$，$S_{\text{Q}}(t) = \sum_n A_n g(t - nT_s)\sin\phi_n$，于是上式变为：

$$S_{\text{QAM}}(t) = S_{\text{I}}(t)\cos\omega_c t - S_{\text{Q}}(t)\sin\omega_c t \tag{6.3}$$

　　要得到多进制的 QAM 信号，需将二进制信号转换为 M 电平的多进制信号，然后进行正交调制，最后相加输出，如图 6.1 所示。

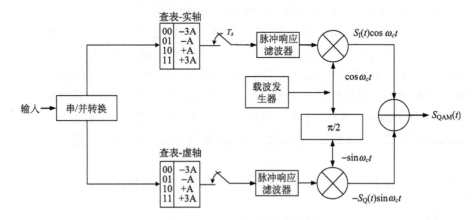

图 6.1　QAM 信号产生的框图

　　QAM 信号用正交相干解调方法进行解调，通过解调器将 QAM 信号进行正交相干解调后，用低通滤波器（LPF）滤除乘法器产生的高频分量，输出抽样判决后可恢复出的两路独立电平信号，最后将多电平码元与二进制代码元之间的关系进行转换，将电平信号转换为二进制信号，经并/串转换后恢复成原二进制基带信号，流程图请参考图 6.1。

在理想状态下，MQAM 可以调制 $\log_2 M$ 个 bit，如 16QAM 的载波状态最多可调制一个 4bit 的信号，也就是说 MQAM 的频谱利用率为 $\log_2 M$ bit/(s·Hz)。目前星座图里的样点数，以 16QAM 为例，确定 QAM 的类型，16 个样点表示这是 16QAM 信号，星座图里每个样点表示一种状态。16QAM 有 16 态，每 $\log_2 M = 4$ bit 规定 16 态中的 1 态。16QAM 中规定了 16 种载波幅度和相位的组合，16QAM 的每个符号或周期传送 4bit。解调器根据星座图、接收到载波信号的幅度和相位组合来判断发送端发送的信息比特。16QAM 也是二维调制技术，在实现时也采用正交调幅的方式，某星座点在 I 坐标轴上的投影去调制同相载波的幅度，在 Q 坐标轴上的投影去调制正交载波的幅度，然后两个调幅信号相加就是所需的调制信号。

以 16QAM 为例，其调制解调步骤如下：

1. 调制

(1) 首先，一串二进制序列进入串/并转换中，先进行 4bit 划分后，再进行 2bit 划分成一组，按照奇数送同相路，偶数送入正交路；

(2) 进入 2/L 电平变换，就是说二进制数变成 4 个十进制数，而 4 个十进制数是由自己的星座图设定的，即 00,01,11,10 分别对应于 –3,–1,1,3；

(3) 送入脉冲响应滤波器后滤除较小的抖动波；

(4) 进入相乘器，载波 $\cos \omega_c t$ 与同相路波 $S_I(t)$ 相乘变为 $S_I(t)\cos \omega_c t$，载波 $\cos \omega_c t$ 经过相位移动 90° 与正交路波 $S_Q(t)$ 相乘变为 $-S_Q(t)\sin \omega_c t$；

(5) 两路波形经过相乘器后，进行相加，变为 $S_I(t)\cos \omega_c t - S_Q(t)\sin \omega_c t$。

2. 解调

(1) 经过调制后的波形再分别与相乘器相乘，通过载波 $\cos \omega_c t$ 和经过相位移动 90° 后的 $\sin \omega_c t$ 各自提取出同相分量和正交分量，具体表达式为：

$$y_I(t) = y(t)\cos \omega_c t = S_I(t)/2 + 1/2(S_I(t)\cos 2\omega_c t - S_Q(t)\sin 2\omega_c t)$$

和

$$y_Q(t) = -y(t)\sin \omega_c t = S_Q(t)/2 - 1/2(S_I(t)\sin 2\omega_c t + S_Q(t)\cos 2\omega_c t)；$$

(2) 进入脉冲响应滤波器形成包络波形；

(3) 再进入采样判决器，选取采样点形成原始的二进制矩形波形；

(4) 最后进入串/并转换，按照原先的奇偶原则形成原始二进制信号，流程图请参考图 6.2。

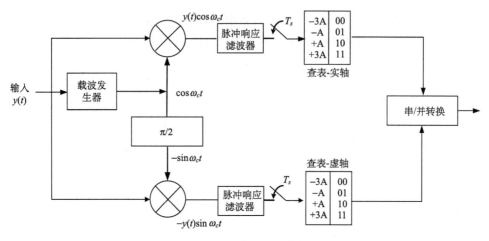

图 6.2　QAM 信号解调的框图

6.1.2　SNR vs BER 仿真结果

为了方便读者与基于深度学习的 QAM 解调结果对照，在此给出基于传统 16QAM 解调的 Python 实现。本实验程序是建立在 Python3.5.2，Tensorflow1.2.0 的环境基础上，仿真前请注意环境是否匹配。本小节将使用 Python 来进行一个传统 16QAM 的解调，后续基于深度学习解调的方法只需替代本代码中 demap 函数即可，代码如下：

```
from __future__ import division
import numpy as np
import tensorflow as tf
import os
import scipy.io as sio
os.environ["CUDA_VISIBLE_DEVICES"]="0"
np.set_printoptions(edgeitems=16)


K = 5000

###在这里修改mode和mu改变调制方式
mode = '16QAM'
mu = 4

payloadBits_per_OFDM = K*mu
##在此修改信噪比
SNRdb = np.arange(0,21,2)
```

```python
norm_fac=[0,1, np.sqrt(2), 0 ,np.sqrt(10), 0, np.sqrt(42)]
mapping_table_QPSK = {
    (0,0) : 1+(1)*1j,
    (0,1) : 1-(1)*1j,
    (1,0) : -(1)+(1)*1j,
    (1,1) : -(1)-(1)*1j,
}
demapping_table_QPSK = {v: k for k, v in mapping_table_QPSK.items()}
mapping_table_16QAM = {
    (0, 0, 0, 0): 1+ (1 ) * 1j,
    (0, 0, 0, 1): 1 + (3 ) * 1j,
    (0, 0, 1, 0): 3 + (1 ) * 1j,
    (0, 0, 1, 1): 3 + (3 ) * 1j,
    (0, 1, 0, 0): 1 + (-1 ) * 1j,
    (0, 1, 0, 1): 1 + (-3 ) * 1j,
    (0, 1, 1, 0): 3 + (-1 ) * 1j,
    (0, 1, 1, 1): 3 + (-3 ) * 1j,
    (1, 0, 0, 0): -1 + (1 ) * 1j,
    (1, 0, 0, 1): -1 + (3 ) * 1j,
    (1, 0, 1, 0): -3 + (1 ) * 1j,
    (1, 0, 1, 1): -3 + (3) * 1j,
    (1, 1, 0, 0): -1 + (-1 ) * 1j,
    (1, 1, 0, 1): -1 + (-3 ) * 1j,
    (1, 1, 1, 0): -3 + (-1 ) * 1j,
    (1, 1, 1, 1): -3 + (-3 ) * 1j,
}
demapping_table_16QAM = {v: k for k, v in mapping_table_16QAM.items()}

if mu==2:
    mapping_table=mapping_table_QPSK
    demapping_table=demapping_table_QPSK
    Am = np.array([-1, 1])
elif mu==4:
    mapping_table = mapping_table_16QAM
    demapping_table = demapping_table_16QAM
    Am = np.array([-3, -1, 1, 3])

def Modulation(bits):
    symbol=np.zeros([int(len(bits)/mu)],dtype=complex)
    bit_r = bits.reshape((int(len(bits)/mu), mu))
```

```
        for m in range(0,int(len(bits)/mu)):
            symbol[m] = mapping_table[tuple(bit_r[m,:])]/norm_fac[mu]
        return symbol

    def IDFT(OFDM_data):
        return np.fft.ifft(OFDM_data)

    def channel(signal,SNRdb):                    ##AWGN信道，也就是只加了白噪声
        sigma2 = 10**(-SNRdb/10)
        noise = np.sqrt(sigma2/2) * (np.random.randn(*signal.shape)+1j
*np.random.randn(*signal.shape))
        return signal + noise

    def ofdm_simulate(SNRdb):
        bits = np.random.binomial(n=1, p=0.5, size=(payloadBits_per_
OFDM,))
        symbol = Modulation(bits)
        bits=bits.reshape([-1,4])
        OFDM_time_codeword = np.fft.ifft(symbol)*np.sqrt(K)
        OFDM_RX_codeword = channel(OFDM_time_codeword,SNRdb)
        OFDM_RX_noCP_codeword_fft =np.fft.fft(OFDM_RX_codeword)/np.sqrt(K)
        # 返回接收端解出来的QAM符号，发射QAM符号的索引，发射的bit
        return
np.stack((np.real(OFDM_RX_noCP_codeword_fft),np.imag(OFDM_RX_noCP_co
deword_fft)),axis=1),bits
    def bit_to_index(bits):                    #把比特流变成QAM索引,例如0111变成7
        bit_r = bits.reshape((int(len(bits) / mu), mu))
        Bi_conver_op = 2 ** np.arange(mu)[::-1]
        return np.dot(bit_r,Bi_conver_op)
    def index_to_bit(index):                   # 把QAM符号的索引变成比特,例如7变成0111
        count=index.size
        batch_bits=[]
        for i in range(count):
            num=index[i]
            la=[]
            while num>0:
                num, remainder = divmod(num, 2)
                la.append(remainder)
            la=(np.array(la))[::-1]
            if la.size<mu:
```

```
            la=np.concatenate((np.zeros((mu-la.size,)),la))##
la:[mu*count]
        la=la.transpose().reshape([-1])
        batch_bits.append(la)
    return np.array(batch_bits).reshape([-1])
def demap(batch_qam,K):
    _bit_hat = []
    batch_size = len(batch_qam)
    if mu == 2:  # Q PSK
        Am = np.array([-1, 1])
    elif mu == 4:  # 16QAM
        Am = np.array([-3, -1, 1, 3])
    else:  # 64QAM
        Am = np.array([-7, -5, -3, -1, 1, 3, 5, 7])
    # batch_qam=np.tile(np.expand_dims(batch_qam*norm_fac[mu],axis=
-1),[1,1,len(Am)])
    # Am=np.tile(np.expand_dims(np.expand_dims(Am,axis=0),axis=0),
[batch_size, symbol_size, 1])
    # distance = (abs(Am - batch_qam)).tolist()
    # a1 = Am[distance.index(min(distance))]
    for i in range(0, batch_size):
        for k in range(0, K):
            x1 = batch_qam[i, k] * norm_fac[mu]
            x2 = batch_qam[i, k + K] * norm_fac[mu]
            ax1 = (abs(Am - x1)).tolist()
            ax2 = (abs(Am - x2)).tolist()
            a1 = Am[ax1.index(min(ax1))]
            a2 = Am[ax2.index(min(ax2))]
            _bit_hat.append(demapping_table[a1 + 1j * a2])
    _bit_hat=(np.array(_bit_hat)).reshape(batch_size,-1)
    return _bit_hat
# ==================== training H================

# Initializing the variables
init = tf.global_variables_initializer()

# Start Training
config = tf.ConfigProto()
config.gpu_options.allow_growth = True
# The H information set
file_path="./AWGN_"+str(SNRdb)+"/csi_"+str(SNRdb)+".ckpt"
```

```
with tf.Session(config=config) as sess:
    sess.run(init)
    f=open('ber.txt','a')
    for snr in SNRdb:
        iter=100
        avg_error=0
        for epoch in range(iter):
            rx_qam,bits=ofdm_simulate(snr)
            bit_hat=demap(rx_qam,1)
            error=np.mean(bit_hat!=bits)
            avg_error +=error/iter
        f.write(str(snr)+"\t")
        f.write(str(avg_error)+"\n")
        print("snr",snr,"avg_error",avg_error)
    f.close()
```

利用传统的 QAM 解调方法，在 Python 上进行 2/4/16/64QAM 的仿真，结果如图 6.3 所示。

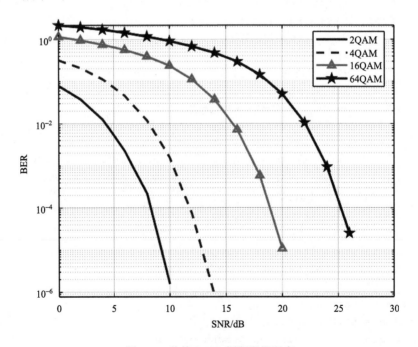

图 6.3　传统 QAM 解调器误码率

6.2　基于深度学习的 QAM 解调器设计

QAM 解调实际上是一种多分类问题，通过将接收到的信号分类到 M 个星座点中的某一个来实现对信号的解调，这便是一个多分类问题，因此可以使用基于深度学习的方法来对信号进行处理，并在最后一层——输出层使用 softmax 分类器来对接收信号进行分类，从而实现 QAM 解调。由于 softmax 分类器的原理以及求导在 3.1 节已经详细介绍，在此不再赘述。

6.2.1　QAM 解调的评价标准

对于 MQAM 解调而言，可以将其视为一个多分类问题，但在此不引入混淆矩阵等分类问题常用的定义，而是直接采用误码率与误比特率作为 QAM 解调的评价标准。误码率(symbol error rate，SER)是衡量数据在规定时间内数据传输精确性的指针，当预测结果与样本标签不一致时，可以视其作误码情况。误码率=传输中的误码/所传输的总码数×100%；而误比特率(bit error rate，BER)是指在数据通信中，在一定时间内接收到的数字信号中发生差错的比特数与同一时间内所接收到的数字信号的总比特数之比，误比特率是衡量数据在规定时间内传输精确性的指标。比特是信息量多少的量度，而码元是编码符号，每个码元携带信息量的多少是和码元采用的进制有关的，在二进制中，每个码元携带的信息量是 1bit，若用四进制，则为 2bit，误码率是错误码元个数的比例，误比特率也可说误信率，是错误比特的比率。一个码元的信息量不一定是 1bit，所以两者并不一定相等。误比特率与误码率的关系为：误比特率 = 误码率/$\log_2 M$。通过对所有样本的预测情况求平均，得到算法在测试集上的总体表现情况。

至此已经完成了 softmax 部分的介绍，下一部分将具体讲述如何使用 softmax 和全连接网络实现 QAM 解调的功能。

6.2.2　基于深度学习的 QAM 解调

在分别了解 QAM 的解调原理和多分类问题后，可将 MQAM 解调理解为一个多分类问题，每次将接收到的调制信号作为输入，将其分类为 M 个星座点中的一个，从而实现 MQAM 的解调。由于 QAM 的解调问题并不复杂，将采用 4 层全连接神经网络加上 softmax 多分类器来实现 AWGN 信道下 QAM 的解调。

全连接神经网络(fully connected neural network，FCNN)是一种类型最简单的网络，相邻两层的神经元之间为全连接关系，也称为前馈神经网络或多层感知器。全连接网络作为一种机器学习方法，在很多模式识别和机器学习的教材中都有介绍，比如 *Pattern Recognition and Machine Learning*，*Pattern Classification* 等。由于全连接神经网络已在前文中有过介绍，在此不再赘述。本书采用 4 层的全连接网络结构，其中第 0 层为输入层，2 层隐藏层的激活函数为 ReLu 函数，网络节点数分别为 40, 80, 16 个，输出层的激活函数采用 softmax 函数，网络示意图如图 6.4 所示。

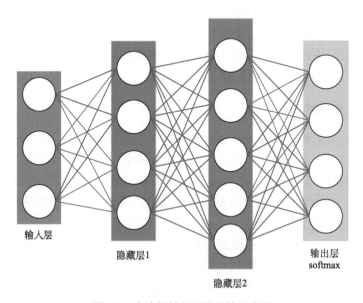

图 6.4　全连接神经网络结构示意图

在仿真方面，本实验程序建立在 Python3.5.2，Tensorflow1.2.0 的环境基础上，仿真前请注意环境是否匹配。使用全连接神经网络来进行一个分类的训练，具体步骤和代码如下。

第一步：设置超参、调制模式和信噪比。

```
from __future__ import division
import numpy as np
import tensorflow as tf
import os
import scipy.io as sio
os.environ["CUDA_VISIBLE_DEVICES"]="0"
np.set_printoptions(edgeitems=16)

K = 50000
CP = K//4

###在这里修改mode和mu，改变调制方式
```

```
mode = '16QAM'
mu = 4

payloadBits_per_OFDM = K*mu
##在这里修改信噪比
SNRdb = 20  #
mapping_table_QPSK = {
    (0,0) : 1/np.sqrt(2)+(1/np.sqrt(2))*1j,
    (0,1) : 1/np.sqrt(2)-(1/np.sqrt(2))*1j,
    (1,0) : -(1/np.sqrt(2))+(1/np.sqrt(2))*1j,
    (1,1) : -(1/np.sqrt(2))-(1/np.sqrt(2))*1j,
}
##星座点映射表
mapping_table_16QAM = {
    (0, 0, 0, 0): 1 / np.sqrt(10) + (1 / np.sqrt(10)) * 1j,
    (0, 0, 0, 1): 1 / np.sqrt(10) + (3 / np.sqrt(10)) * 1j,
    (0, 0, 1, 0): 3 / np.sqrt(10) + (1 / np.sqrt(10)) * 1j,
    (0, 0, 1, 1): 3 / np.sqrt(10) + (3 / np.sqrt(10)) * 1j,
    (0, 1, 0, 0): 1 / np.sqrt(10) + (-1 / np.sqrt(10)) * 1j,
    (0, 1, 0, 1): 1 / np.sqrt(10) + (-3 / np.sqrt(10)) * 1j,
    (0, 1, 1, 0): 3 / np.sqrt(10) + (-1 / np.sqrt(10)) * 1j,
    (0, 1, 1, 1): 3 / np.sqrt(10) + (-3 / np.sqrt(10)) * 1j,
    (1, 0, 0, 0): -1 / np.sqrt(10) + (1 / np.sqrt(10)) * 1j,
    (1, 0, 0, 1): -1 / np.sqrt(10) + (3 / np.sqrt(10)) * 1j,
    (1, 0, 1, 0): -3 / np.sqrt(10) + (1 / np.sqrt(10)) * 1j,
    (1, 0, 1, 1): -3 / np.sqrt(10) + (3 / np.sqrt(10)) * 1j,
    (1, 1, 0, 0): -1 / np.sqrt(10) + (-1 / np.sqrt(10)) * 1j,
    (1, 1, 0, 1): -1 / np.sqrt(10) + (-3 / np.sqrt(10)) * 1j,
    (1, 1, 1, 0): -3 / np.sqrt(10) + (-1 / np.sqrt(10)) * 1j,
    (1, 1, 1, 1): -3 / np.sqrt(10) + (-3 / np.sqrt(10)) * 1j,
}
mapping_table_64QAM = {
    (0, 0, 0, 0, 0, 0): 3 / np.sqrt(42) + (3 / np.sqrt(42)) * 1j,
    (0, 0, 0, 0, 0, 1): 3 / np.sqrt(42) + (1 / np.sqrt(42)) * 1j,
    (0, 0, 0, 0, 1, 0): 1*np.sqrt(42) + (3 / np.sqrt(42)) * 1j,
    (0, 0, 0, 0, 1, 1): 1 / np.sqrt(42) + (1 / np.sqrt(42)) * 1j,
    (0, 0, 0, 1, 0, 0): 3 / np.sqrt(42) + (5 / np.sqrt(42)) * 1j,
    (0, 0, 0, 1, 0, 1): 3 / np.sqrt(42) + (7 / np.sqrt(42)) * 1j,
    (0, 0, 0, 1, 1, 0): 1 / np.sqrt(42) + (5 / np.sqrt(42)) * 1j,
    (0, 0, 0, 1, 1, 1): 1 / np.sqrt(42) + (7 / np.sqrt(42)) * 1j,
```

```
(0, 0, 1, 0, 0, 0): 5 / np.sqrt(42) + (3 / np.sqrt(42)) * 1j,
(0, 0, 1, 0, 0, 1): 5 / np.sqrt(42) + (1 / np.sqrt(42)) * 1j,
(0, 0, 1, 0, 1, 0): 7 / np.sqrt(42) + (3 / np.sqrt(42)) * 1j,
(0, 0, 1, 0, 1, 1): 7 / np.sqrt(42) + (1 / np.sqrt(42)) * 1j,
(0, 0, 1, 1, 0, 0): 5 / np.sqrt(42) + (5 / np.sqrt(42)) * 1j,
(0, 0, 1, 1, 0, 1): 5 / np.sqrt(42) + (7 / np.sqrt(42)) * 1j,
(0, 0, 1, 1, 1, 0): 7 / np.sqrt(42) + (5 / np.sqrt(42)) * 1j,
(0, 0, 1, 1, 1, 1): 7 / np.sqrt(42) + (7 / np.sqrt(42)) * 1j,

(0, 1, 0, 0, 0, 0): 3 / np.sqrt(42) + (-3 / np.sqrt(42)) * 1j,
(0, 1, 0, 0, 0, 1): 3 / np.sqrt(42) + (-1 / np.sqrt(42)) * 1j,
(0, 1, 0, 0, 1, 0): 1 / np.sqrt(42) + (-3 / np.sqrt(42)) * 1j,
(0, 1, 0, 0, 1, 1): 1 / np.sqrt(42) + (-1 / np.sqrt(42)) * 1j,
(0, 1, 0, 1, 0, 0): 3 / np.sqrt(42) + (-5 / np.sqrt(42)) * 1j,
(0, 1, 0, 1, 0, 1): 3 / np.sqrt(42) + (-7 / np.sqrt(42)) * 1j,
(0, 1, 0, 1, 1, 0): 1 / np.sqrt(42) + (-5 / np.sqrt(42)) * 1j,
(0, 1, 0, 1, 1, 1): 1 / np.sqrt(42) + (-7 / np.sqrt(42)) * 1j,
(0, 1, 1, 0, 0, 0): 5 / np.sqrt(42) + (-3 / np.sqrt(42)) * 1j,
(0, 1, 1, 0, 0, 1): 5 / np.sqrt(42) + (-1 / np.sqrt(42)) * 1j,
(0, 1, 1, 0, 1, 0): 7 / np.sqrt(42) + (-3 / np.sqrt(42)) * 1j,
(0, 1, 1, 0, 1, 1): 7 / np.sqrt(42) + (-1 / np.sqrt(42)) * 1j,
(0, 1, 1, 1, 0, 0): 5 / np.sqrt(42) + (-5 / np.sqrt(42)) * 1j,
(0, 1, 1, 1, 0, 1): 5 / np.sqrt(42) + (-7 / np.sqrt(42)) * 1j,
(0, 1, 1, 1, 1, 0): 7 / np.sqrt(42) + (-5 / np.sqrt(42)) * 1j,
(0, 1, 1, 1, 1, 1): 7 / np.sqrt(42) + (-7 / np.sqrt(42)) * 1j,

(1, 0, 0, 0, 0, 0): -3 / np.sqrt(42) + (3 / np.sqrt(42)) * 1j,
(1, 0, 0, 0, 0, 1): -3 / np.sqrt(42) + (1 / np.sqrt(42)) * 1j,
(1, 0, 0, 0, 1, 0): -1 / np.sqrt(42) + (3 / np.sqrt(42)) * 1j,
(1, 0, 0, 0, 1, 1): -1 / np.sqrt(42) + (1 / np.sqrt(42)) * 1j,
(1, 0, 0, 1, 0, 0): -3 / np.sqrt(42) + (5 / np.sqrt(42)) * 1j,
(1, 0, 0, 1, 0, 1): -3 / np.sqrt(42) + (7 / np.sqrt(42)) * 1j,
(1, 0, 0, 1, 1, 0): -1 / np.sqrt(42) + (5 / np.sqrt(42)) * 1j,
(1, 0, 0, 1, 1, 1): -1 / np.sqrt(42) + (7 / np.sqrt(42)) * 1j,
(1, 0, 1, 0, 0, 0): -5 / np.sqrt(42) + (3 / np.sqrt(42)) * 1j,
(1, 0, 1, 0, 0, 1): -5 / np.sqrt(42) + (1 / np.sqrt(42)) * 1j,
(1, 0, 1, 0, 1, 0): -7 / np.sqrt(42) + (3 / np.sqrt(42)) * 1j,
(1, 0, 1, 0, 1, 1): -7 / np.sqrt(42) + (1 / np.sqrt(42)) * 1j,
(1, 0, 1, 1, 0, 0): -5 / np.sqrt(42) + (5 / np.sqrt(42)) * 1j,
(1, 0, 1, 1, 0, 1): -5 / np.sqrt(42) + (7 / np.sqrt(42)) * 1j,
```

```
(1, 0, 1, 1, 1, 0): -7 / np.sqrt(42) + (5 / np.sqrt(42)) * 1j,
(1, 0, 1, 1, 1, 1): -7 / np.sqrt(42) + (7 / np.sqrt(42)) * 1j,

(1, 1, 0, 0, 0, 0): -3 / np.sqrt(42) + (-3 / np.sqrt(42)) * 1j,
(1, 1, 0, 0, 0, 1): -3 / np.sqrt(42) + (-1 / np.sqrt(42)) * 1j,
(1, 1, 0, 0, 1, 0): -1 / np.sqrt(42) + (-3 / np.sqrt(42)) * 1j,
(1, 1, 0, 0, 1, 1): -1 / np.sqrt(42) + (-1 / np.sqrt(42)) * 1j,
(1, 1, 0, 1, 0, 0): -3 / np.sqrt(42) + (-5 / np.sqrt(42)) * 1j,
(1, 1, 0, 1, 0, 1): -3 / np.sqrt(42) + (-7 / np.sqrt(42)) * 1j,
(1, 1, 0, 1, 1, 0): -1 / np.sqrt(42) + (-5 / np.sqrt(42)) * 1j,
(1, 1, 0, 1, 1, 1): -1 / np.sqrt(42) + (-7 / np.sqrt(42)) * 1j,
(1, 1, 1, 0, 0, 0): -5 / np.sqrt(42) + (-3 / np.sqrt(42)) * 1j,
(1, 1, 1, 0, 0, 1): -5 / np.sqrt(42) + (-1 / np.sqrt(42)) * 1j,
(1, 1, 1, 0, 1, 0): -7 / np.sqrt(42) + (-3 / np.sqrt(42)) * 1j,
(1, 1, 1, 0, 1, 1): -7 / np.sqrt(42) + (-1 / np.sqrt(42)) * 1j,
(1, 1, 1, 1, 0, 0): -5 / np.sqrt(42) + (-5 / np.sqrt(42)) * 1j,
(1, 1, 1, 1, 0, 1): -5 / np.sqrt(42) + (-7 / np.sqrt(42)) * 1j,
(1, 1, 1, 1, 1, 0): -7 / np.sqrt(42) + (-5 / np.sqrt(42)) * 1j,
(1, 1, 1, 1, 1, 1): -7 / np.sqrt(42) + (-7 / np.sqrt(42)) * 1j,
}
```

第二步：定义 QAM 调制信号所需函数。

```
def Modulation(bits):
    symbol=np.zeros([int(len(bits)/mu)],dtype=complex)
    # print(symbol.shape)
    bit_r = bits.reshape((int(len(bits)/mu), mu))
    # print(bit_r.shape)
    if mode=='QPSK':#mu=2
        for m in range(0,int(len(bits)/mu)):
            symbol[m] = mapping_table_QPSK[tuple(bit_r[m,:])]
        return symbol
        #return(2*bit_r[:,0]-1)+1j*(2*bit_r[:,1]-1) # 只有QAM调制需要
    elif mode=='16QAM':#mu=4
        for m in range(0,int(len(bits)/mu)):
            symbol[m] = mapping_table_16QAM[tuple(bit_r[m,:])]
        return symbol
    elif mode=='64QAM':#mu=6
        for m in range(0,int(len(bits)/mu)):
            symbol[m] = mapping_table_64QAM[tuple(bit_r[m,:])]
        return symbol
```

```
    else:
        print("Not a valid modulation mode,",mode)

def IDFT(OFDM_data):
    return np.fft.ifft(OFDM_data)

def addCP(OFDM_time):
    cp = OFDM_time[-CP:]                        # 将最后的CP移至数组头部
    return np.hstack([cp, OFDM_time])
def channel(signal,SNRdb):                      ##AWGN信道，也就是只加了白噪声
    sigma2 = 10**(-SNRdb/10)
    noise = np.sqrt(sigma2/2) * (np.random.randn(*signal.shape)+1j
*np.random.randn(*signal.shape))
    return signal + noise

def removeCP(signal):
    return signal[CP:(CP+K)]

def DFT(OFDM_RX):
    return np.fft.fft(OFDM_RX)

def ofdm_simulate(SNRdb):
    bits = np.random.binomial(n=1, p=0.5, size=(payloadBits_per_
OFDM,))
    label_index = bit_to_index(bits)
    symbol = Modulation(bits)
    OFDM_time_codeword = np.fft.ifft(symbol)*np.sqrt(K)
    OFDM_withCP_cordword = addCP(OFDM_time_codeword)
    OFDM_RX_codeword = channel(OFDM_withCP_cordword,SNRdb)
    OFDM_RX_noCP_codeword = removeCP(OFDM_RX_codeword) #data_RX
    OFDM_RX_noCP_codeword_fft =np.fft.fft(OFDM_RX_noCP_codeword)/
np.sqrt(K)
    # 返回接收端解出来的QAM符号，发射QAM符号的索引，发射的比特
    return
np.stack((np.real(OFDM_RX_noCP_codeword_fft),np.imag(OFDM_RX_noCP_co
deword_fft)),axis=1),label_index,bits
    def bit_to_index(bits):                 # 把比特流变成QAM索引，例如0111变成7
    bit_r = bits.reshape((int(len(bits) / mu), mu))
    Bi_conver_op = 2 ** np.arange(mu)[::-1]
    return np.dot(bit_r,Bi_conver_op)
```

```
def index_to_bit(index):          # 把QAM符号的索引变成比特，例如7变成0111
    count=index.size
    batch_bits=[]
    for i in range(count):
        num=index[i]
        la=[]
        while num>0:
            num, remainder = divmod(num, 2)
            la.append(remainder)
        la=(np.array(la))[::-1]
        if la.size<mu:
            la=np.concatenate((np.zeros((mu-la.size,)),la))##
la:[mu*count]
        la=la.transpose().reshape([-1])
        batch_bits.append(la)
    return np.array(batch_bits).reshape([-1])
def test_on_sample(sess,label_index,rx_qam,bits) :
    predict,cost = sess.run([QAM_hat, loss], feed_dict={QAM_label:
label_index, QAM: rx_qam})
    ###predict预测出的QAM的索引，label_index实际发送的QAM索引，不相等说明符
号错了
    ser = np.mean(predict != label_index)#
    bit_predict=index_to_bit(predict)
###bit_predict预测出的比特，bits实际发送的比特，不相等就是错了一个比特
    ber = np.mean( bit_predict != bits)
    return ser,ber}
```

第三步：定义损失函数，设置优化器学习率，配置 GPU，开始训练全连接神经网络。

```
# ### ==================== training H===============

# Training parameters
training_epochs = 1000
batch_size = 256
display_step = 5
examples_to_show = 100

# QAM神经网络的输入，输入节点维度是2，就是接收端一个QAM符号的实部虚部
```

```
# QAM_label是标签，是实际发射符号的索引，比如说发射的是3/np.sqrt(10) + (3
/ np.sqrt(10)) * 1j，索引就是3，参照前面的 mapping_table_16QAM
    QAM_label = tf.placeholder(shape=(K,),dtype=tf.int32)
    QAM = tf.placeholder(shape=(None,2),dtype=tf.float32)

    ##三层的全连接层，下面的三个值是神经网络的节点数
    num_layer1=40
    num_layer2=80
    num_layer3=2**mu
    w1 = tf.Variable(np.random.randn(2, num_layer1),name="w1",dtype=
"float32")
    b1 = tf.Variable(np.zeros(num_layer1,dtype="float32"),name="b1",
dtype="float32")
    layer_1 = tf.nn.softmax(tf.nn.xw_plus_b(QAM,w1,b1))
    w2= tf.Variable(np.random.randn(num_layer1, num_layer2)/np.sqrt
(num_layer1/2),name="w2",dtype="float32")
    b2 = tf.Variable(np.zeros(num_layer2,dtype="float32"),name="b2",
dtype="float32")
    layer_2 = tf.nn.relu(tf.nn.xw_plus_b(layer_1,w2,b2))
    w3 = tf.Variable(np.random.randn(num_layer2, num_layer3)/np.sqrt
(num_layer2/2),name="w3",dtype="float32")
    b3 = tf.Variable(np.zeros(num_layer3,dtype="float32"),name="b3",
dtype="float32")
    layer_3 = tf.nn.softmax(tf.nn.xw_plus_b(layer_2,w3,b3))##注意这个激
活函数

    probs_out=layer_3
    ##softmax输出的是QAM属于每个类别的概率，挑选出最大概率的索引作为最终判断的
结果
    QAM_hat=tf.argmax(probs_out,axis=1)

    # 这个是损失函数的定义，是估计的概率结果probs_out与实际发送的符号的交叉熵
    #实际发送的符号是采用one_hot表示，例如16QAM情况下
    #a=np.array([4,7,11])
    #b=tf.one_hot(b)也就是说，索引所在的位置为1，其余位置0
    #b=array([[0., 0., 0., 0., 1., 0., 0., 0., 0., 0., 0., 0., 0., 0.,
0., 0.],
    #      [0., 0., 0., 0., 0., 0., 0., 1., 0., 0., 0., 0., 0., 0., 0., 0.],
    #      [0., 0., 0., 0., 0., 0., 0., 0., 0., 0., 0., 1., 0., 0., 0., 0.]],
    #      dtype=float32)
```

```
    loss = tf.nn.softmax_cross_entropy_with_logits(
        labels=tf.one_hot(QAM_label, depth=2**mu),
        logits=probs_out)  #
    learning_rate = tf.placeholder(tf.float32, shape=[])
    optimizer = tf.train.AdamOptimizer(learning_rate=learning_rate).
minimize(loss)


    # Initializing the variables
    init = tf.global_variables_initializer()
    saver = tf.train.Saver()


    # Start Training
    ##配置GPU
    config = tf.ConfigProto()
    config.gpu_options.allow_growth = True
    # The H information set
    file_path="./AWGN_"+str(SNRdb)+"/csi_"+str(SNRdb)+".ckpt"
    # start session
    with tf.Session(config=config) as sess:
        sess.run(init)
        learning_rate_current = 0.005  # 0.01
        test_batch_size=10
    #   saver.restore(sess, file_path)
        average_ber=0
        average_ser=0
        for epoch in range(training_epochs):  # 20000 epoch, 50
batches/epoch, 1000frame/batch (1 training set=50*1000frames)
            print(epoch)
            if( epoch % 1000 == 0 ):
                learning_rate_current=learning_rate_current/5
            rx_qam,label_index,bits= ofdm_simulate(SNRdb)
            _, c = sess.run([optimizer, loss], feed_dict={QAM_label:
label_index, QAM: rx_qam, learning_rate: learning_rate_current})
            if(epoch % examples_to_show == 0):##每隔examples_to_show展示
一次训练集上的结果
                ser, ber=test_on_sample(sess, label_index,rx_qam,bits )
                print("ser: ", ser, "ber: ", ber)
        save_path = saver.save(sess, file_path)
        print("Model saved in path: %s" % save_path)
```

第四步：测试训练模型。

获取程序代码

```
###下面是测试过程
for batch in range(test_batch_size):
    rx_qam, label_index,bits = ofdm_simulate(5)
    ser,ber=test_on_sample(sess,label_index, rx_qam,bits)
    average_ser = average_ser + ser/test_batch_size #误符号率
    average_ber = average_ber + ber / test_batch_size #误比特率
print("average_ser",average_ser,"average_ber",average_ber)
```

图 6.5 显示了信噪比在 0～20dB 的情况下传统的 16QAM 数字解调方法与基于全连接神经网络的 16QAM 解调方法的误码率差异，从图中可以看出，基于全连接神经网络的 QAM 解调方法误码率与传统方法可以达到几乎完全一致的性能，可见经由全数据学习，全连接神经网络可学习到与最佳的 QAM 解调完全一致的功能。

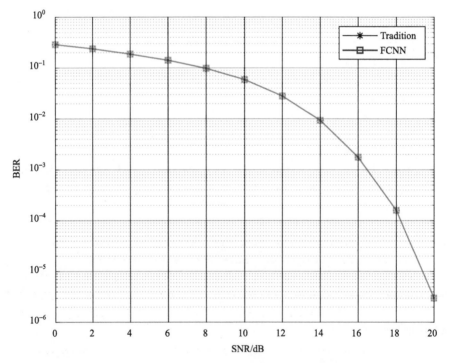

图 6.5   传统 16QAM 解调和全连接神经网络仿真结果

关于 QAM 解调的深度神经网络，经过测试验证，如果减少神经网络的层数，其误码率性能将会有所下降，但是关于网络的节点数是否可以减少，得到一个更小的网络，读者可以自行验证。

6.3　本章小结

　　本章首先介绍了传统 QAM 调制解调的基本原理，接着简要介绍了 softmax 多分类问题的概念与定义，并介绍了 QAM 解调多分类问题的评估标准，最后介绍了全连接神经网络的基本架构，通过具体的 Tensorflow 代码，展示了基于全连接神经网络的 QAM 解调问题的效果。

第7章 人工智能辅助的 OFDM 接收机

正交频分复用 (orthogonal frequency division multiplexing, OFDM) 是当前无线通信系统中最主流的传输信号格式，被采用到长期演进 (long term evolution, LTE) 标准和 Wi-Fi 标准，也被视为是 5G 的波形设计的基础。OFDM 波形的优势非常明显，比如 OFDM 能够应对频率选择性信道，可以通过快速傅里叶变换 (fast Fourier transform, FFT) 和快速傅里叶反变换 (inverse fast Fourier transform, IFFT) 进行快速实现，并且能够与 MIMO 相搭配进行信号传输；但同时 OFDM 波形又存在一些缺点，比如 OFDM 信号有较高的峰均功率比 (peak-to-average ratio, PAPR)，OFDM 信号中加入的循环前缀 (cyclic prefix, CP) 会在一定程度上降低频谱效率，OFDM 信号对定时同步误差和载波频偏非常敏感，并且不能灵活地适应 5G 帧中共存的多场景的服务。基于此，第三代合作伙伴计划 (3rd generation partnership project, 3GPP) 提出在 5G 新空口 (new radio, NR) 的第一个阶段继续采用滤波或加窗的 OFDM 波形，在第二阶段继续探索 OFDM 与其他波形结合的新波形，已提出的新波形选择包括 FBMC (滤波器组多载波) OQAM、FBMC QAM、P-OFDM、FC-OFDM、ZT-s-OFDM、CPM-SC-FDMA、D-QAM、UF-OFDM、F-OFDM等，其中大多是基于 OFDM 的改进波形，这同时也反映了 OFDM 波形的重要性。

接收机是信道估计算法、信号检测算法、星座译码等模块的统称，传统的 OFDM 接收机主要有基于线性算法的 OFDM 接收机和基于迭代算法的 OFDM 接收机。基于线性算法的 OFDM 接收机有最小二乘 (least-squared, LS) 和线性最小均方误差 (linear minimum mean-squared error, LMMSE) 等线性信道估计算法，以及迫零 (zero-forcing, ZF) 和最小均方误差 (minimum mean-squared error, MMSE) 等线性信号检测算法，这类接收机复杂度较低并在大部分常见场景下性能表现优良，被广泛地应用于现代通信系统中。然而，当信道环境更加复杂且存在非线性干扰时，基于线性算法的接收机效能受限。基于迭代算法的 OFDM 接收机使用了非线性的基于近似消息传递 (approximate message passing, AMP) 和期望传播 (expectation propagation, EP) 等接收方法。这些迭代算法在进一步提升接收机性能的同时，也带来了复杂度上升的问题。这两类传统的 OFDM 接收机都是在特定的通信模型下进行数学推导得到的，能够在特定的通信模型下达到最优性能。因而，这些 OFDM 接收机均在不同程度上依赖于对信道环境的建模和获取当前信道统计信息。

随着人工智能算法迅猛发展，深度神经网络在计算机视觉和自然语言处理等学科中取得了巨大成功，在图像分类、人脸识别、语音识别、机器翻译等场景下超越了传统机器学习方法的性能,将人工智能应用到 OFDM 接收机中以探索如何采用大量数据驱动来解决目前的 OFDM 接收机遇到的问题也成为一个新的研究方向。通过深度神经网络对任意复杂函数的拟合和隐含特征的提取,人工智能辅助的接收机相比于传统接收机,在对抗复杂、难以建模的信道环境以及非线性干扰因素上具有明显的优势。本章主要介绍两种人工智能辅助的 OFDM 接收机:全连接深度神经网络(fully-connected deep neural network,FC-DNN)OFDM 接收机[1]和结合通信算法的深度神经网络(combination of communication algorithms and deep neural networks,ComNet)OFDM 接收机[2],它们分别采用纯数据驱动方式和数据模型双驱动方式来实现 OFDM 接收机的功能。

7.1 FC-DNN OFDM 接收机

FC-DNN OFDM 接收机是一种基于深度学习的 OFDM 接收机,它采用深度神经网络(deep neural network,DNN)替换传统 OFDM 接收机中的各个模块,DNN 完全基于仿真数据进行训练,训练好后使用时可以直接进行正向推断,是一种数据驱动的端到端的网络架构。在本节中,先介绍 FC-DNN OFDM 接收机的系统架构,再介绍模型训练的过程,最后给出 FC-DNN OFDM 接收机的仿真结果。

7.1.1 系统结构

OFDM 的系统结构如图 7.1(a)所示。对于发送机,输入比特被调制为发射信号,然后用离散傅里叶逆变换(inverse discrete Fourier transform,IDFT)将信号从频域转换到时域,即将串行数据转换为并行数据,生成 OFDM 信号。之后,插入循环前缀以减轻信号间干扰(inter symbol interference,ISI),循环前缀 CP 的长度不应短于信道的最大延迟扩展。最后,并行数据被转换为串行数据并发送出去。

对于经过信道时的信号模型,考虑由复数随机变量 $\{h(n)\}_{n=0}^{N-1}$ 描述的样本离散多路径信道,接收信号 $y(n)$ 可表示为:

$$y^t(n) = x^t(n) \otimes h^t(n) + z^t(n) \tag{7-1}$$

式中, $\otimes$ 表示循环卷积;而 $x^t(n)$ 和 $z^t(n)$ 分别表示发送信号和加性白高斯噪声(additive white Gaussian noise,AWGN)。在移除 CP 并执行 DFT 之后,接收的频域信号为:

$$y(k) = x(k)h(k) + z(k) \tag{7-2}$$

式中, $y(k)$, $x(k)$, $h(k)$, $z(k)$ 分别是 $y^t(n)$, $x^t(n)$, $h^t(n)$, $z^t(n)$ 的 DFT 结果。

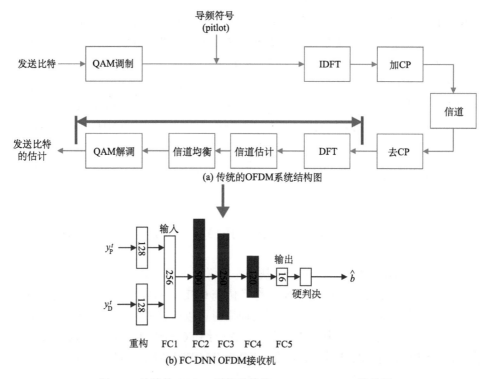

(a) 传统的OFDM系统结构图

(b) FC-DNN OFDM接收机

图 7-1　传统的 OFDM 系统结构和 FC-DNN OFDM 接收机

在 OFDM 接收机端，传统的 OFDM 接收机采用信道估计、信号检测、星座解调等方式恢复原始的发送比特，而 FC-DNN OFDM 接收机将信道估计、信号检测和星座解调视为一个黑盒子，完全由一个 DNN 来替代，如图 7.1(b) 所示。FC-DNN OFDM 接收机中的 DNN 网络将接收一个时域帧作为输入，并以端到端的方式恢复发送的比特数据。FC-DNN OFDM 接收机采用离线训练在线部署的方法：在训练阶段，发送比特作为标签随机生成，并通过插入导频符号进行调制以形成帧，其中导频接收信号为 y_{P}^{t}，数据接收信号为 y_{D}^{t}。仿真信道由特定的信道模型仿真，并随每个帧变化而变化；在部署阶段，无需估计信道，直接应用经过训练的参数以实现端到端的比特恢复。

7.1.2　模型训练

为了产生相应的仿真数据作为 DNN 的输入，还需要信道数据。目前已有许多信道模型，可以很好地描述信道统计方面的真实信道，利用这些信道模型，可以通过仿真获得训练数据。在仿真中假设无线信道模型遵循 WINNER II 模型[3]，其中载波频率为 2.6GHz，路径数为 24，并且使用具有最大延迟 16 的典型城市场景。

在 FC-DNN OFDM 接收机进行训练时，发送数据帧经过 WINNER II 信道和加性白高斯噪声后获得接收数据帧，训练数据中的接收数据帧和发送比特数据分别作为 DNN 的输入和标签。采用两个 OFDM 信号的帧结构，导频信号在第一个 OFDM 信号中，数据信号在第二个 OFDM 信号中，其中一个 OFDM 信号有 64 个子载波，CP 的长度为 16，每个子载波上放置的都是 QPSK 调制的信号。

FC-DNN OFDM 接收机的网络结构与输入输出维度相关，使用的 DNN 模型由 5 层组成，每层中的神经元数量分别为 256, 500, 250, 120, 16，如图 7.1(b) 所示。输入层神经元数量对应于两个 OFDM 信号的实部和虚部相加的数量，输出对应 16 bit。由于数据信号是以 QPSK 调制，采用 64 个有效子载波，共有 128 bit。因此，当每个网络输出 16bit 时，共需采用 8 个独立的 FC-DNN 网络，然后将 8 个独立 FC-DNN 网络的比特输出连接用于最终输出。网络的隐藏层都采用 ReLU 作为激活函数，最后一层采用 Sigmoid 激活函数将输出映像到区间[0,1]。

采用训练数据对 DNN 网络中的参数进行训练，训练方式是最小化神经网络的输出与标签数据之间的差异。差异可以用多种方式描述，在此采用最小平方误差损失 L_2：

$$L_2 = \frac{1}{B} \sum_{i=1}^{B} \left(b(i) - \hat{b}(i) \right)^2 \tag{7.3}$$

式中，$\hat{b}(i)$ 是 DNN 网络的输出；$b(i)$ 是标签，即对应的发送比特；B 是所要估计的比特数。

7.1.3　仿真代码

本实验程序建立在 Python3.5.2，Tensorflow1.1.0 的环境基础上，仿真前请注意环境是否兼容。完整仿真程序代码已由文献[1]的作者在开源平台 GitHub 公开（https://github.com/haoyye/OFDM_DNN），本章节仅列出关键模块的使用说明。

1. 仿真信道环境搭建

```
# coding: UTF-8
# utils.py
from __future__ import division
import numpy as np
import math
import os
def print_something():
    print ('utils.py has been loaded perfectly')

#削波函数，用于PAPR裁剪
def Clipping (x, CL):
```

```
    sigma = np.sqrt(np.mean(np.square(np.abs(x))))
    CL = CL*sigma
    x_clipped = x
    clipped_idx = abs(x_clipped) > CL
    x_clipped[clipped_idx] = np.divide((x_clipped[clipped_idx]*CL),
abs(x_clipped[clipped_idx]))
    return x_clipped

def PAPR(x):
    Power = np.abs(x)**2
    PeakP = np.max(Power)
    AvgP = np.mean(Power)
    PAPR_dB = 10*np.log10(PeakP/AvgP)
    return PAPR_dB

def Modulation(bits,mu):
    bit_r = bits.reshape((int(len(bits)/mu), mu))
    return(2*bit_r[:,0]-1)+1j*(2*bit_r[:,1]-1)                    # QAM 调制

def IDFT(OFDM_data):
    return np.fft.ifft(OFDM_data)

def addCP(OFDM_time, CP, CP_flag, mu, K):
    if CP_flag == False:
        # add noise CP
        bits_noise = np.random.binomial(n=1, p=0.5, size=(K*mu, ))
        codeword_noise = Modulation(bits_noise, mu)
        OFDM_data_nosie = codeword_noise
        OFDM_time_noise = np.fft.ifft(OFDM_data_nosie)
        cp = OFDM_time_noise[-CP:]
    else:
        cp = OFDM_time[-CP:]
    return np.hstack([cp, OFDM_time])

#使信号经过信道并加噪
def channel(signal,channelResponse,SNRdb):
    convolved = np.convolve(signal, channelResponse)
    signal_power = np.mean(abs(convolved**2))
    sigma2 = signal_power * 10**(-SNRdb/10)
```

```
        noise = np.sqrt(sigma2/2) * (np.random.randn(*convolved.shape)
+1j*np.random.randn(*convolved.shape))
        return convolved + noise

    def removeCP(signal, CP, K):
        return signal[CP:(CP+K)]

    def DFT(OFDM_RX):
        return np.fft.fft(OFDM_RX)

    def equalize(OFDM_demod, Hest):
        return OFDM_demod / Hest

    def get_payload(equalized):
        return equalized[dataCarriers]

    def PS(bits):
        return bits.reshape((-1,))

    #OFDM系统仿真程序, 输入比特、信道、信噪比、调制方式、是否CP、载波数、
    #导频数、是否加CP、导频值、导频载波位置、数据载波位置、是否削波
    #输出去CP后的接收信号(实部在前、虚部在后)以及信道值
    def ofdm_simulate(codeword, channelResponse,SNRdb, mu, CP_flag, K,
P, CP, pilotValue,pilotCarriers, dataCarriers,Clipping_Flag):
        payloadBits_per_OFDM = mu*len(dataCarriers)
        # --- 训练输入 ----
        if P < K:
            bits = np.random.binomial(n=1, p=0.5, size=(payloadBits_
per_OFDM, ))
            QAM = Modulation(bits,mu)
            OFDM_data = np.zeros(K, dtype=complex)
            OFDM_data[pilotCarriers] = pilotValue # allocate the pilot
subcarriers
            OFDM_data[dataCarriers] = QAM
        else:
            OFDM_data = pilotValue

        OFDM_time = IDFT(OFDM_data)
        OFDM_withCP = addCP(OFDM_time, CP, CP_flag, mu, K)
```

```
        OFDM_TX = OFDM_withCP
        if Clipping_Flag:
            OFDM_TX = Clipping(OFDM_TX,CR)                        # 加入削波
        OFDM_RX = channel(OFDM_TX, channelResponse,SNRdb)
        OFDM_RX_noCP = removeCP(OFDM_RX, CP,K)
        #OFDM_RX_noCP = removeCP(OFDM_RX)
        # -----目标输入 ---
        symbol = np.zeros(K, dtype=complex)
        codeword_qam = Modulation(codeword,mu)
        if len(codeword_qam) != K:
            print ('length of code word is not equal to K, error !!')
        symbol = codeword_qam
        OFDM_data_codeword = symbol
        OFDM_time_codeword = np.fft.ifft(OFDM_data_codeword)
        OFDM_withCP_cordword = addCP(OFDM_time_codeword, CP, CP_flag, mu,
K)
        if Clipping_Flag:
            OFDM_withCP_cordword = Clipping(OFDM_withCP_cordword,CR) #
add clipping
        OFDM_RX_codeword = channel(OFDM_withCP_cordword, channelResp-
onse,SNRdb)
        OFDM_RX_noCP_codeword = removeCP(OFDM_RX_codeword,CP,K)

        return
np.concatenate((np.concatenate((np.real(OFDM_RX_noCP),np.imag(OFDM_RX
_noCP))),
np.concatenate((np.real(OFDM_RX_noCP_codeword),np.imag(OFDM_RX_noCP_
codeword))))), abs(channelResponse) #sparse_mask
```

2. 训练过程。

第一步：设置 OFDM 系统仿真参数。

```
# coding: UTF-8
# train.py
from __future__ import division
import numpy as np
import scipy.interpolate
import tensorflow as tf
import math
```

```
import os

def train(config):
    K = 64
    CP = K//4
    P = config.Pilots                          # 一个OFDM符号中的导频数
    allCarriers = np.arange(K)                    # 子载波位置
    mu = 2
    CP_flag = config.with_CP_flag
    if P<K:
        pilotCarriers = allCarriers[::K//P]       # 导频位置
        dataCarriers = np.delete(allCarriers, pilotCarriers)

    else:  # K = P
        pilotCarriers = allCarriers
        dataCarriers = []

    payloadBits_per_OFDM = K*mu

    SNRdb = config.SNR                             # 信噪比
    Clipping_Flag = config.Clipping

    Pilot_file_name = 'Pilot_'+str(P)
    if os.path.isfile(Pilot_file_name):
        print ('Load Training Pilots txt')
        bits = np.loadtxt(Pilot_file_name, delimiter=',')
    else:
        bits = np.random.binomial(n=1, p=0.5, size=(K*mu, ))
        np.savetxt(Pilot_file_name, bits, delimiter=',')

    pilotValue = Modulation(bits,mu)
    CP_flag = config.with_CP_flag
```

第二步：搭建神经网络。

```
#训练参数
    training_epochs = 20
    batch_size = 256
    display_step = 5
    test_step = 1000
    examples_to_show = 10
```

```
#网络参数
n_hidden_1 = 500
n_hidden_2 = 250 # 1st layer num features
n_hidden_3 = 120 # 2nd layer num features
n_input = 256 # MNIST data input (img shape: 28*28)
n_output = 16 #4

X = tf.placeholder("float", [None, n_input])
Y = tf.placeholder("float", [None, n_output])

def encoder(x):                          #构建DNN
    weights = {
        'encoder_h1': tf.Variable(tf.truncated_normal([n_input,
n_hidden_1],stddev=0.1)),
        'encoder_h2': tf.Variable(tf.truncated_normal([n_hidden_1,
n_hidden_2],stddev=0.1)),
        'encoder_h3': tf.Variable(tf.truncated_normal([n_hidden_2,
n_hidden_3],stddev=0.1)),
        'encoder_h4': tf.Variable(tf.truncated_normal([n_hidden_3,
n_output],stddev=0.1)),
        }
    biases = {
        'encoder_b1': tf.Variable(tf.truncated_normal([n_hidden_1],
stddev=0.1)),
        'encoder_b2':tf.Variable(tf.truncated_normal([n_hidden_2],
stddev=0.1)),
        'encoder_b3':tf.Variable(tf.truncated_normal([n_hidden_3],
stddev=0.1)),
        'encoder_b4':tf.Variable(tf.truncated_normal([n_output],
stddev=0.1)),

        }

    # 隐藏层连接
    #layer_1=tf.nn.sigmoid(tf.add(tf.matmul(x,weights['encoder
_h1']), biases['encoder_b1']))
    layer_1=tf.nn.relu(tf.add(tf.matmul(x, weights['encoder_
h1']), biases['encoder_b1']))
```

```
        layer_2=tf.nn.relu(tf.add(tf.matmul(layer_1,weights['encod
er_h2']), biases['encoder_b2']))
        layer_3=tf.nn.relu(tf.add(tf.matmul(layer_2,weights['encod
er_h3']), biases['encoder_b3']))
        layer_4=tf.nn.sigmoid(tf.add(tf.matmul(layer_3,weights['en
coder_h4']), biases['encoder_b4']))
        return layer_4

    y_pred = encoder(X)

    y_true = Y

    # 定义损失函数和优化器
    cost = tf.reduce_mean(tf.pow(y_true - y_pred, 2))
    learning_rate = tf.placeholder(tf.float32, shape=[])
    optimizer = tf.train.RMSPropOptimizer(learning_rate=learning_
rate).minimize(cost)

    # 初始化变量
    init = tf.global_variables_initializer()
    # 开始训练
    config_GPU = tf.ConfigProto()
    config_GPU.gpu_options.allow_growth = True
```

第三步：导入信道数据。

```
#训练参数
    H_folder_train = config.Train_set_path
    H_folder_test = config.Test_set_path
    train_idx_low = 1
    train_idx_high = 301
    test_idx_low = 301
    test_idx_high = 401
    #将导入的信道数据存入矩阵
    channel_response_set_train = []
    for train_idx in range(train_idx_low,train_idx_high):
        H_file = H_folder_train + str(train_idx) + '.txt'
        with open(H_file) as f:
            for line in f:
                numbers_str = line.split()
                numbers_float = [float(x) for x in numbers_str]
```

```
            h_response=np.asarray(numbers_float[0:int(len(numbe
rs_float)/2)])+1j*np.asarray(numbers_float[int(len(numbers_float)/2):
len(numbers_float)])
                channel_response_set_train.append(h_response)
    channel_response_set_test = []
    for test_idx in range(test_idx_low,test_idx_high):
        H_file = H_folder_test + str(test_idx) + '.txt'
        with open(H_file) as f:
            for line in f:
                numbers_str = line.split()
                numbers_float = [float(x) for x in numbers_str]
                h_response=np.asarray(numbers_float[0:int(len(numbe
rs_float)/2)])+1j*np.asarray(numbers_float[int(len(numbers_float)/2):
len(numbers_float)])
                channel_response_set_test.append(h_response)

    print ('length of training channel response', len(channel_
response_set_train), 'length of testing channel response', len(channel_
response_set_test))
```

第四步：开始训练。

```
saver = tf.train.Saver()
    with tf.Session(config=config_GPU) as sess:
        sess.run(init)
        traing_epochs = 300        #原作者使用20000epochs
        learning_rate_current = config.learning_rate
        for epoch in range(traing_epochs):
            print(epoch)
            if epoch > 0 and epoch % config.learning_rate_decrease
_step == 0:
                learning_rate_current = learning_rate_current/5
            avg_cost = 0
            total_batch = 50
            #print (K, P,pilotValue, learning_rate_current)
    #训练一个epoch
            for index_m in range(total_batch):
                input_samples = []
                input_labels = []
                for index_k in range(0, 1000):
```

```
                    bits  =  np.random.binomial(n=1,  p=0.5,  size=
(payloadBits_per_OFDM, ))
                    channel_response = channel_response_set_train[np.
random.randint(0,len(channel_response_set_train))]
                    signal_output, para = ofdm_simulate(bits,channel_
response,SNRdb, mu, CP_flag, K, P, CP, pilotValue,pilotCarriers,
dataCarriers,Clipping_Flag)
                    #signal_output, para = ofdm_simulate(bits, channel
_response,SNRdb,pilotValue)
                    input_labels.append(bits[config.pred_range])
                    input_samples.append(signal_output)
                batch_x = np.asarray(input_samples)
                batch_y = np.asarray(input_labels)
                _,c = sess.run([optimizer,cost], feed_dict={X:batch_
x, Y:batch_y, learning_rate:learning_rate_current})
                avg_cost += c / total_batch
    #测试实时网络性能
            if epoch % display_step == 0:
            print("Epoch:",'%04d' % (epoch+1), "cost=", \
                    "{:.9f}".format(avg_cost))
            input_samples_test = []
            input_labels_test = []
            test_number = 1000
            # 设置这次迭代的信道响应
            if epoch % test_step == 0:
                print ("Big Test Set ")
                test_number = 10000
            for i in range(0, test_number):
                bits = np.random.binomial(n=1, p=0.5, size=(paylo
adBits_per_OFDM, ))
                channel_response= channel_response_set_test[np.
random.randint(0,len(channel_response_set_test))]
                signal_output, para = ofdm_simulate(bits, channel
_response,SNRdb,mu, CP_flag, K, P, CP, pilotValue,pilotCarriers,
dataCarriers,Clipping_Flag)


input_labels_test.append(bits[config.pred_range])
                input_samples_test.append(signal_output)
            batch_x = np.asarray(input_samples_test)
```

```
                batch_y = np.asarray(input_labels_test)
                encode_decode = sess.run(y_pred, feed_dict = {X:batch_x})
                mean_error = tf.reduce_mean(abs(y_pred - batch_y))
                BER = 1-tf.reduce_mean(tf.reduce_mean(tf.to_float
(tf.equal(tf.sign(y_pred-0.5),
tf.cast(tf.sign(batch_y-0.5),tf.float32))),1))

                print("BER on test set ", BER.eval({X:batch_x}))
                batch_x = np.asarray(input_samples)
                batch_y = np.asarray(input_labels)
                encode_decode = sess.run(y_pred, feed_dict = {X:batch_x})
                mean_error = tf.reduce_mean(abs(y_pred - batch_y))
                BER = 1 - tf.reduce_mean(tf.reduce_ mean(tf.to_float
(tf.equal(tf.sign(y_pred-0.5),tf.cast(tf.sign(batch_y-0.5),tf. float32))),
1))
                print("BER on train set", BER.eval({X:batch_x}))
            if epoch % model_saving_step == 0:
                saving_name = config.Model_path + 'SNR_' + str(SNRdb)
+ '/DetectionModel_SNR_' + str(SNRdb) + '_Pilot_' + str(P) + '_epoch_'
+ str(epoch)
                saver.save(sess, saving_name)
        print("optimization finished")
```

7.2　ComNet OFDM 接收机

　　ComNet OFDM 接收机[2]是传统 OFDM 接收机算法与深度学习算法相结合的新型 OFDM 接收机。ComNet 接收机按照通信原有的接收机架构划分成信道估计模块和信号检测模块，在各模块中分别用深度学习网络来提升性能，而不是用深度学习架构替换整个接收机之后再引入通信知识。在本章节中，先介绍 ComNet OFDM 接收机的整体架构，再分别介绍信道估计模块和信号检测模块的设计，最后给出 ComNet OFDM 接收机的仿真性能和分析。

7.2.1　整体架构

　　由于 ComNet OFDM 接收机的架构与传统 OFDM 接收机中的算法有着紧密联系，因此先对传统 OFDM 传输链路进行描述。传统的 OFDM 传输链路如图 7.2 所示。在发送端，发送比特流 b 经过 QAM 调制得到调制符号，然后与收发端均已知的导频符号 x_p 组帧，通过 IFFT 进行 OFDM 调制，将串行符号流调制到多个子载波上得到并行符号，然后在每个 OFDM 符号开头加一段 CP 用来对抗信道多径效应造成的符号间干扰(inter-symbol interference，ISI)。发送端发送的时域信号经过信道到达接收端，信道通常是含有加性白高斯噪声(AWGN)的衰落信道。在接收端，传统的 OFDM 接收机通过模块化操作的方式得到发送比特的估计。接收到的时域信号先经过去 CP 得到没有循环前缀的接收信号，然后通过 FFT 进行 OFDM 解调，得到各个子载波上的频域符号流，包括接收的频域导频符号 y_P 和接收的频域数据符号 y_D，然后进行信道估计、信号检测和 QAM 解调等信号处理，恢复发送比特符号。

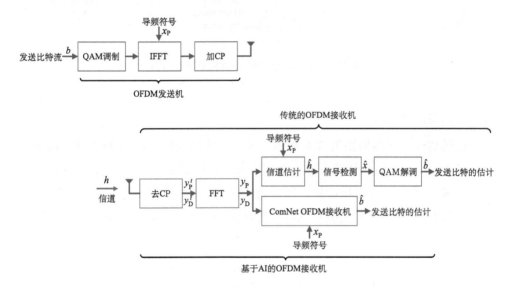

图 7.2　传统的 OFDM 传输链路图

ComNet OFDM 接收机的功能如图 7.2 中所示，它是用人工智能(AI)中的深度神经网络代替了传统 OFDM 接收机的信道估计、信号检测和 QAM 解调模块，由接收的频域导频符号 y_P 和接收的频域数据符号 y_D 作为输入，直接输出发送比特的估计。ComNet OFDM 接收机的架构如图 7.3 所示，ComNet OFDM 接收机沿用了传统 OFDM 接收机中的模块化信号处理方式，采用独立的信道估计子网和信号检测子网来对接收的频域信号进行处理，每个子网中均包含有深度神经网络。在信道估计子网中，ComNet OFDM 采用传统信道估计方法进行初始化，然后采用神经网络对传统信道估计结果进一步优化；在信号检测子网中，ComNet 首先采用传统 ZF 信号检测方法的结果作为网络输入，然后采用神经网络进一步优化。基于人工智能的 ComNet OFDM 接收机在使用前需要通过大量的数据对神经网络的参数进行训练。信道估计子网和信号检测子网在训练时不是采用端到端的监督学习训练方式，而是先对信道估计子网进行训练，训练好信道估计子网后便固定信道估计子网的参数，只对信号检测子网进行训练。

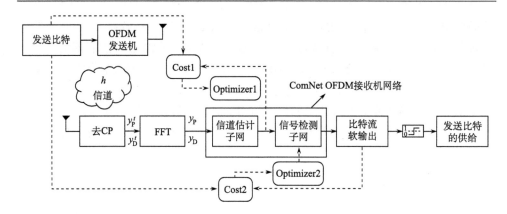

图 7.3　ComNet OFDM 接收机整体架构图

7.2.2　信道估计子网

信道估计子网结构如图 7.4 所示，输入接收的频域导频 y_P 和本地频域导频 x_P，先采用 LS 信道估计获得最小二乘信道估计结果 $\hat{h}_{LS}$。由于目前的深度学习系统框架大多只支持实数运算，所以将 $\hat{h}_{LS}$ 的实部和虚部串联后得到实数值的 LS 信道估计，再输入信道估计深度神经网络进一步优化，然后输出得到信道估计结果 $\hat{h}$。

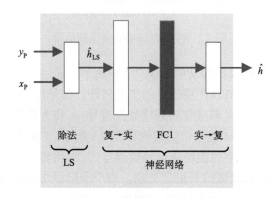

图 7.4　ComNet OFDM 接收机信道估计子网示意图

其中信道估计子网中深度神经网络采用一层的全连接网络 FC1，FC1 的乘性参数为 W，加性参数为 n，不采用任何激活函数，则该信道估计深度神经网络的输出为

$$\hat{h} = W \begin{bmatrix} \mathrm{Re}\{\hat{h}_{\mathrm{LS}}\} \\ \mathrm{Im}\{\hat{h}_{\mathrm{LS}}\} \end{bmatrix} + n \tag{7-4}$$

式中，$\mathrm{Re}\{\cdot\}$ 为取实部；$\mathrm{Im}\{\cdot\}$ 为取虚部。这与实数形式的 LMMSE 信道估计的计算公式类似，LMMSE 信道估计公式的实数形式为

$$\begin{bmatrix} \mathrm{Re}\{\hat{h}_{\mathrm{LMMSE}}\} \\ \mathrm{Im}\{\hat{h}_{\mathrm{LMMSE}}\} \end{bmatrix} = \begin{bmatrix} \mathrm{Re}\{W_{\mathrm{LMMSE}}\} & -\mathrm{Im}\{W_{\mathrm{LMMSE}}\} \\ \mathrm{Im}\{W_{\mathrm{LMMSE}}\} & \mathrm{Re}\{W_{\mathrm{LMMSE}}\} \end{bmatrix} \begin{bmatrix} \mathrm{Re}\{\hat{h}_{\mathrm{LS}}\} \\ \mathrm{Im}\{\hat{h}_{\mathrm{LS}}\} \end{bmatrix} \tag{7-5}$$

当将信道估计深度神经网络的乘性参数 W 初始化为权重矩阵 W_{LMMSE} 的实值矩阵 $\tilde{W}_{\mathrm{LMMSE}} = \begin{bmatrix} \mathrm{Re}\{W_{\mathrm{LMMSE}}\} & -\mathrm{Im}\{W_{\mathrm{LMMSE}}\} \\ \mathrm{Im}\{W_{\mathrm{LMMSE}}\} & \mathrm{Re}\{W_{\mathrm{LMMSE}}\} \end{bmatrix}$，加性参数 n 初始化全零时，网络输出的初始值即为 $\hat{h}_{\mathrm{LMMSE}}$ 的实部和虚部串联。对信道估计深度神经网络进行训练，即通过优化算法对网络参数 W 和 n 进行调整，从而不断缩小预测值 $\hat{h}$ 与真实信道 h 的差距，这里的差距用均方误差损失来衡量，即

$$\mathrm{Cost1} = \sum_{k=1}^{N} \left(h(k) - \hat{h}(k) \right)^2 \tag{7-6}$$

7.2.3　信号检测子网

信号检测子网整体框图如图 7.5 所示，输入接收的频域数据 y_{D} 和信道估计子网输出的信道估计结果 $\hat{h}$，采用 ZF 检测获得迫零均衡结果 $\hat{x}_{\mathrm{ZF}}$，将 $\hat{x}_{\mathrm{ZF}}$ 的实部和虚部串联，与信道估计结果 $\hat{h}$、接收信号 y_{D} 一起作为可选用的信息输入信号检测子网的神经网络，进一步优化。为了减少神经网络的参数量，将子载波平均分为 m 组，采用 m 个独立的模块（module）对各个子载波组的信号分别优化，各个模块独立并行训练和预测，每个模块将对所得深度神经网络输出与设定门限做硬判决并获取判决结果 $\hat{b}_1, \hat{b}_2, \cdots, \hat{b}_m$，将各个模块的输出串行拼接得到发送比特流的估计 $\hat{b}$。当信道状态变差或者变化过快时，采用传统的通信方法的支路将接收的频域导频符号 y_{P} 和接收端已知的导频符号 x_{P} 计算 LS 信道估计，将 LS 信道估计的结果和接收频域数据一起送入到 ZF 信号检测，然后再对 ZF 信号检测的结果进行 QAM 解调，得到准确性一般但稳定的发送比特流估计 $\hat{b}'$。

模块的网络结构可以根据当前 OFDM 系统所处的环境来决定。当 OFDM 系统不受非线性因素的影响时，采用如图 7.6(a) 所示的全连接型模块，其中的 FC2、FC3 均为全连接层；当 OFDM 系统受非线性因素的影响时，如去掉循环前缀或者限制峰均功率比（PAPR）大小时，可采用如图 7.6(b) 所示的双向长短时记忆循环神

经网络（BiLSTM）型模块，通过 BiLSTM 引入的时序间的关系克服非线性因素的影响。

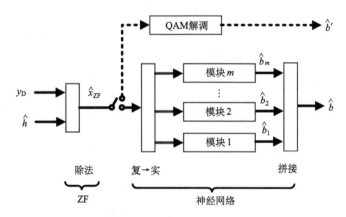

图 7.5　ComNet OFDM 接收机信号检测子网示意图

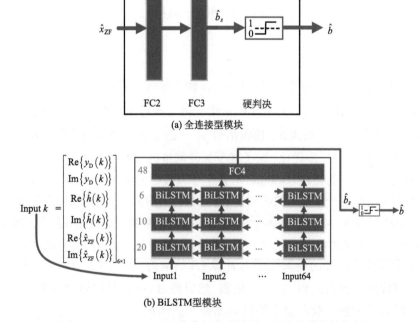

(a) 全连接型模块

(b) BiLSTM型模块

图 7.6　ComNet OFDM 接收机信号检测子网内的模块结构图

信号检测子网的各模块的非输出层采用的激活函数是 ReLu 函数，而输出层采用的激活函数是逻辑 Sigmoid 函数，在逻辑 Sigmoid 激活函数的作用下，信号检测深度神经网络的输出将落在连续区间 $[0,1]$ 内，从而得到软比特预测值 $\hat{b}_s$。以 0.5 为界限对信号检测深度神经网络的输出进行硬判决，可得到发送比特的估计。在训练时，对网络参数进行随机初始化，然后通过优化算法调整网络参数，从而不断缩小软比特预测值 $\hat{b}_s$ 与真实信道 b 的差距，这里的差距用均方误差损失来衡量，即

$$\text{Cost2} = \sum_{i=1}^{B} \left(b(i) - \hat{b}_s(i) \right)^2 \tag{7-7}$$

式中，B 是所要估计的比特数。

7.2.4　仿真代码

本实验程序建立在 Python3.5.2，Tensorflow1.1.0 的环境基础上，仿真前请注意环境是否兼容。以下为 QPSK 调制的 ComNet-FC 网络结构代码，子载波数为 64。

第一步：设置系统参数。

```python
# coding: UTF-8
# utils.py
import tensorflow as tf
import numpy as np
import csv
import  time
import os
from Channel import *
from utils import *
import scipy.io as sio
training_epochs = 20
display_step = 5
model_saving_step = 5
test_step = 20
examples_to_show = 10
# 训练参数
RMS=50
# 网络参数
n_input = 256  # MNIST data input (img shape: 28*28)
n_output = 16  # 4

def Modulation1(bits, mu):
    bit_r = bits.reshape((int(len(bits) / mu), mu))
    return (bit_r[:, 0]) + 1j * (bit_r[:, 1])
```

```
def Modulation(bits,mu):
    bit_r = bits.reshape((int(len(bits)/mu), mu))
    return (2*bit_r[:,0]-1)*0.7071+1j*(2*bit_r[:,1]-1)*0.7071
K = 64
CP = K//4
P = 64                                    #一个OFDM符号中的导频数
allCarriers = np.arange(K)
pilotCarriers = allCarriers
dataCarriers = []
mu = 2

payloadBits_per_OFDM = K*mu

SNRdb = 25  #信噪比
SNRtest=40
Clipping_Flag = False

load_data = sio.loadmat('RR64.mat')
W_lmmse_128_128 = load_data['Wlmmse']   #导入LMMSE权重矩阵
b_lmmse_1_128 = np.zeros([1,128])
# 训练参数
batch_size = 256
n_channel_input = 128
n_channel_hidden = 250
n_channel_output = 128
n_y_data_input = 128
n_output = 16
```

第二步：搭建 ComNet-FC 网络。

```
#  CE网络
W_channel = tf.Variable(initial_value=W_lmmse_128_128, trainable=
True, dtype=tf.float32,name="W_channel")
    b_channel = tf.Variable(initial_value=np.zeros([1,128],dtype=np.
float32),trainable=True, dtype=tf.float32,name="b_channel")
    layer_1 = tf.add(tf.matmul(CHANNEL_LS, W_channel), b_channel)
    channel_pred = tf.reshape(layer_1,[-1,n_channel_output])
    #定义损失函数和优化器
    cost1 = tf.reduce_mean(tf.pow(CHANNEL - channel_pred, 2))
    learning_rate1 = tf.placeholder(tf.float32, shape=[])
```

```
    optimizer1 = tf.train.AdamOptimizer(learning_rate=learning_rate1).
minimize(cost1)
    #####################training bits#######################
    channel_pred = tf.stop_gradient(channel_pred)
    H_real = channel_pred[:, :64]
    H_imag = channel_pred[:, 64:]
    channelest_output = tf.complex(H_real, H_imag)

    X_real = X[:, :64]
    X_imag = X[:, 64:]
    X_complex = tf.complex(X_real, X_imag)
    detector_input_complex = tf.divide(X_complex,channelest_output)
    detector_input = tf.concat([tf.real(detector_input_complex), tf.imag
(detector_input_complex)],1)

    #信号检测
    w1 = tf.Variable(np.random.randn(128,120)/np.sqrt(n_input/2), name=
"w1",dtype="float32")
    w2 = tf.Variable(np.random.randn(120,16)/np.sqrt(120/2), name="w2",
dtype="float32")
    b1 = tf.Variable(np.zeros(120,dtype="float32"), name="b1",dtype=
"float32")
    b2 = tf.Variable(np.zeros(16,dtype="float32"),name="b2",dtype=
"float32")
    layer_1 = tf.nn.relu(tf.add(tf.matmul(DNN_X, w1), b1))
    layer_4 = tf.nn.sigmoid(tf.add(tf.matmul(layer_1, w2), b2))

    y_pred = layer_4
    y_true = Y

    # 定义损失函数和优化器
    cost2 = tf.reduce_mean(tf.pow(y_true - y_pred, 2))
    learning_rate2 = tf.placeholder(tf.float32, shape=[])
    optimizer2 = tf.train.AdamOptimizer(learning_rate= learning_rate2).
minimize(cost2)
```

获取程序代码

7.3　仿真性能分析

7.3.1　仿真参数

系统设置和网络参数如下：采用子载波数为 64 的 SISO-OFDM 系统，帧结构为 2 个 OFDM 符号。第一个 OFDM 符号放置 64 个 QPSK 调制的导频符号，第二个 OFDM 符号放置 64 个 64-QAM 调制的数据符号，每个 OFDM 符号采用 16 个采样点的循环前缀。仿真的衰落信道与 2.1.3 节一致。信道估计网络中的 FC1 的神经元个数为 128，信号检测网络的 FC2、FC3、FC4 的神经元个数分别为 120、48、48。每个信道估计模块估计的是全部的 64 个子载波上的信道的实数值，每个信号检测网络检测的是 8 个连续子载波上的 8 个 64QAM 符号对应的 48bit。如果需要检测全部子载波上的比特，需要 8 个独立训练的信号检测网络，由于硬件资源有限，仿真结果仅呈现了一个信号检测网络的检测结果，也即前 48bit。

神经网络的训练过程如下：总体而言，先训练信道估计网络，当信道估计网络参数收敛后，采用 TensorFlow 中的 tf.stop_gradients 函数停止信道估计网络的参数更新；接下来利用训练好的信道估计网络进行正向预测得到信道估计值，然后只训练信号检测网络直至网络参数收敛。具体来说，对于信道估计网络，首先进行初始化，加性参数的初始值设置为维度为 128 的全零向量，乘性参数设置为维度为 128×128 的实值 LMMSE 信道估计权重矩阵，这个矩阵在 MATLAB 上预先计算得到，在 MATLAB 中计算该矩阵时采用 SNR=40dB。训练信道估计深度神经网络采用的优化器是适应性动量估计（adaptive moment estimation，ADMA）优化器，训练时采用小批量梯度下降，每轮内采用 50 个批量，每个批量的大小为 1000 条样本，一共训练 2000 轮，采用动态调整的学习速率，前 1000 轮学习速率为 0.001，后 1000 轮学习速率为 0.0001。对于信号检测网络，初始化采用 He 初始化，优化器也是 ADAM 优化器，训练时同样采用小批量梯度下降，每轮内采用 50 个批量，每个批量的大小为 1000 条样本，一共训练 5000 轮，采用动态调整的学习速率，初始学习速率设置为 0.001，每 2000 轮减小为当前的五分之一。所有网络在 SNR=40dB 下训练，在任意 SNR 下进行正向预测。

7.3.2　整体 ComNet OFDM 接收机的仿真性能

整体 ComNet OFDM 接收机在无非线性因素影响下的 BER 性能如图 7.7 所示。该图对比了传统的 LMMSE+MMSE 接收算法、基于 FC-DNN 的 OFDM 接收机和本书提出的 ComNet OFDM 接收机在 WINNER II 信道下的性能。其中，LMMSE+MMSE 表示采用 LMMSE 信道估计和 MMSE 信号检测；FC-DNN 表示文献[1]中数据驱动的 OFDM 接收机；ComNet-FC 表示信号检测模块采用 FC 模块的 ComNet OFDM 接收机；Y/H_true 表示接收信号和真实信道的比，可以达到 ML 接收机的性能，代表了最优接收性能。从图 7.7 中可以看出，为了达到 BER=10^{-3}，ComNet OFDM 接收机可以比 FC-DNN 和 LMMSE+MMSE 少需要 1dB 的 SNR，但离性能上限仍有 1dB SNR 的差距。

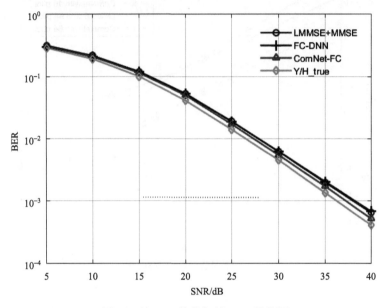

图 7.7　OFDM 接收机的 BER 性能图

　　另外，在实际的通信系统中，导频的摆放方式通常是梳状导频而非之前仿真中的块状导频，并且当 ComNet OFDM 接收机扩展到 ComNet MIMO-OFDM 接收机时，块状导频将浪费频谱资源，因此需要对 ComNet OFDM 接收机结构是否适应梳状导频进行仿真。当导频所在的 OFDM 符号只等间隔放置 16 个导频符号，而其他 48 个符号均放置数据符号时，在这种梳状导频下，ComNet OFDM 接收机的信道估计子网性能和整体接收机性能如图 7.8(a) 和图 7.8(b) 所示。从图 7.8(a) 中可以看出，当采用梳状导频时，信道估计子网的 MSE 性能比采用块状导频时损失约 7dB，这是因为此时没有摆放导频的子载波上的信道估计值须通过扩充的方式得到，就不如块状导频各子载波的信道值均由相应的导频估计得到来得精确。但同时可以看到，采用梳状导频给传统的 LMMSE 信道估计比采用块状导频时带来的损失比信道估计子网的要大，这说明 ComNet OFDM 接收机架构的信道估计子网对梳状导频的适应性比传统的 LMMSE 信道估计方法要好。从图 7.8(b) 中可以看出，采用块状导频后 ComNet OFDM 接收机、FC-DNN 接收机和 LMMSE 接收机的 BER 性能都有所损失，但 ComNet OFDM 接收机的性能仍为最佳。这可能是因为 ComNet OFDM 接收机在经过大量训练数据的学习后，其网络参数能够对梳状导频的系统有更好的泛化性。

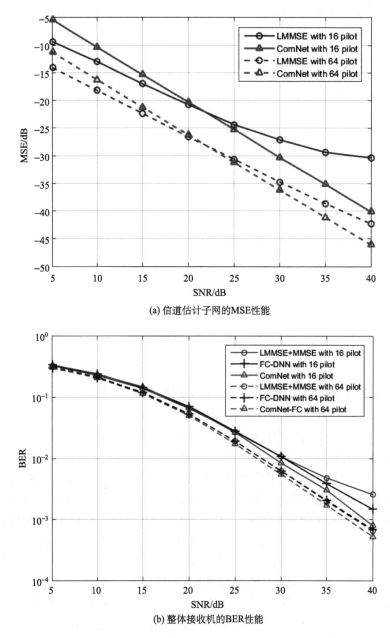

(a) 信道估计子网的MSE性能

(b) 整体接收机的BER性能

图 7.8　OFDM 接收机在不同导频放置方式下的仿真性能对比图

网络在训练时需要提前准备好一定 SNR 下的训练数据，而网络可能会在任意 SNR 时应用，所以在一个 SNR 值下训练好的网络需要具备对所有 SNR 场景的泛化能力。训练噪声为 40dB，而测试 SNR 不为 40dB 时，OFDM 接收机依然具有不错的性能，因此 OFDM 接收机对测试 SNR 与训练 SNR 不匹配的情况具有泛化性。

7.4　本　章　小　结

本章对人工智能辅助的 OFDM 接收机进行介绍，主要包括 FC-DNN OFDM 接收机和 ComNet OFDM 接收机。对于数据驱动的 FC-DNN 接收机，先介绍了 FC-DNN OFDM 接收机的系统架构，再介绍了模型训练的过程，最后给出 FC-DNN OFDM 接收机的仿真代码。对于数据模型双驱动的 ComNet OFDM 接收机，分别从整体架构、信道估计子网和信号检测子网对其进行详细介绍。仿真实验证实了信道估计子网相对于传统 LS、LMMSE 信道估计算法的优越性，以及整体的 ComNet OFDM 接收机相对于传统算法和 FC-DNN 接收机 BER 的提升，另外还仿真得到 ComNet OFDM 接收机对于更换训练信道、减少导频摆放的鲁棒性。

参 考 文 献

[1]　Ye H, Li G Y, Juang B. Power of deep learning for channel estimation and signal detection in OFDM systems. IEEE Wireless Communications Letters, 2018,7(1): 114-117.

[2]　Gao X, Jin S, Wen C K, et al. ComNet: Combination of deep learning and expert knowledge in OFDM receivers. IEEE Communications Letters, 2018,22(12): 2627-2630.

[3]　Kyosti P. IST-4-027756 WINNER II D1.1.2 v.1.1: WINNER II Channel Models. http://www.ist-winner.org, 2007.

第8章 CSI 反馈及信道重建——CsiNet

在频分双工(frequency-division duplexing，FDD)模式，下行信道的信道状态信息(channel state information，CSI)通过反馈链路发送至基站，以获得大规模 MIMO 可能带来的增益。但过度的反馈开销会阻碍这种传输。本章介绍利用深度学习的 CSI 压缩和还原机制——CsiNet。CsiNet 可学会从训练样本中有效地利用信道结构，并通过卷积神经网络实现将 CSI 转换为码字，以及由码字重建 CSI 的逆变换，其概念类似深度学习中的自动编码器(autoencoder)。本章还利用实验来诠释 CsiNet 如何重建 CSI，并与基于压缩感知的方法进行比较，揭示 CsiNet 的重建质量得到显著的提高，即使在传统压缩感知算法不能发挥作用的低压缩率下，CsiNet 仍保持有效的波束成形增益。

本章总共包含 6 个部分，第一部分说明研究背景；第二部分介绍涉及的部分知识的基本原理；第三部分介绍基于 DL 的 CSI 反馈——CsiNet；第四部分说明算法的仿真实验结果与分析；第五部分为扩展阅读，介绍基于 DL 的时变 CSI 反馈——CsiNet-LSTM；第六部分为本章小结。

8.1 CSI 反馈背景知识

大规模 MIMO(massive multiple-input multiple-output，massive MIMO)系统被广泛认为是 5G 无线通信系统的一种主要技术。这种系统通过给基站配置数百甚至数千根天线组成天线阵列，可以大幅减少多用户干扰，从而在相同的时频资源块上同时服务多个用户，并提供成倍增加的蜂窝小区吞吐量。然而，上述潜在的好处主要是通过利用在基站侧的 CSI 获得的。时分双工(time-division duplexing，TDD)技术虽可从上行链路获得 CSI，但需要复杂的校准过程，而频分双工(FDD)技术则是完全需要通过反馈获得 CSI。在当前的 FDD 大规模 MIMO 系统中，在训练期间，用户设备(user equipment，UE)作为接收端获取下行链路的 CSI，并通过反馈链路将 CSI 返回给基站(base station，BS)。如果需要将完整的 CSI 回传至 BS，必须付出相当的代价以传送信息，所以通常会采用矢量量化或编码的方法来减少反馈开销。然而，这些方法产生的反馈开销仍然与发射天线的数量成线性关系，这使得无法在需要大量数目天线的大规模 MIMO 系统下实现。

为了减少大规模 MIMO 系统中 CSI 的反馈开销，目前已有许多学者对此进行了大量的研究。这些研究主要集中在利用 CSI 在空间和时间上的相关性来减少反馈开销。特别地，如果在某些基底上，具有相关性的 CSI 可以转化为一个不相关的稀疏向量，则可以使用压缩感知(compressive sensing, CS)方法从一个欠确定的线性系统中获得一个稀疏向量的足够精确的估计。但是，基于 CS 的方法中主要存在 3 个问题。

(1) CS 算法都严重依赖于信道在某些基上是稀疏矩阵的假设。然而实际上，信道在任何基上都不完全稀疏，甚至可能没有可说明的结构；

(2) CS 的压缩方式是使用随机投影，没有充分利用信道结构特征；

(3) 现有的 CS 重构算法是一种迭代算法，造成系统复杂度上升而降低执行的时效，重构速度较慢。

本章介绍一种基于深度学习(deep learning, DL)的方法，用以解决上述问题。DL 试图通过训练具有大量训练样本的大型多层神经网络，模仿人类大脑完成特定任务。利用 DL 不仅可以用极低的时间复杂度将 CSI 还原，还可以在不是稀疏状态的情况下将 CSI 压缩。

8.2　基　本　原　理

8.2.1　系统模型

在 FDD 大规模 MIMO 系统下，考虑一个简单的单一蜂窝下行链路，其中基站(BS)有 $N_t \gg 1$ 个发射天线，用户设备(UE)只有单一接收天线。因为这个系统是利用 OFDM 的技术，因此可以假设有 $\tilde{N}_c$ 个子载波，第 n 个子载波处接收到的信号可以表示为：

$$y_n = \tilde{h}_n^H v_n x_n + z_n \tag{8-1}$$

式中，$\tilde{h}_n \in \mathbb{C}^{N_t \times 1}$，$v_n \in \mathbb{C}^{N_t \times 1}$，$x_n \in \mathbb{C}$，$z_n \in \mathbb{C}$ 分别表示信道向量、预编码向量、传送数据的符元和第 n 个子载波的加性白高斯噪声。

而 UE 通过反馈链路返回的信道状态信息为所有子载波的信道向量 $\tilde{h}_n$ 堆栈后，形成以空间-频率域为基的信道状态信息，其表示如下

$$\tilde{H} = \left[\tilde{h}_1 \cdots \tilde{h}_{\tilde{N}_c} \right]^H \tag{8-2}$$

式中，$\tilde{H} \in \mathbb{C}^{\tilde{N}_c \times N_t}$。基站一旦接收到反馈的信道 $\tilde{H}$，就可以设计预编码向量 $\{v_n, n = 1, \cdots, \tilde{N}_c\}$，以此补偿信道状态的问题。然而，在 FDD 系统中，反馈链路所能回传的信息量是有限的，所以将反馈参数的总数为 $\tilde{N}_c N_t$ 的信道状态信息完整地回传给 BS 是不可能的。尽管下行信道估计是具有挑战性的，但是这个主题不在本节的讨论范围。假设完整的 CSI 是通过基于导频的训练获得的，并将重点放在反馈机制上。

为了产生接近实际的信道信息，通过 COST 2100 信道模型[1]产生信道 $\tilde{H}$，并且为了减少反馈开销，使用二维离散傅里叶变换(discrete Fourier transform，DFT)，将原先在空间-频率域的信道转换到角度-时间延迟域，得到稀疏矩阵，表示如下：

$$H = F_d \tilde{H} F_a^H \tag{8-3}$$

式中，F_d 和 F_a 分别是 $\tilde{N}_c \times \tilde{N}_c$ 和 $N_t \times N_t$ 的 DFT 矩阵。在时间延迟域中，由于多路径到达之间的时间延迟是在一定的时间段内，所以不需要稀疏的信道矩阵 H 上所有的时间点，可以只保留前 N_c 的时间点并删除剩下空白的时间点。为了方便阅读，下面使用标记 H 表示 $N_c \times N_t$ 的截断矩阵。虽然反馈参数的总数可以减少为 $N = 2N_c N_t$，但在大规模 MIMO 系统中仍然是一个很大的数目。

因此，主要目的是设计编码器(encoder)，将原先是 N 维的信道矩阵转换为 M 维的码字：

$$s = f_{en}(H) \tag{8-4}$$

此时，称 $\gamma = M/N$ 为数据压缩率，$M < N$。此外，还设计将码字还原为原始信道矩阵的逆变换，即译码器(decoder)：

$$H = f_{de}(s) \tag{8-5}$$

综上，CSI 反馈机制如图 8.1 所示。一旦信道矩阵 H 在 UE 端被接收，通过式(8-3)进行二维 DFT 获得截断矩阵 H，然后使用编码器式(8-4)来生成一个码字 s。接着，码字 s 被回传到发送端 BS，BS 接收到码字 s 后，用译码器式(8-5)来获得在角度-时间延迟域的信道信息 H。最后通过逆 DFT 变换可以得到空间-频率域中的最终信道矩阵。

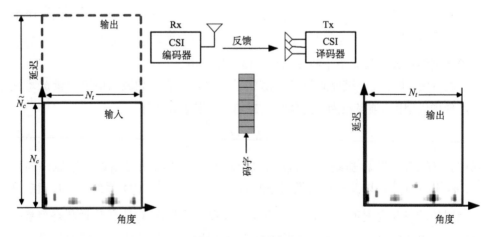

图 8.1　CSI 反馈机制

8.2.2　压缩感知

压缩感知(compressive sensing，CS)，又称压缩采样、压缩传感。作为一个新的采样理论，它通过开发信号的稀疏特性，在远小于 Nyquist 采样率的条件下，用随机采样获取信号的离散样本，然后通过非线性重算法完美地重建信号。压缩感知理论主要涉及 3 个方面，即信号的稀疏表示、观测矩阵的设计和信号重构。压缩感知理论指出只要信号是稀疏的，就可以用高斯分布的矩阵将原先高维度的信号投影到低维度的空间，然后通过不同的算法，从少量的投影量中重建出原始信号。当 CSI 已经通过转换基形成稀疏矩阵后，就可以用高斯分布的随机矩阵当作编码端将稀疏矩阵压缩成码字，并利用基于 CS 的算法作为译码端将压缩后的码字还原。因此激发了以 CS[2]和分布式压缩信道估计[3]为理念的 CSI 反馈协议的建立。压缩感知理论中提出了几种算法，包括 LASSO[4]和 AMP[5]，但是这些算法却难以恢复已压缩的信道，原因有 3 点：第一，这些算法的先验概率只是简单地被假设为稀疏的；第二，信道矩阵并不是完全的稀疏矩阵，而是近似稀疏；第三，信道矩阵大多数相邻的元素之间的变化是有关系的。由以上 3 点可以知道，对先验概率的假设是极为复杂的。虽然已有研究利用更精细的先验概率设计出高级算法以重建信号，例如，TVAL3[6]和 BM3D-AMP[7]，但这些算法对重建 CSI 的结果并没有明显地提升，因为人工的先验概率依然无法符合信号复杂的模型。

8.2.3　自动编码器

自动编码器(autoencoder)是一种可实现数据压缩和解压缩的神经网络模型，属于无监督学习。它首先学习到输入数据的隐含特征，形成稀疏的高阶特征码字，此过程称为编码(encode)，然后用学习到的新特征重构出原始输入数据，此过程称之为解码(decode)。自动编码器可以用于特征降维，类似主成分分析 PCA，但是与 PCA 相比，其性能更强，这是由于神经网络可以提取更有效的新特征。

自动编码器的基本结构如图 8.2 所示，包括编码和译码两个过程。

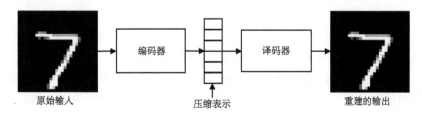

图 8.2　自动编码器结构图

将神经网络的隐藏层看成是一个编码器和译码器，输入数据经过隐藏层的编码和译码到达输出层时，确保输出的结果尽量与输入数据保持一致。该神经网络的训练最终实现了将输入复制到输出的功能。

8.3　基于深度学习的 CSI 反馈

8.3.1　基于深度学习的反馈机制

1943 年，心理学家 W.S.McCullocH 和数理逻辑学家 W.Pitts 建立了神经网络和数学模型，从而开创了神经网络研究的时代。人工神经网络(artificial neural networks，ANN)是一种模仿动物神经网络行为特征，进行分布式并行信息处理的算法数学模型。这种网络依靠系统的复杂程度，通过调整内部大量节点之间相互连接的关系，从而达到处理信息的目的，并具有自学习和自我调整的能力。深度学习的概念源于人工神经网络的研究，由 Hinton 等于 2006 年提出。深度学习通过组合低层特征形成更加抽象的高层，表示属性类别或特征，以发现数据的分布式特征表示，在图像、语音识别等应用方面受到重视。随着各式各样应用的蓬勃发展，除了传统的资料分类和回归分析外，深度学习还可以应用在降低维度上，本节正是利用了其在降维上的这一应用。

本节所开发的 CSI 感知(或编码器)和重建(或译码器)网络，以后称为 CsiNet[8]。事实上，CsiNet 与深度学习里的自动编码器(autoencoder)是密切相关的，它用于学习一组数据的表示(编码)，通常用于降维。人们提出了几种深度学习架构来重建压缩感知(CS)测量的自然图像，尽管深度学习在自然图像重建方面展示了最先进的性能，但是深度学习是否也能在无线信道重建上展现它的能力还是不清楚的，因为这个重建比图像重建要更加复杂。文献[8]是首次提出一种基于深度学习的减少反馈开销的 CSI 还原方法，与其最相关的工作出现在文献[9]中，但未考虑 CSI 重建，仅将基于深度学习的 CSI 编码用在一个闭合回路的 MIMO 系统里。CsiNet 与现有基于 CS 的方法相比，通过深度学习可以显著提高 CSI 的重建质量，即使在压缩率过低的情况下进行重建，也能保留足够的信息，从而获得有效的波束成形增益。CsiNet 具有的优势如下。

1. 编码器

CsiNet 的编码器不像压缩感知算法那样使用随机投影，而是通过训练数据的学习，将原始信道矩阵转换成压缩表示(码字)。因此，该算法不依赖于人类对信道分布的已有知识，而是直接从训练数据中学习如何有效利用信道结构。

2. 译码器

CsiNet 的译码器是通过学习，实现将码字重建为原始信道矩阵的逆变换。与压缩感知所需要的迭代算法相比，CsiNet 的逆变换是不需要迭代的，因此比迭代算法快几个数量级，时间复杂度远小于压缩感知的时间复杂度。

8.3.2　信道状态信息反馈网络（CsiNet）结构

在 CsiNet[8]的结构中，利用了卷积神经网络（convolutional neural networks，CNN）作为编码器和译码器。卷积神经网络可以通过在相邻层的神经元之间，连接空间局部特征（feature），以此找出覆盖范围内元素之间的相关性。

本节中提到的基于深度学习的 CsiNet 的编码器与译码器的结构如图 8.3 所示。编码器的输入就是图 8.1 中所产生的截断矩阵 H，由于 H 是复数矩阵，所以将其分为实部和虚部两层作为输入。编码器的第一层是一个卷积层，使用维数为 3×3 的核（kernel）产生两个特征图。在卷积层后，将特征图改变维度形成一个向量，并使用一个全连接层来生成码字 s，它是一个大小为 M 的实值向量。上述两层充当编码器，试图仿真 CS 的随机投影，充当编码器。然而，与 CS 中的随机投影不同，CsiNet 的编码器试图提取信道矩阵的特征值作为码字。

一旦在发射端获得码字 s，使用许多层的 CNN（作为译码器）将其映射回信道矩阵 H。译码器的第一层是一个全连接层，将接收到的 M 维码字 s 作为其输入，将输出两层维度大小为 $N_c \times N_t$ 的矩阵，作为 H 实部和虚部的初始估计值。然后将初始估计值输入几个"RefineNet 单元"中，这些单元不断地改善重建的信道矩阵。如图 8.3(b)所示，每个 RefineNet 单元由 4 层 CNN 组成。在 RefineNet 单元中，第一层是输入层，所有剩下的 3 层都是使用 3×3 的核来生成特征图。第二层和第三层生成 8 个特征图和 16 个特征图。在第四层用与信道矩阵 H 相同层数的特征图个数，并利用适当的补零（zero padding），使得每一层的大小皆维持相同大小 $(N_c \times N_t)$ 的矩阵。采用校正后的线性单元 ReLu：

$$\text{ReLu}(x) = \max(x, 0) \tag{8-6}$$

作为每一层神经元的激活函数，而为了使 CsiNet 可以更容易地被训练，将会在 ReLu 函数之前对每一层进行批标准化。

RefineNet 单元的两个主要特征如下：首先，RefineNet 单元的输出大小与信道矩阵的大小相同，这个概念的灵感来源于文献[10,11]。为了降低维度，几乎所有传统的 CNN 架构中都会加入池化层，这是一种降采样的形式。与传统的架构不同的是，加入 RefineNet 单元是为了改善重建的信道而不是降维。其次，在 RefineNet 单元中，引入了直接将数据流传递给后续层的快捷连接，即直接将第一层的数据与最后一层相加后再输出，该方法的灵感来源于深度残差网络（deep residual network）[12,13]，它避免了多次迭加非线性的激励函数所导致的梯度消失问题。

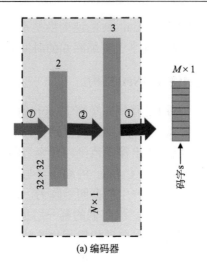

(a) 编码器

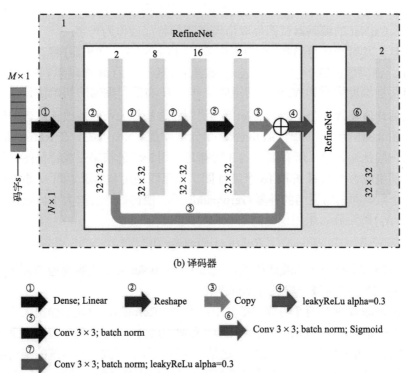

(b) 译码器

图 8.3　基于深度学习的 CsiNet 结构

　　实验表明，两层 RefineNet 单元具有良好的性能。进一步增加 RefineNet 单元并不能显著提高重建质量，但会增加计算复杂性。当信道初始估计矩阵被一系列 RefineNet 单元改善后，信道矩阵会被输入到最后一层的 CNN，这一层的激励函数是使用 Sigmoid 函数，其函数所输出的值将会缩放到[0,1]范围内。值得注意的是，输入的信道矩阵会经过归一化，也就是说其元素范围也会在[0,1]之间。

为了训练 CsiNet，对编码器和译码器的所有的核和偏差值做端到端(end-to-end)的学习，将所有训练的参数表设为 $\Theta = \{\Theta_{en}, \Theta_{de}\}$。当输入至 CsiNet 的信道矩阵是 H_i 时，那么第 i 个重建信道矩阵可以表示为：

$$\hat{H}_i = f(H_i; \Theta) = f_{de}(f_{en}(H_i; \Theta_{en}); \Theta_{de}) \tag{8-7}$$

与自编码器类似，CsiNet 是一种无监督学习算法(unsupervised learning algorithm，ULA)。其训练的参数由 ADAM 算法进行优化。而损失函数是用均方误差(mean squared error, MSE)，计算方法如下：

$$L(\Theta) = \frac{1}{T} \sum_{i=1}^{T} \left\| f(s_i; \Theta) - H_i \right\|_2^2 \tag{8-8}$$

式中，范数 $\|\cdot\|_2$ 表示欧几里得范数(Euclidean norm)；T 表示训练的样本总数。

8.4　实验结果与分析

8.4.1　实验数据生成

为了生成训练和测试样本，通过 COST 2100 信道模型[1]产生两种场景下的信道矩阵，分别为：①5.3GHz 频段的室内微蜂窝场景；②300MHz 频段的室外乡村场景。所有参数都遵循文献[1]中的默认设置。

在这两个场景下，基站和用户端所在的位置如图 8.4 所示，基站位于正方形区域的中心，在室内的场景中，用户端会随机放置在距离 10m 的正方形区域内；在室外的场景中，用户端会随机放置在距离为 80～200m 的区域内。在基站处设置具有 $N_t = 32$ 个天线的均匀线性数组(uniform linear array，ULA)，在用户端使用单一天线，并假设有 $N_c = 1024$ 个子载波。将信道矩阵通过二维 FFT 转换至角度-时间延迟域后，只保留前 32 行的截断信道矩阵，形成一个大小为 32×32 的 H。利用上述方式，产生的训练集、验证集和测试集分别包含 100000、30000、20000 个样本。所有测试样本不包括在训练和验证样本中。此架构中所有的参数集皆是使用 Glorot 均匀分布初始化(Glorot uniform initialization)，并在每一期(epochs)中选择用验证样本中所得到的损失最小的参数集，其中设置期的大小为 1000、学习速率为 0.001 和批大小为 200。

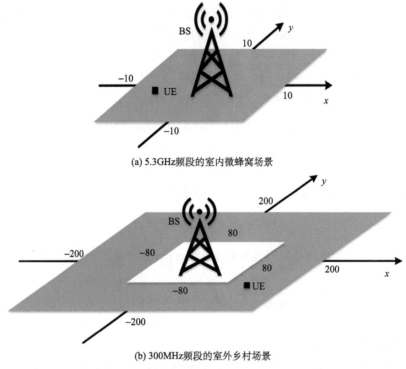

(a) 5.3GHz频段的室内微蜂窝场景

(b) 300MHz频段的室外乡村场景

图 8.4　基站与用户端位置示意图(单位：m)

8.4.2　实验程序

第一步：导入需要的库并初始化计算图。

```
#导入库
import tensorflow as tf
from keras.layers import Input, Dense, BatchNormalization, Reshape,
Conv2D, add, LeakyReLU
from keras.models import Model
from keras.callbacks import TensorBoard, Callback
import scipy.io as sio
import numpy as np
import math
import time
tf.reset_default_graph()
```

第二步：首先确定要仿真的场景(室内/室外)，然后设置信道矩阵的维度为 $32 \times 32 \times 2$，其中层数 2 指的是信道矩阵的实部和虚部，最后设置后面将提到的残差网络和编码器的维度为 2。

```
#设置参数
envir = 'indoor' #'indoor' or 'outdoor'
# 设置信道矩阵参数
img_height = 32
img_width = 32
img_channels = 2
img_total = img_height*img_width*img_channels
# 设置网络参数
residual_num = 2
encoded_dim = 512   #compress rate=1/4->dim.=512, compress rate=
1/16->dim.=128, compress rate=1/32->dim.=64, compress rate=1/64-> dim.
=32
```

第三步：搭建 CsiNet 的自动编码器模型。先定义一个残差网络，再定义其中各层的卷积神经网络和激励函数。

```
# 搭建CsiNet的自动编码器模型
def residual_network(x, residual_num, encoded_dim):
    def add_common_layers(y):
        y = BatchNormalization()(y)
        y = LeakyReLU()(y)
        return y
    def residual_block_decoded(y):
        shortcut = y
        y = Conv2D(8, kernel_size=(3, 3), padding='same', data_format
='channels_first')(y)
        y = add_common_layers(y)
        y = Conv2D(16, kernel_size=(3, 3), padding='same', data_format
='channels_first')(y)
        y = add_common_layers(y)
        y = Conv2D(2, kernel_size=(3, 3), padding='same', data_format
='channels_first')(y)
        y = BatchNormalization()(y)
        y = add([shortcut, y])
        y = LeakyReLU()(y)
        return y
    x = Conv2D(2, (3, 3), padding='same', data_format="channels first")
(x)
    x = add_common_layers(x)
```

```
    x = Reshape((img_total,))(x)
    encoded = Dense(encoded_dim, activation='linear')(x)
    x = Dense(img_total, activation='linear')(encoded)
    x = Reshape((img_channels, img_height, img_width,))(x)
    for i in range(residual_num):
        x = residual_block_decoded(x)
    x = Conv2D(2, (3, 3), activation='sigmoid', padding='same',
data_format="channels_first")(x)
    return x
    image_tensor = Input(shape=(img_channels, img_height, img_width))
    network_output = residual_network(image_tensor, residual_num, encoded_
dim)
    autoencoder = Model(inputs=[image_tensor], outputs=[network_output])
    autoencoder.compile(optimizer='adam', loss='mse')
    print(autoencoder.summary())
```

第四步：根据场景为室内/室外，导入数据。

```
#导入数据
if envir == 'indoor':
    mat = sio.loadmat('data/DATA_Htrainin.mat')
    x_train = mat['HT'] # array
    mat = sio.loadmat('data/DATA_Hvalin.mat')
    x_val = mat['HT'] # array
    mat = sio.loadmat('data/DATA_Htestin.mat')
    x_test = mat['HT'] # array
elif envir == 'outdoor':
    mat = sio.loadmat('data/DATA_Htrainout.mat')
    x_train = mat['HT'] # array
    mat = sio.loadmat('data/DATA_Hvalout.mat')
    x_val = mat['HT'] # array
    mat = sio.loadmat('data/DATA_Htestout.mat')
    x_test = mat['HT'] # array
x_train = x_train.astype('float32')
x_val = x_val.astype('float32')
x_test = x_test.astype('float32')
x_train = np.reshape(x_train, (len(x_train), img_channels, img_height,
img_width)) # adapt this if using `channels_first` image data format
    x_val = np.reshape(x_val, (len(x_val), img_channels, img_height,
img_width)) # adapt this if using `channels_first` image data format
```

```
x_test = np.reshape(x_test, (len(x_test), img_channels, img_height,
img_width))  # adapt this if using `channels_first` image data format
```

第五步：自定义回调函数，训练自动编码器模型并记录训练集损失和验证集损失。

```
#自定义回调函数，训练自动编码器模型并记录损失历史
class LossHistory(Callback):
    def on_train_begin(self, logs={}):
        self.losses_train = []
        self.losses_val = []
    def on_batch_end(self, batch, logs={}):
        self.losses_train.append(logs.get('loss'))
    def on_epoch_end(self, epoch, logs={}):
        self.losses_val.append(logs.get('val_loss'))
history = LossHistory()
file = 'CsiNet_' + (envir) + '_dim'+str(encoded_dim) + time.strftime
('_%m_%d')
    path = 'result/TensorBoard_%s' %file
    autoencoder.fit(x_train, x_train,
                epochs=1000,
                batch_size=200,
                shuffle=True,
                validation_data=(x_val, x_val),
                callbacks=[history, TensorBoard(log_dir = path)])
filename = 'result/trainloss_%s.csv'%file
loss_history = np.array(history.losses_train)
np.savetxt(filename, loss_history, delimiter=",")
filename = 'result/valloss_%s.csv'%file
loss_history = np.array(history.losses_val)
np.savetxt(filename, loss_history, delimiter=",")
```

第六步：在测试集上训练并记录时间。

```
#在测试集上训练并记录时间
tStart = time.time()
x_hat = autoencoder.predict(x_test)
tEnd = time.time()
print ("It cost %f sec" % ((tEnd - tStart)/x_test.shape[0]))
```

第七步：计算 NMSE 和 ρ，并显示（NMSE 和 ρ 的具体解释参见下文）。

```python
#计算NMSE和rho(用rho表示 ρ )
tStart = time.time()
if envir == 'indoor':
    mat = sio.loadmat('data/DATA_HtestFin_all.mat')
    X_test = mat['HF_all']# array
elif envir == 'outdoor':
    mat = sio.loadmat('data/DATA_HtestFout_all.mat')
    X_test = mat['HF_all']# array
X_test = np.reshape(X_test, (len(X_test), img_height, 125))
x_test_real = np.reshape(x_test[:, 0, :, :], (len(x_test), -1))
x_test_imag = np.reshape(x_test[:, 1, :, :], (len(x_test), -1))
x_test_C = x_test_real-0.5 + 1j*(x_test_imag-0.5)
x_hat_real = np.reshape(x_hat[:, 0, :, :], (len(x_hat), -1))
x_hat_imag = np.reshape(x_hat[:, 1, :, :], (len(x_hat), -1))
x_hat_C = x_hat_real-0.5 + 1j*(x_hat_imag-0.5)
x_hat_F = np.reshape(x_hat_C, (len(x_hat_C), img_height, img_width))
X_hat = np.fft.fft(np.concatenate((x_hat_F, np.zeros((len(x_hat_C),
img_height, 257-img_width))), axis=2), axis=2)
X_hat = X_hat[:, :, 0:125]
n1 = np.sqrt(np.sum(np.conj(X_test)*X_test, axis=1))
n1 = n1.astype('float64')
n2 = np.sqrt(np.sum(np.conj(X_hat)*X_hat, axis=1))
n2 = n2.astype('float64')
aa = abs(np.sum(np.conj(X_test)*X_hat, axis=1))
rho = np.mean(aa/(n1*n2), axis=1)
X_hat = np.reshape(X_hat, (len(X_hat), -1))
X_test = np.reshape(X_test, (len(X_test), -1))
power = np.sum(abs(x_test_C)**2, axis=1)
power_d = np.sum(abs(X_hat)**2, axis=1)
mse = np.sum(abs(x_test_C-x_hat_C)**2, axis=1)
print("In "+envir+" environment")
print("When dimension is", encoded_dim)
print("NMSE is ", 10*math.log10(np.mean(mse/power)))
print("Correlation is ", np.mean(rho))
filename = "result/decoded_%s.csv"%file
x_hat1 = np.reshape(x_hat, (len(x_hat), -1))
np.savetxt(filename, x_hat1, delimiter=",")
filename = "result/rho_%s.csv"%file
np.savetxt(filename, rho, delimiter=",")
```

第八步：用伪灰度图表示信道矩阵，对比原始信道与重建信道。

```
#用伪灰度图表示信道矩阵，对比原始信道与重建信道
tStart = time.time()
mport matplotlib.pyplot as plt
'''abs'''
n = 10
plt.figure(figsize=(20, 4))
for i in range(n):
    # 原始信道图标
    ax = plt.subplot(2, n, i + 1 )
    x_testplo = abs(x_test[i, 0, :, :]-0.5 + 1j*(x_test[i, 1, :,  :]
-0.5))
    plt.imshow(np.max(np.max(x_testplo))-x_testplo.T)
    plt.gray()
    ax.get_xaxis().set_visible(False)
    ax.get_yaxis().set_visible(False)
    ax.invert_yaxis()
    # 重建信道图标
    ax = plt.subplot(2, n, i + 1 + n)
    decoded_imgsplo=abs(x_hat[i,0,:,:]-0.5+1j*(x_hat[i, 1,:,:]-0.5))
    plt.imshow(np.max(np.max(decoded_imgsplo))-decoded_imgsplo.T)
    plt.gray()
    ax.get_xaxis().set_visible(False)
    ax.get_yaxis().set_visible(False)
    ax.invert_yaxis()
plt.show()
```

第九步：保存训练好的模型。

```
#保存训练好的模型
model_json = autoencoder.to_json()
outfile = "result/model_%s.json"%file
with open(outfile, "w") as json_file:
    json_file.write(model_json) # 将权重输出到HDF5
outfile = "result/model_%s.h5"%file
autoencoder.save_weights(outfile)
```

8.4.3　实验仿真结果

将深度学习的架构 CsiNet 与三种最先进的基于 CS 的方法进行比较，即 LASSO[4]、TVAL3[6] 和 BM3D-AMP[7]。在所有的数据中，假设 LASSO 的最优正则化参数是预先给出的。在这些算法中，LASSO 的先验概率是仅考虑了最简单的稀疏特性，因此，LASSO 是解决 CS 问题最基本的算法；TVAL3 是一种非常快速且重建质量良好的重构算法，考虑了更加复杂的先验；BM3D-AMP 是自然图像压缩重建中最精确的算法。本节还提供了 CS-CsiNet 的结果来做比较，CS-CsiNet 是将信道矩阵经由高斯分布的随机矩阵当做编码器(CS 问题中的编码方式)，译码器是使用深度学习的方式，且架构与 CsiNet 译码器相同。

重建的信道矩阵 $\hat{H}$ 与原信道矩阵 H 之间通过归一化均方误差(normalized mean squared error，NMSE)来比较差异，其定义如下：

$$\text{NMSE} = E\left\{\frac{\left\|H - \hat{H}\right\|_2^2}{\left\|H\right\|_2^2}\right\} \tag{8-9}$$

另外，反馈的 CSI 矩阵也可作为波束成形向量(beamforming vector)。波束成形向量可以表示为：

$$v_n = \frac{\hat{\tilde{h}}_n}{\left\|\hat{\tilde{h}}_n\right\|_2} \tag{8-10}$$

式中，$\hat{\tilde{h}}_n$ 表示第 n 个子载波的重建信道向量，则在 UE 端可得到等价信道 $\hat{\tilde{h}}_n^H \tilde{h}_n / \left\|\hat{\tilde{h}}_n\right\|_2$。

为了测量波束成形向量的性能，考虑使用余弦相似度，如下式所示：

$$\rho = E\left\{\frac{1}{\tilde{N}_c}\sum_{n=1}^{\tilde{N}_c}\frac{\left|\hat{\tilde{h}}_n^H \tilde{h}_n\right|}{\left\|\hat{\tilde{h}}_n\right\|_2 \left\|\tilde{h}_n\right\|_2}\right\} \tag{8-11}$$

值得注意的是，当得到深度学习输出的结果后，会将结果恢复到原始的水平，并且转换为复数信号，再以 NMSE 和 ρ 计算其结果。

1. 基于 CS 与 CsiNet 算法的重建质量与时间复杂度比较

CSI 反馈机制中所有相关方法的计算得到的 NMSE 和 ρ 都总结在表 8.1 中，最优的结果用粗体表示。在所有压缩率上，CsiNet 获得最低的 NMSE 和最高的 ρ，显著地超过了基于 CS 的方法。并且，由 CS-CsiNet 与 CsiNet 比较结果可以得知，同时训练更复杂的深度学习体系结构的编码器和译码器,会有更好的重建质量。当压缩率降低到 1/16 时,基于 CS 的方法已经无法重建信道矩阵,而深度学习的架构 CsiNet 和 CS-CsiNet 皆可以继续将信道矩阵还原。为了可视化地表示算法之间还原的结果,在室内微蜂窝场景和室外乡村场景中,将不同压缩率与不同算法所重建的信道矩阵 H 和原先的信道矩阵,画出以灰度表示强度大小的信道矩阵图,如图 8.5 所示,图中明显地显示出深度学习的架构优于其他算法。

表 8.1　CSI 反馈机制中所有算法的室内/室外 NMSE 和 ρ

γ	M	算法	室内		室外	
			NMSE/dB	ρ	NMSE/dB	ρ
1/4	512	LASSO	−7.59	0.91	−5.08	0.82
		BM3D-AMP	−4.33	0.80	−1.33	0.52
		TVAL3	−14.87	0.97	−6.90	0.88
		CS-CsiNet	−11.82	0.96	−6.69	0.87
		CsiNet	**−17.36**	**0.99**	**−8.75**	**0.91**
1/16	128	LASSO	−2.72	0.70	1.01	0.46
		BM3D-AMP	0.26	0.16	0.55	0.11
		TVAL3	−2.61	0.66	−0.43	0.45
		CS-CsiNet	−6.09	0.87	−2.51	0.66
		CsiNet	**−8.65**	**0.93**	**−4.51**	**0.79**
1/32	64	LASSO	−1.03	0.48	−0.24	0.27
		BM3D-AMP	24.72	0.04	22.66	0.04
		TVAL3	−0.27	0.33	0.46	0.28
		CS-CsiNet	−4.67	0.83	−0.52	0.37
		CsiNet	**−6.24**	**0.89**	**−2.81**	**0.67**
1/64	32	LASSO	−0.14	0.22	−0.06	0.12
		BM3D-AMP	27.53	0.04	25.45	0.03
		TVAL3	0.63	0.11	0.76	0.19
		CS-CsiNet	−2.46	0.68	−0.22	0.28
		CsiNet	**−5.84**	**0.87**	**−1.93**	**0.59**

此外,使用同一计算机分别测量 LASSO、BM3D-AMP、TVAL3 和 CsiNet 在不同压缩率下的性能。具体来说,LASSO、BM3D-AMP、TVAL3 和 CsiNet 的平均运行时间分别为 0.1828、0.5717、0.3155 和 0.0035s。CsiNet 的执行速度大约是基于 CS 方法的 52~163 倍。由于 CsiNet 只需要几层简单的矩阵-向量乘法,因此通过 CsiNet 进行 CSI 重建的时间开销要比需要迭代的基于 CS 的算法低。

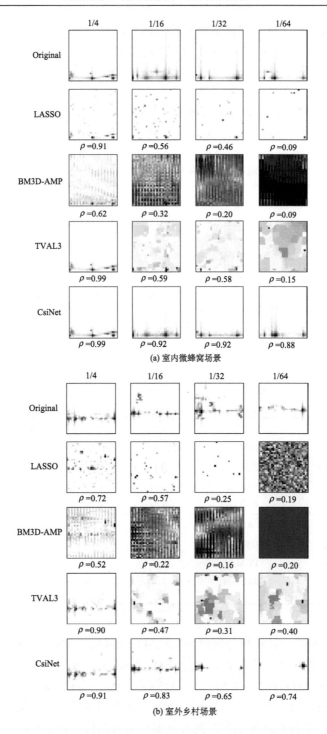

图 8.5　不同压缩率下重建的信道矩阵的灰度示意图

2. 不同发射天线数的重建质量比较

随着基站天线数量的增加，角度域的分辨率也随之增加。由于分辨率的提高，使得 H 变得更稀疏，所以所有算法的重建质量都有所改善，其中 CsiNet 的改善更为显著，因为它比基于 CS 的方法更能利用相邻元素之间的细微变化。相关研究成果请参考文献[8]。

3. 不同域的 CsiNet 的重建质量比较

由于基于深度学习还原图像时，是不需要先将图像转换为稀疏矩阵，再做压缩与还原的，所以本节将尝试不使用将 $\tilde{H}$ 从空间域转换成角度域的 DFT 矩阵 F_a，也就是 H 只做一维 DFT。CsiNet 在对角度-时间延迟域的样本重新进行训练后，发现在不使用 F_a 的情况下也可以表现出良好的性能。这说明了深度学习架构不需要经过预处理转换成角度域，而是可以自己学习到信道状态矩阵最适合的域，因此推测 CsiNet 可以应用于其他天线配置中。相关研究成果请参考文献[8]。

8.5　CsiNet-LSTM[*]

在实际情况中，UE 的移动使得信道具有时变特性，从而需要 UE 不断地反馈 CSI 来跟踪时变信道的变化过程。在相干时间内反馈的 CSI 具有一定的相似性，称其为信道在时间域上的相关性。借助该相关性，可以用前面时刻 BS 重建的 CSI 来辅助当前时刻 CSI 的重建，有望进一步提升重建精度。基于上述思想，在 CsiNet 的基础上介绍文献[14]提出的用于 FDD 大规模 MIMO 系统时变信道反馈的深度学习网络 CsiNet-LSTM，如图 8.6 所示。

设 UE 的最大移动速率为 v，传输的载波频率为 f，光速为 c，相干时间定义为

$$\Delta t = \frac{c}{2vf} \tag{8-12}$$

对于角度-时间延迟域截断矩阵 H，为加入时间特性，将其改记为 H_t。按 δt 的时间间隔反馈 CSI，将 T 个反馈的 CSI 视为一个信道组，记为 $\{H_t\}_{t=1}^{T}$。若 T 满足

$$0 \leqslant \delta t \cdot T \leqslant \Delta t \tag{8-13}$$

---

* 本节为扩展阅读

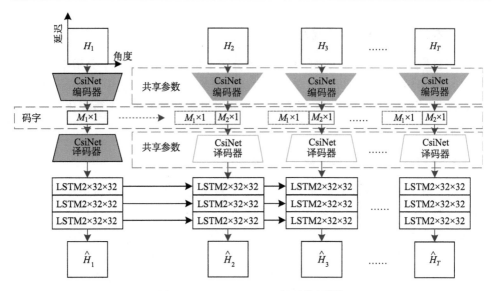

图 8.6　CsiNet-LSTM 网络结构图[14]

则信道组 $\{H_t\}_{t=1}^T$ 中的矩阵都具有时间域上的相关性。设信道组中的第一个矩阵为主信道，其余 $(T-1)$ 个矩阵为辅信道。对于主信道 H_1，使用较高压缩率的 CsiNet 编码器编码，获得 M_1 维的码字 s_1。对于辅信道 $H_2 \sim H_T$，因为与主信道具有相关性，包含有效信息较少，可以使用较低压缩率的 CsiNet 编码器编码，获得 M_2 维的码字 $s_t\,(t=2,\cdots,T)$，$M_1 > M_2$。在译码器端，主信道用较高压缩率的 CsiNet 直接从码字 s_1 中译码，辅信道的码字 s_t 与主信道的码字 s_1 合并后再由 CsiNet 译码器解码。注意到辅信道 $H_2 \sim H_T$ 对应的 CsiNet 编码器和译码器具有完全相同的结构，且共享参数，这意味着不是使用了 $(T-1)$ 个完全相同的 CsiNet 编码器和译码器，而是同一个 CsiNet 编码器和译码器重复使用了 $(T-1)$ 次来完成辅信道的重建，从而节省了参数量的开销。

　　CsiNet 译码器的输出作为信道组 $\{H_t\}_{t=1}^T$ 的初始重建结果，按时间顺序输入时间步长 (time step) 为 T 的 LSTM 网络。该 LSTM 网络由 3 个隐藏单元数为 $2\times32\times32$ 的 LSTM 单元构成。在每个时间步长中，LSTM 网络隐含地从前一时刻的输入中学习时域上的相关性信息，并与当前时间步输入的待重建 CSI 矩阵融合，提高重建质量。每经过一个时间步长，相关性信息就会被更新，以捕捉信道随时间的变化情况，这是由 LSTM 网络本身属性所决定。这种情况下，尽管辅信道在较低压缩率下重建，经 CsiNet 译码器重建质量较低，但是因其与主信道具有相关性，而主信道在较高压缩率下可以经 CsiNet 译码器较为精确地重建，在 LSTM 学习得到的时间域相关性信息的辅助下，辅信道也可以获得与主信道相似，甚至更好的重建精度。

　　CsiNet-LSTM 的完整工作流程描述如下：首先，2 个不同压缩率的 CsiNet 编码器部署在 UE 端，其对应的 CsiNet 译码器和 LSTM 网络部署在 BS 端。两端均有一个计数器。H_1 在高压缩下被压缩为低维码字 s_1 并反馈，由相应的 CsiNet 译码器初始重建，并经过 LSTM 网络得到最终重建结果，在接下来的第 t 个时间步长（$2 \leqslant t \leqslant T$），$H_t$ 被压缩为低维码字 s_t 并反馈至 BS 端，与 s_1 级联后由 CsiNet 译码器初始重建后输入 LSTM 网络，得到最终重建。每经过一个时间步长，两边计数器各加 1，当计数器累加到 T 时，LSTM 网络被重置，并重新开始下一个信道组的反馈及重建工作。

　　按照 COST 2100 信道模型产生两种场景下的信道矩阵作为实验数据，其中，信道反馈的时间间隔 δt 设为 0.04s，信道组大小为 $T = 10$。室内场景中 UE 沿 y 轴以 0.0036km/h 的速度移动，则相干时间为 $\Delta t = 27.3$s；室外场景中 UE 以沿 x 轴 0.72km/h，沿 y 轴 3.24km/h 的速度移动，则相干时间为 $\Delta t = 0.54$s。每种场景下生成 75000、12500 和 12500 个信道组，分别作为训练集、验证集和测试集。训练期数根据网络收敛情况设置在 500 到 1000 之间。批大小设为 100，学习率（learning rate）设置为 0.001，在网络基本收敛后设置为 0.0001。

　　按上文所述完成导入库、初始化及参数设置等工作后，补充定义维度参数和 T，搭建 CsiNet-LSTM 模型。主信道部分对应的 CsiNet 编/译码器调用上文定义的 residual_network(x, residual_num, encoded_dim) 函数构建，注意到本书第 162 页的代码 encoded = Dense(encoded_dim, activation ='linear')(x) 的 encoded 即为 CsiNet 编码器的编码结果，此处调用 residual_network 函数对其做出一些修改，将 encoded 变量添加到函数的输出中，即将代码修改为：

```
return encoded, x
```

　　辅信道部分为了实现参数共享，先定义相应的层，再循环调用（$T-1$）次这些层。此外，辅信道的 CsiNet 编码器的输出与主信道的 CsiNet 编码器的输出级联后，再输入辅信道的 CsiNet 译码器。CsiNet 译码器的输出按格式合并后，输入 3 层 LSTM 网络。

```
#补充定义参数
encoded_dim_key = 512
 encoded_dim_non = 128
 steps = 10 #T
 # 定义3层LSTM网络
 def LSTMlayer(y,steps=10,seed=100,seed2=100):
     y=(LSTM(2*32*32,return_sequences=True,kernel_initializer=glorot_
uniform(seed=seed),recurrent_initializer=orthogonal(seed=seed2)))(y)
```

```
        y=(LSTM(2*32*32, return_sequences=True,kernel_initializer= glorot_
uniform(seed=seed),recurrent_initializer=orthogonal(seed=seed2)))(y)
        y=(LSTM(2*32*32, return_sequences=True,kernel_initializer= glorot_
uniform(seed=seed),recurrent_initializer=orthogonal(seed=seed2)))(y)
    return y
```

#主信道对应CsiNet编/译码器建模

```
    Inputkey=Input(shape=(channel,img_height,img_width),name='inputkey')
    cwkey,keypredict = residual_network (inputkey, residual_num,
encoded_dimkey)
    keypredictr = Reshape((1, img_total))(keypredict) #主信道码字
```

#定义辅信道的共享层

```
    local = locals()
    conv2d_1 = Conv2D(2, (3, 3), padding='same', data_format=
'channels_first')
    dense_1= Dense(encoded_dimnon, activation='linear')
    dense_2 = Dense(img_total, activation='linear')
    conv2d_2 = Conv2D(8, kernel_size=(3, 3), padding='same', data_
format='channels_first')
    conv2d_3 = Conv2D(16, kernel_size=(3, 3), padding='same', data_
format='channels_first')
    conv2d_4 = Conv2D(2, kernel_size=(3, 3), padding='same', data_
format='channels_first')
    conv2d_5 = Conv2D(8, kernel_size=(3, 3), padding='same', data_
format='channels_first')
    conv2d_6 = Conv2D(16, kernel_size=(3, 3), padding='same', data_
format='channels_first')
    conv2d_7 = Conv2D(2, kernel_size=(3, 3), padding='same', data_
format='channels_first')
    conv2d_8 = Conv2D(2, (3, 3), activation='sigmoid', padding='same',
data_format='channels_first')
```

#辅信道对应CsiNet编/译码器建模

```
    for i in range(steps-1):
        local['inputnon' + str(i + 1)] = Input(shape=(channel, height,
weight), name='inputnon' + str(i + 1))
        x=conv2d_1(local['inputnon' + str(i + 1)])
        x = add_common_layers(x)
        x = Reshape((img_total,))(x)
        encoded = dense_1(x)
        x = concat([cwkey, encoded], axis=1) #与主信道的码字级联
        x = dense_2(x)
```

```
        x = Reshape((channel, height, weight,))(x)
    if residual_num >0:
        shortcut = x
        x = conv2d_2(x)
        x = add_common_layers(x)
        x = conv2d_3(x)
        x = add_common_layers(x)
        x = conv2d_4(x)
        x = BatchNormalization()(x)
        x = add([shortcut, x])
    if residual_num >1:
        shortcut = x
        x = conv2d_5(x)
        x = add_common_layers(x)
        x = conv2d_6(x)
        x = add_common_layers(x)
        x = conv2d_7(x)
        x = BatchNormalization()(x)
        x = add([shortcut, x])
        x = LeakyReLU()(x)
    x = conv2d_8(x)
    local['predictnon' + str(i + 1)] = x
    local['predictnon' + str(i + 1) + 'r'] = Reshape((1, img_
total))(x)
    #合并得到LSTM输入
    LSTMinputs = Concatenate(axis=1)([keypredictr,
            local['predictnon1r'],local['predictnon2r'],
            local['predictnon3r'], local['predictnon4r'],
            local['predictnon5r'], local['predictnon6r'],
            local['predictnon7r'], local['predictnon8r'],
                        local['predictnon9r']])
    #输入LSTM网络
    lstmoutputs = LSTMlayer(LSTMinputs,seed=100,seed2=100)
    lstmoutputs = Reshape((steps, channel, img_height, img_width))
(lstmoutputs)
    AE_LSTM = Model(inputs=[inputkey,
                    local['inputnon1'], local['inputnon2'],
                    local['inputnon3'], local['inputnon4'],
                    local['inputnon5'], local['inputnon6'],
                    local['inputnon7'], local['inputnon8'],
```

```
                    local['inputnon9']],
            outputs=[lstmoutputs])
    print(AE_LSTM.summary())
```

　　构建好模型后，即可按照步骤完成导入数据、训练、测试、计算 NMSE 和 ρ 等一系列工作。

　　将 CsiNet-LSTM 算法与基于 CS 的算法和 CsiNet 进行性能比较，其中为了公平起见，CsiNet 也用时变信道数据集训练期数来微调参数。仿真结果如表 8.2 所示。从表中可以看出，传统 CS 算法 BM3D-AMP 性能最差，基本不适用于解决 CSI 重建问题；TVAL3 可提供较低的 NMSE，但其性能随着压缩率的降低而有明显下降；LASSO 算法在不同压缩率下重建性能不好但较为稳定。基于深度学习的 CsiNet 和 CsiNet-LSTM 算法在两种通信场景的所有压缩率下均明显超越了所有传统 CS 算法。当压缩率较低时，传统 CS 算法大部分无法有效工作，而深度学习算法仍可以基本还原出原 CSI 矩阵，并可以提供足够的波束成形增益。从深度学习算法之间的比较可以发现，在所有压缩率下，CsiNet-LSTM 算法都有最低的 NMSE 和最高的余弦相似度，超越了 CsiNet 的重建性能，其优势在低压缩率和信道较为复杂的室外场景中表现得更为明显。当压缩率从 1/16 降低至 1/64 时，CsiNet 的 NMSE 性能在室内场景和室外场景下分别降低了 42% 和 54%，而 CsiNet-LSTM 的性能只分别降低了 8% 和 10%，在所有算法中具有最低的性能损失。进一步计算发现，在 CsiNet-LSTM 算法中，从较低压缩率码字中还原的辅信道 $\{H_t\}_{t=2}^T$ 的平均 NMSE 与从较高压缩率码字中还原的主信道 H_1 基本相同，甚至更低。这说明，LSTM 隐含提取了 CSI 矩阵在时域上的相关性，并将其成功应用于当前信道矩阵的重建。此外，由于辅信道在重建时结合使用了主信道的码字信息，因此可达到更低的 NMSE 性能。

表 8.2　CsiNet-LSTM 与其他算法的室内/室外 NMSE 和 ρ 性能比较

γ	算法	室内		室外	
		NMSE/dB	ρ	NMSE/dB	ρ
1/16	LASSO	−2.96	0.72	−1.09	0.49
	BM3D-AMP	0.25	0.29	0.40	0.23
	TVAL3	−3.20	0.73	−0.53	0.46
	CsiNet	−10.59	0.95	−3.60	0.75
	CsiNet-LSTM	**−23.06**	**0.99**	**−9.86**	**0.95**

续表

γ	算法	室内		室外	
		NMSE/dB	ρ	NMSE/dB	ρ
1/32	LASSO	−1.18	0.53	−0.27	0.32
	BM3D-AMP	20.85	0.17	18.99	0.16
	TVAL3	−0.46	0.45	0.42	0.28
	CsiNet	−7.35	0.90	−2.14	0.63
	CsiNet-LSTM	**−22.33**	**0.99**	**−9.18**	**0.94**
1/64	LASSO	−0.18	0.30	−0.06	0.19
	BM3D-AMP	26.66	0.16	24.42	0.16
	TVAL3	0.60	0.24	0.74	0.19
	CsiNet	−6.09	0.87	−1.65	0.58
	CsiNet-LSTM	**−21.24**	**0.99**	**−8.83**	**0.93**

为了可视化展示各算法重建结果, 以室外场景为例, 将原始 CSI 矩阵和在不同压缩率下重建的 CSI 矩阵分别用灰度图展示。为了展示信道重建的平均性能, 选用信道组中的第 5 个 CSI 矩阵作为展示, 如图 8.7 所示, 其中图 8.7(a) 为原始 CSI 矩阵的绝对值、实部和虚部, 图 8.7(b) 为各算法在 3 种压缩率下重建信道矩阵的绝对值。从图中可以明显看出, 基于深度学习的 CsiNet 和 CsiNet-LSTM 算法重建效果明显优于传统 CS 算法。当压缩率较低时, 传统 CS 算法基本无法重建信道, 而深度学习算法仍可以基本恢复信道中的主要路径, 重建图像与原 CSI 矩阵对应图像仍具有较高的相似度, 特别是 CsiNet-LSTM, 在相同压缩率下可以恢复更精细的信道特征。

总结一下, 本附录旨在介绍一种可同时利用稀疏性和时域相关性进行时变信道压缩和重建的深度学习网络——CsiNet-LSTM, 在仅增加少量运行时间的情况下显著改善重建性能, 特别提高了在低压缩率下重建的稳定性, 具有广阔的应用前景和进一步的研究空间。

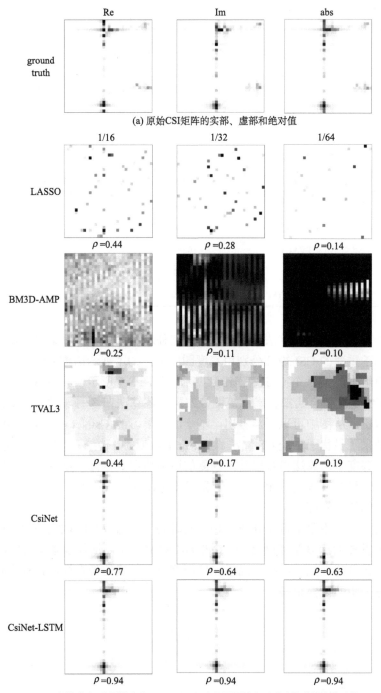

图 8.7　室外场景不同压缩率下重建的信道矩阵的灰度示意图

8.6　本　章　小　结

本章旨在介绍一种新的 CSI 压缩和还原机制 CsiNet，在其中使用深度学习架构。CsiNet 在低压缩率和降低时间复杂度的情况下表现良好。通过应用更加先进的深度学习技术，未来可以进一步提高其重建质量。例如，给出了一种可以结合时变信道的时域相关性的网络——CsiNet-LSTM。此外，希望本章内容能激发读者在这方面进行更多、更深入的研究。

参 考 文 献

[1] Liu L, Poutanen J, François Quitin, et al. The COST2100 MIMO channel model[J]. IEEE Wireless Communications, 2012, 19(6):92-99.

[2] Kuo P H, Kung H T, Ting P A. Compressive sensing based channel feedback protocols for spatially-correlated massive antenna arrays. IEEE WCNC, Shanghai, 2012.

[3] Rao X, Lau V K. Distributed compressive CSIT estimation and feedback for FDD multi-user massive MIMO systems. IEEE Trans. Signal Process, 2014,62(12): 3261-3271.

[4] Daubechies I, Defrise M, De Mol C. An iterative thresholding algorithm for linear inverse problems with a sparsity constraint. Communications on Pure & Applied Mathematics, 2003, 57(11):1413-1457.

[5] Donoho D L, Maleki A, Montanari A. Message-passing algorithms for compressed sensing. Proceedings of the National Academy of Sciences of the United States of America, 2009,106(45):18914-18919.

[6] Li C, Yin W, Zhang Y. User's guide for TVAL3: TV minimization by augmented lagrangian and alternating direction algorithms. CAAM Report, 2009, (20):46-47.

[7] Metzler C A, Maleki A, Baraniuk R G. From denoising to compressed sensing. IEEE Transactions on Information Theory, 2014, 62(9):5117-5144.

[8] Wen C K , Shih W T , Jin S. Deep Learning for Massive MIMO CSI Feedback. IEEE Wireless Communications Letters, 2018,7(5): 748-751.

[9] O'Shea T J, Erpek T, Clancy T C. Deep Learning Based MIMO Communications. https://arxiv.org/abs/1707.07980, 2017.

[10] Suhas L, Kuldeep K, Ronan K, et al. Convolutional neural networks for non-iterative reconstruction of compressively sensed images. IEEE Transactions on Computational Imaging, 2018,4(3):326-340.

[11] Mousavi A, Dasarathy G, Baraniuk R G. DeepCodec: Adaptive sensing and recovery via deep convolutional neural networks. 55th Annual Allerton Conference on Communication, Control, and Computing (Allerton). Monticello, IL, 2017.

[12] Yao H, Dai F, Zhang D, et al. DR2-Net: deep residual reconstruction network for image compressive

sensing. http://www.scienceopen.com/document? vid=b1e4c3a3-82df-451a-8123-658e0a5c355b, 2017.

[13] He K , Zhang X , Ren S , et al. Deep Residual Learning for Image Recognition. 2016 IEEE Conference on Computer Vision and Pattern Recognition（CVPR）. IEEE Computer Society. Las Vegas, NV, 2016.

[14] Wang T, Wen C K, Jin S, et al. Deep learning-based CSI feedback approach for time-varying massive MIMO channels. IEEE Wireless Communications Letters, 2019,8（5）:416-419.

第 9 章　滑动窗序列检测方法

9.1　序　列　检　测

在大部分实际的数字通信系统中，通常都存在因信道失真引起的接收信号中的符号间干扰(inter-symbol interference，ISI)，如果不采取措施将产生高误码率，从而严重影响通信系统信号传输质量。而在通信系统接收机一端通常采用的都是逐符号的检测方法，忽略了连续发送信号之间的内在记忆关联性。因此，信号的序列检测方法就显得尤为重要。这一类时间序列处理实际上与语音处理的技术息息相关，近年来循环神经网络在语音处理上有显著的突破。本节旨在将序列检测与循环神经网络结合，从序列检测的基本原理出发，以带宽受限、存在信道失真且具有加性白高斯噪声条件下的信道为例，具体介绍最大似然序列检测准则和维特比算法，进而启发用深度学习来解决复杂信道模型下的检测问题的思路。

9.1.1　序列检测的基本原理

在数字通信系统中，比特数据通常被转化为一系列符号，通过信道进行传输。这个过程一般由两个步骤实现：首先，通过信源编码，采用符号或比特对数据进行压缩或表示；其次，通过信道编码引入额外的冗余符号来减少在发送和接收过程中可能产生的错误。这里采用 $S = \{s_1, s_2, ..., s_M\}$ 表示可以由发射机发送的有限符号集合，$x_k \in S$ 是第 k 个被传输的符号，通过信道编码的设计使得一系列符号中的单个符号服从概率质量函数(probability mass function，PMF) $P_X(x)$。由于在发送、传播和接收等过程中引入的干扰和扰动，在接收端观察到的信号是有损坏的和含噪声的，假设在第 k 个传输时隙内接收到长度为 l 的信号向量 y_k，接收向量的维度取决于信道的长度。检测算法的实现就是在接收端从观察信号中估计出所传输的符号，这里用 $\hat{x}_k$ 表示对第 k 个发送符号 x_k 的估计符号。在完成检测之后，估计符号会被送入信道译码器以纠正产生的一些错误，最后再进行信源译码恢复得到原始的数据。图 9.1 展示了一个可以保证可靠数据传输的数字通信系统框图。

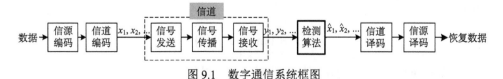

图 9.1　数字通信系统框图

　　通过所观察到的信号和发送符号之间的似然函数可以描述它们之间的关系，并以此作为数字信道模型[1]：

$$P_{\text{model}}(y_1, y_2, \ldots | x_1, x_2, \ldots; \Theta),\tag{9-1}$$

式中，Θ 是信道模型参数，这里认为模型参数是随时间变化的。基于此模型，检测算法可以分为 2 种：一种是逐符号的检测，即在传输时隙 k 通过 y_k 估计符号 $\hat{x}_k$；另一种是序列检测，即通过接收序列 $y_k, y_{k-1}, \cdots, y_1$ 估计发送符号序列 $\hat{x}_k, \hat{x}_{k-1}, \cdots, \hat{x}_1$。对于逐符号的检测，信道模型为 $P_{\text{model}}(y_k | x_k; \Theta)$，在给定已知的传输符号 PMF：$P_X(x)$ 的情况下，根据最大后验概率(maximum posterior probability，MAP)准则和贝叶斯定理，可以得到 x_k 的 MAP 估计：

$$\begin{aligned}\hat{x}_k &= \arg\max_{x \in S} P(x | y_k; \Theta)\\&= \arg\max_{x \in S} P_{\text{model}}(y_k | x; \Theta) P_X(x).\end{aligned}\tag{9-2}$$

另一种检测算法就是序列检测，不同于逐符号检测时对每一个发送符号进行逐一估计，序列检测需要在集合 S 中找到如下满足 MAP 准则的符号序列：

$$\hat{x}_1, \hat{x}_2, \ldots, \hat{x}_k = \arg\max_{x_k \in S} P(x_1, x_2, \cdots, x_k | y_1, y_2, \cdots, y_k; \Theta).\tag{9-3}$$

　　上述两种检测都需要事先已知信道的模型和参数，通常的做法是周期性地发送已知的符号并利用观测信号来获取信道状态信息(channel state information，CSI)。

　　为方便读者理解，接下来将以加性白高斯噪声(addictive white Gaussian noise，AWGN)下的信道模型为例，对最大似然序列检测准则和维特比算法进行详细介绍。

9.1.2　最大似然序列检测准则[2]

　　假设传输符号 $x_k (k=1, 2, \cdots)$ 相互独立并且等概率地从集合 S 内的 M 种可能的符号中取值，并以 $1/T$ 的符号速率进行传输，那么接收信号可以表示为

$$y(t) = \sum_k x_k h(t - kT) + w(t), \ 0 \leqslant t \leqslant \tau\tag{9-4}$$

式中，$h(t)$ 表示信道的冲激响应，它具有有限的长度 τ；$w(t)$ 表示高斯噪声。利用信号空间的相关知识，将接收信号展开到以一组正交函数 $\{f_n(t)\}$ 为基的信号空间上：

$$y(t) = \lim_{N \to \infty} \sum_{n=1}^{N} y_n f_n(t)\tag{9-5}$$

将 $h(t - nT)$ 和 $w(t)$ 也做同样的映射，就可以得到

$$y_n = \sum_k x_k h_{n-k} + w_n, \ n = 1, 2, \cdots$$

$$(9\text{-}6)$$

式中，h_{n-k} 是 $h(t-kT)$ 在 $f_n(t)$ 上的投影值；w_n 是 $w(t)$ 在 $f_n(t)$ 上的投影值，$\{w_n\}$ 是零均值方差为 $2N_0$ 的高斯序列。根据 MAP 准则和贝叶斯定理，在各传输符号等概率取值的情况下，发送符号序列 $x_k \triangleq \{x_1, x_2, \cdots, x_k\} \in S^k$，关于接收信号序列 $y \triangleq \{y_1, y_2, \ldots, y_k\}\left(y_i = \{y_{i1}, y_{i2}, \ldots, y_{il}\}, i = 1, \cdots, k\right)$ 的最大后验概率密度函数等价于最大似然概率密度函数，即

$$\arg\max_{x_k \in S^k} p(x_k|y) = \arg\max_{x_k \in S^k} p(y|x_k) p_X(x_k) = \arg\max_{x_k \in S^k} p(y|x_k) \tag{9-7}$$

由于 w_n 是高斯分布的，那么其中每个接收向量的联合似然概率密度函数等于

$$p(y_k|x_k) = \left(\frac{1}{2\pi N_0}\right)^l \exp\left(-\frac{1}{2N_0} \sum_{i=1}^{l} \left| y_{ki} - \sum_k x_k h_{i-k} \right|^2 \right) \tag{9-8}$$

因此要使得此似然概率函数最大化，就等价于令以下部分(称为概率度量)最大化：

$$\mathrm{PM}(x_k) = -\sum_{i=1}^{l} \left| y_{ki} - \sum_k x_k h_{i-k} \right|^2 \tag{9-9}$$

最大似然序列检测(maximum-likelihood sequence detection，MLSE)准则就是找到序列 x_k 使得所有 $\mathrm{PM}(x_k)$ 最大化。

9.1.3 维特比算法

假设存在的 ISI 覆盖 L 个符号(有 $(L-1)$ 个干扰分量)，在任意时隙 k，接收到的信号向量中的每个分量 y_{kl} 由 L 个最近的发射符号确定，即

$$y_{kl} = \sum_{i=k-L+1}^{k} x_i h_{l-i} \tag{9-10}$$

每当输入 L 个最新的符号时，就产生新的输出向量 $y_k = \{y_{k1}, \ldots, y_{kl}\}$，因此可以将其看作由 L 个输入确定状态的有限状态机，如果输入符号是 M 元的，那么一共就有 M^L 种状态，从而可以用 M^L 状态网格来描述，维特比算法通过确定在格形图中最有可能的通过路径(最佳路径)来估计出输入的符号序列。

如图 9.2 所示，格形图中的每个节点 $x_i = s_j$，$s_j \in S$ 表示状态 i 可能取 S 中的第 j 个可能值($j = 1, \cdots, M$)，对于图中每一个中间节点和终止节点，都有一条从初始节点出发到达该节点的最可能路径，称为局部最佳路径，并且有一个与之相关联的概率，称为局部概率(或路径度量)，表示达到该状态最可能的一条路径的概率。维特比算法实现包括以下 3 点：

（1）如果最佳路径经过某个节点，这条路径上从初始节点到此节点的这一段子路径一定是这一节点的局部最佳路径；

（2）假设状态 i 共有 M 个节点，那么如果记录了从初始点到所有 M 个节点的局部最佳路径，最终的最佳路径一定经过其中的一条；

（3）综合以上两点，假定从状态 i 进入状态 $(i+1)$ 时，从初始节点到状态 i 上各个节点的最佳路径已经找到，并且记录在这些节点上，那么在计算从初始节点到状态 $(i+1)$ 的某个节点 $x_{i+1}=s_j$ 的最佳路径时，只需考虑从初始节点到前一状态 i 所有的 M 个节点的最佳路径，以及从这 M 个节点到 $x_{i+1}=s_j$ 的最佳路径即可。

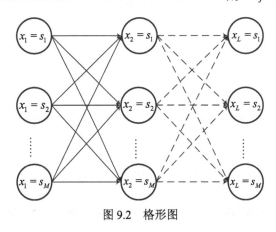

图 9.2　格形图

在上述问题中，假设从接收到信号序列 $y_1, y_2,..., y_{L+1}$ 时开始计算度量，根据马尔可夫假设，其概率似然函数

$$p\left(y_{L+1}, y_L,..., y_1 \mid x_{L+1}, x_L,..., x_1\right)$$

$$= p\left(y_1 \mid x_1\right) p\left(y_2 \mid x_2, x_1\right)... p\left(y_{L+1} \mid x_{L+1}, x_L,..., x_1\right) \tag{9-11}$$

对其两端同时取对数，得到

$$\ln p\left(y_{L+1}, y_L,..., y_1 \mid x_{L+1}, x_L,..., x_1\right)$$

$$= \ln p\left(y_1 \mid x_1\right) + \ln p\left(y_2 \mid x_2, x_1\right) +... + \ln p\left(y_{L+1} \mid x_{L+1}, x_L,..., x_1\right) \tag{9-12}$$

$$= \sum_{k=1}^{L+1} \ln p\left(y_k \mid x_k, x_{k-1},..., x_{k-L}\right)$$

令上述似然函数最大化，等价于使概率度量最大化。并且在这里，格形图中的路径对应的就是发送符号序列的估计结果。由于序列 $\{x_{L+1}, x_L,..., x_2, x_1\}$ 共有 M^{L+1} 种可能的组合，如果 x_1 确定那么剩余的部分 $\{x_{L+1}, x_L,..., x_2\}$ 共有 M^L 种组合，而 x_1 有 M 种可能，也就是说，M^{L+1} 个状态组合可以划分为 M^L 组，每一组都包含 M 种不同的 x_1，即每一种组合都有 M 条可能的路径可以得到序列

$\{x_{L+1}, x_L, ..., x_2, x_1\}$，因此就从这 M 种可能中选择度量最大的一种，对应的序列作为幸存路径与其概率度量值一同保存下来，记为

$$\text{PM}_1(x_{L+1}) = \text{PM}_1(x_{L+1}, x_L, ..., x_2, x_1)$$
$$= \max_{x_1} \sum_{k=1}^{L+1} \ln p(y_k \mid x_k, x_{k-1}, ..., x_{k-L}) \tag{9-13}$$

这样就保留了 M^L 条幸存路径（对应的就是发送符号序列的估计）以及它们的路径度量。

当接收到 y_{L+2} 时，从上述幸存的 M^L 条路径向前扩展，并利用保存的度量和新增量 $\ln p(y_{L+2} \mid x_{L+2}, x_{L+1}, ..., x_2)$ 计算 M^{L+1} 条新路径 $\{x_{L+2}, x_{L+1}, ..., x_3, x_2\}$ 的度量值。然后和之前操作相同，新的 M^{L+1} 个序列组合被划分为 M^L 组，对应序列 $\{x_{L+2}, x_{L+1}, ..., x_3\}$ 的 M^L 个可能组合，同样从每个组中根据 x_2 的 M 种可能选择度量最大的序列组合，对应的就是当前部分的最佳路径。

将上述步骤不断重复就构成了维特比算法。一般地，每接收到新的信号采样 y_{L+k} 时，需要计算度量

$$\text{PM}_k(x_{L+k}) = \max_{x_k} \left[\ln p(y_{L+k} \mid x_{L+k}, ..., x_k) + \text{PM}_{k-1}(x_{L+k-1}) \right] \tag{9-14}$$

将整个算法步骤总结如下：

(1)当接收到信号 y_{L+k} 时，首先计算 M^{L+1} 条可能的路径对应的度量值

$$\ln p(y_{L+k} \mid x_{L+k}, ..., x_k) + \text{PM}_{k-1}(x_{L+k-1}) \tag{9-15}$$

这 M^{L+1} 条可能的路径是从上一步的 M^L 条幸存路径扩展而来的；

(2)将 M^{L+1} 条可能路径划分为 M^L 组，每个组包含 M 条新路径，其中含有相同的符号 $x_{L+k}, ..., x_{k+1}$ 以及不同的符号 x_k；

(3)从每个组的 M 条路径中选择具有最大度量的一条，如式(9-14)，其余的 $(M-1)$ 条路径被舍弃，从而得到新的 M^L 条具有度量 $\text{PM}_k(x_{L+k})$ 的幸存路径；

(4)重复步骤(1)~步骤(3)，直到接收所有信号后，从最终获得的所有幸存路径中选择幸存度量值最大的一条，从而得到完整的发送序列估计。

为了具体说明维特比算法的计算步骤，以一个简单例子作为解释。假设发送四电平 PAM 信号（$M=4$），每一个符号是从集合 $\{-3, -1, 1, 3\}$ 中选择，接收信号序列为 $y_k = x_k + x_{k-1} + w_k (L=2)$，假设已接收信号 y_1 和 y_2，其中

$$y_1 = x_1 + w_1$$
$$y_2 = x_2 + x_1 + w_1 \tag{9-16}$$

其中，$\{w_i\}$ 是统计独立零均值高斯噪声。首先计算 $4^2 = 16$ 个度量，

$$\mathrm{PM}_1\left(x_2,x_1\right)=-\sum_{k=1}^{2}\left(y_k-\sum_{j=0}^{1}x_{k-j}\right)^2,\quad x_1,x_2=\pm1,\pm3 \tag{9-17}$$

对于每一种可能的 x_2 值，都存在 4 种经过 x_1 的相应路径，分别保留使得每一种 x_2 下相应的度量最大(根据 x_1 进行选择)的路径，作为幸存路径

$$\mathrm{PM}_1\left(x_2=-3,x_1\right)=\max_{x_1}\left[-\sum_{k=1}^{2}\left(y_k-\sum_{j=0}^{1}x_{k-j}\right)^2\right],$$

$$\mathrm{PM}_1\left(x_2=-1,x_1\right)=\max_{x_1}\left[-\sum_{k=1}^{2}\left(y_k-\sum_{j=0}^{1}x_{k-j}\right)^2\right],$$

$$\mathrm{PM}_1\left(x_2=1,x_1\right)=\max_{x_1}\left[-\sum_{k=1}^{2}\left(y_k-\sum_{j=0}^{1}x_{k-j}\right)^2\right], \tag{9-18}$$

$$\mathrm{PM}_1\left(x_2=3,x_1\right)=\max_{x_1}\left[-\sum_{k=1}^{2}\left(y_k-\sum_{j=0}^{1}x_{k-j}\right)^2\right].$$

将这 4 个度量以及相应的幸存路径保存下来，舍弃其他的路径，这一步可由图 9.3 所示的格形图展示的一种情况来说明，幸存的 4 路径分别为：$x_1=-1\rightarrow x_2=-3$，$x_1=1\rightarrow x_2=1$，$x_1=3\rightarrow x_2=-1$ 以及 $x_1=3\rightarrow x_2=3$。

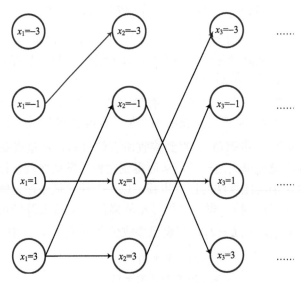

图 9.3　一种示例结果的格形图表示

图中实线表示的是每一步计算后的幸存路径，其余被舍弃的路径已省略

当接收到 y_3 时，从上一步幸存下来的路径向前扩展，又产生 $4^2 = 16$ 个新的度量以及相应的路径，同样对于每一种可能的 x_3 值，存在 4 条幸存路径，分别计算新的度量值并根据 x_2 选择最大的一条，即

$$\mathrm{PM}_1\left(x_3 = -3, x_2, x_1\right) = \max_{x_2}\left[\mathrm{PM}_1\left(x_2, x_1\right) - \left(y_3 - \sum_{j=0}^{1} x_{3-j}\right)^2\right],$$

$$\mathrm{PM}_1\left(x_3 = -1, x_2, x_1\right) = \max_{x_2}\left[\mathrm{PM}_1\left(x_2, x_1\right) - \left(y_3 - \sum_{j=0}^{1} x_{3-j}\right)^2\right],$$

$$\mathrm{PM}_1\left(x_3 = 1, x_2, x_1\right) = \max_{x_2}\left[\mathrm{PM}_1\left(x_2, x_1\right) - \left(y_3 - \sum_{j=0}^{1} x_{3-j}\right)^2\right], \tag{9-19}$$

$$\mathrm{PM}_1\left(x_3 = 3, x_2, x_1\right) = \max_{x_2}\left[\mathrm{PM}_1\left(x_2, x_1\right) - \left(y_3 - \sum_{j=0}^{1} x_{3-j}\right)^2\right].$$

经过这一步后，也仅有 4 条路径及相应的度量值幸存下来，在图 9.3 所示的情况中，当前的 4 条幸存路径分别为：$x_1 = 1 \rightarrow x_2 = 1 \rightarrow x_3 = -3$，$x_1 = 1 \rightarrow x_2 = 1 \rightarrow x_3 = 1$，$x_1 = 3 \rightarrow x_2 = -1 \rightarrow x_3 = 3$ 以及 $x_1 = 3 \rightarrow x_2 = 3 \rightarrow x_1 = -1$。当 $k > 3$ 时，对于每个顺序接收的信号 y_k，重复以上过程。当所有信号接收完毕后，选择幸存度量最大的一条幸存路径，其对应的 $\{x_1, x_2, \cdots\}$ 就是最后序列检测的结果。

9.2　基于深度学习的序列检测器实现

通信系统的设计分析一直都依赖于完备的数学模型来描述传输过程，包括信号发送、信号传播、接收机噪声等部分。通信系统中的信道模型的建立都基于传播模型的简化，但是有时信号传播是极为复杂和难以理解的。例如，无线通信、水下通信、分子通信等。为了摆脱对解析数学模型的依赖，通信系统需要发展一种信道模型完全未知的设计分析方法。维特比算法是目前解决序列检测问题的重要算法，但是这种算法的复杂度随着记忆长度的增加呈指数级的增长态势，对于长记忆的系统是不可行的。深度学习近年来在计算机视觉、语音处理[4-6]和数据挖掘等方面取得巨大成功，其中端到端的设计思想和无线通信物理层的设计上具有一些相似性，如图 9.4 所示，进而启发出用深度学习来解决复杂信道模型下检测问题的思路。

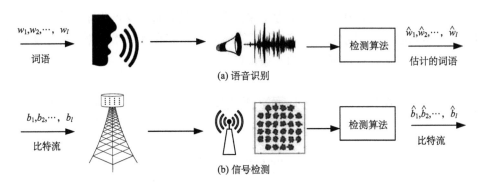

图 9.4　语音识别和信号检测流程示意图

为了应对信道模型未知和算法复杂度过高等挑战，借助深度学习工具，下面介绍一种滑动窗双向循环神经网络（SBRNN）[1,3]来实现实时的序列检测。如果网络采用不同信道条件下产生广泛的数据集来训练网络，那么训练的网络将呈现对信道条件快速变化的鲁棒性。这种采用动态规划方法的技术可以扩展到针对任何数据流的实时序列估计。

9.2.1　问题描述

在数字通信系统中，数据通常以传输符号序列的形式存在和传输。采用常见的数字调制方式，如 BPSK、QPSK、16QAM、64QAM 甚至更高阶的调制方式，发送符号集 $S = \{s_1, s_2, \cdots, s_M\}$ 是有限且固定的集合。考虑如图 9.1 所示的通信系统框图，原始的比特流通过调制转换为数字符号发送出去，在信道中受到多径传播、热噪声等因素影响，在接收端接收到污染的信号。设 x_k 为第 k 个传输符号，对应的接收端的观察符号是长度为 l 的向量 y_k。检测算法即是从接收符号恢复出发送符号，发送符号的估计用 $\hat{x}_k$ 表示，用统计模型来表示就是式(9-1)。采用逐符号的检测方式意味着对于某个传输时隙，用接收向量 y_k 估计出发送符号 $\hat{x}_k$，但如果采用序列检测的方式，意味着从接收序列 $y_k, y_{k-1}, \cdots, y_1$ 估计出发送序列符号 $\hat{x}_k, \hat{x}_{k-1}, \cdots, \hat{x}_1$。举一个简单的例子，在信道模型已知和发送数据的概率质量函数（PMF）已知的情况下，可以借助最大后验概率（MAP）估计：

$$\hat{x}_k = \arg\max_{x \in S} P(y_k | x, \Theta) P_X(x) \tag{9-20}$$

这种估计方法以及其他估计方法都需要知道信道模型和模型参数，通过发送周期性的导频信号用接收导频信号估计出信道状态信息，但导频开销势必会降低通信系统的频谱效率。另一种不需要估计信道状态信息的方法是，假设一种具体的信道参数 Θ 的分布情况进行盲检，但存在模型参数 Θ 联合分布情况难以准确获得和盲检准确率低的问题。

　　当信道模型比较复杂，不能提供任何直观的，甚至是部分或完全未知的情况下，如何设计出数据检测的最好实现方法是一个重要的研究方向。维特比算法是目前解决序列检测问题的重要算法，其依赖于输入输出转移概率，虽然在一些应用场景下，信道易于建模，但此演算的复杂度随着记忆长度的增加呈指数级的增长态势，对于长记忆的系统，往往计算复杂度过大难以负担。文献[1]和文献[3]用 SBRNN 实现信号流的实时检测，并展示了在分子通信平台上的应用效果。分子通信的信道具有难以建模的特点，但是其采用一比特的通信场景相对简单，信道所需的参数不多，文献[1]和文献[3]实现了信道模型未知情况下的信号检测。下节所述方法跟文献[1]和文献[3]不同的是，无线通信的场景更加复杂，信道建模更加多变，实现盲检需要的代价过大，因此采用将信道信息加入到网络输入的方式来实现检测。

9.2.2　深度学习实现

　　本节将介绍序列检测深度学习实现方法和细节。先介绍训练检测器的基本思路，再介绍序列检测器的实现细节。

1. 训练检测器

　　采用机器学习中监督学习的方式构建网络，从接收符号中估计出发送符号。发送符号集合空间的势为 M ，也就是发送符号共有 M 种可能。用 p_k 表示发送符号 x_k 的独热形式，那么 p_k 为 $M \times 1$ 向量且索引为 x_k 在集合 S 中标号的元素为 1，其余位置为 0。p_k 也可以看作是第 k 个传输时隙内发送符号的概率质量函数，即以概率 1 发送 x_k ，以概率 0 发送符号集合 S 中的其他符号。第 k 时隙的接收符号 y_k 维度为 l ，与 p_k 的维度大小无关。

　　检测算法的实现经历两个阶段。第一阶段，根据 PMF 产生重复发送的已知发送符号和接收信号作为训练集，产生训练数据的方式包括但不限于数学模型、仿真结果、实际测量结果等。用 $P_K = [p_1, p_2, \cdots, p_K]$ 表示连续 K 个的发送符号的独热表示矩阵，而 $Z_K = [z_1, z_2, \cdots, z_K]$ 表示对应的连续 K 个接收信息，z_k 表示接收信号向量和信道状态信息拼接的结果，其中在连续的 K 个时隙内，信道的状态信息保持不变。值得注意的是，这里的 z_k 除了接收信号向量外，也包含信道状态信息，这是因为网络无法学习出这种复杂信道模型的规律，因此需要把信道状态信息认为是已知的。(P_K, Z_K) 这样的组合就是一个训练样本，那么包含 n 个训练样本的训练数据集就可以表示为：

$$\left\{ \left(P_{K_1}^{(1)}, Z_{K_1}^{(1)} \right), \left(P_{K_2}^{(2)}, Z_{K_2}^{(2)} \right), \cdots, \left(P_{K_n}^{(n)}, Z_{K_n}^{(n)} \right) \right\}, \tag{9-21}$$

其中，第 i 个训练样本包含 K_i 个连续符号。用此数据集训练的深度神经网络分类器，能够把接收信号映射到符号集 S 中的一个。神经网络的输入是原始的观察信号，神经网络的输出 $\hat{p}_k$ 表示每个估计的 $\hat{x}_k$ 在每个候选符号上的概率。不考虑信道编译码的问题，符号根据 $\hat{x}_k = \underset{x_k \in S}{\arg\max}\, \hat{p}_k$ 估计出来*。

2. 序列检测器

序列检测的方法是把符号间干扰的因素考虑进去，可以通过循环神经网络（RNN）实现。RNN 的主要应用领域包括自然语言处理、语音识别和生物信息学领域等，在自然语言处理领域的应用又包括机器翻译、文本生成、实体识别、情感分类等多个方面。序列估计的结果 $\hat{x}_k$ 在符号集上的概率 $\hat{p}_k$ 如下表示

$$\hat{p}_k = \begin{bmatrix} P_{\mathrm{RNN}}(x_k = s_1 | z_k, z_{k-1}, \ldots, z_1) \\ P_{\mathrm{RNN}}(x_k = s_2 | z_k, z_{k-1}, \ldots, z_1) \\ \ldots \\ P_{\mathrm{RNN}}(x_k = s_M | z_k, z_{k-1}, \ldots, z_1) \end{bmatrix} \tag{9-22}$$

图 9.5(a) 表示 RNN 的结构。在每层 RNN 网络的节点之间，前一个符号的观察结果影响后一个符号，这种影响通过 RNN 的状态 θ_k 来传递。这种 RNN 结构的优势之一在于网络训练完毕后，可以像逐符号检测那样对于任何到达接收机的数据流做检测，而实现这一任务的原因在于 RNN 结构保存之前符号的观察结果，用向量 θ_k 表示。符号间干扰的影响是向前、向后都存在的，也就是说第 j 个 $(j > k)$ 接收符号也有可能会包含关于 x_k 的信息。但是 RNN 是仅前馈的，在估计 $\hat{p}_k$ 时，y_j 不会被考虑在内。克服这一限制的方法就是采用双向 RNN（BRNN），接收信号的序列一次向前送入一个 RNN 单元，一次向后送入另一个 RNN 单元。两次输出归并起来送入更深的层，具体的流程如图 9.5(b) 所示。对于长度为 L 的序列，估计的结果为：

$$\hat{p}_k = \begin{bmatrix} P_{\mathrm{BRNN}}(x_k = s_1 | z_L, z_{L-1}, \ldots, z_1), \\ P_{\mathrm{BRNN}}(x_k = s_2 | z_L, z_{L-1}, \ldots, z_1), \\ \ldots \\ P_{\mathrm{BRNN}}(x_k = s_M | z_L, z_{L-1}, \ldots, z_1), \end{bmatrix} \tag{9-23}$$

式中，$k \leqslant L$。采用双向长短时记忆网络（LSTM）保证估计当前信号时，过去和未来的信号都考虑进去，从而克服了 RNN 的限制。主要的权衡在于，随着数据流

---

*这里的 arg max 不是数学意义上的 $\hat{p}_k$ 和 $\hat{x}_k$ 的映射关系，而是套用 Tensorflow 的函数 arg max 的表达，即 $\hat{p}_k$ 元素最大值索引所对应的符号就是 $\hat{x}_k$。

的到达，块长度 L 增加，对于每个新接收的符号整个块需要被重新估计，随着数据流长度增大到一定程度，这种方法失去可行性。

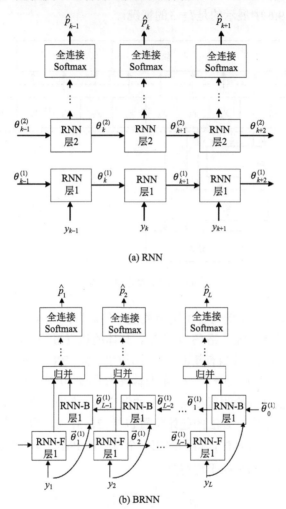

(a) RNN

(b) BRNN

图 9.5　基于 RNN 的网络结构示意图

3. 滑动窗序列检测器

数据流的长度可能是任意长的，不可能在每个新符号达到时更新整个序列，因此需要固定 BRNN 的最大长度，确保长度不能小于信道的记忆长度。如果不能提前知道，可以把 BRNN 长度当作超参来调整，用 L 表示 BRNN 的最大长度。在训练阶段 $l \leqslant L$ 个连续发送的数据块用于训练，其中每个数据块的序列长度可以不同，只要不大于 L。训练完毕后，最简单的方案就是用固定长度 l 的数据块来检测即将到来的数据流，就像图 9.6 顶部表示的那样。这种方法的主要缺点是无法捕捉到当前数据块的末尾对下个数据块的影响，以及必须在连续接收 l 个的资料后才能检测。图 9.6 中展示的是 $l = 3$ 的情况。

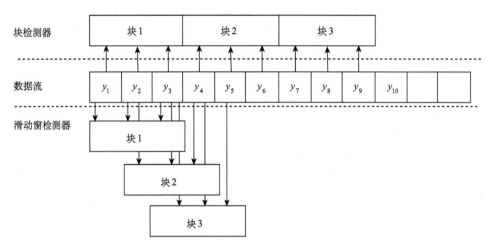

图 9.6   滑动窗序列检测器

为了克服这些缺点，受语音识别相关技术的启发，提出一种动态规划的方案，称为滑动窗双向循环神经网络（SBRNN）。具体的执行过程是，开始的 $l \leqslant L$ 个符号首先用 BRNN 检测，每当有新的符号到达的时候，BRNN 的位置向前滑动一个符号。用 $\mathcal{J}_k = \{j \mid j \leqslant k \wedge j + L > k\}$ 作为长度为 L 的 BRNN 检测器所有合法起始位置的集合，也就是说检测器在第 k 个位置交迭。例如，如果 $L = 3$，$k = 4$，那么 $j = 1$ 不在集合 $\mathcal{J}_k$ 中，合法的起始位置包括 2，3，4，用 $\hat{p}_k^{(j)}$ 表示滑动窗检测器的起始位置为 $j \in \mathcal{J}_k$ 时估计得到的第 k 个符号的 PMF。第 k 个符号最终的 PMF 通过所有相关滑动窗的加权平均得到：

$$\hat{p}_k = \frac{1}{|\mathcal{J}_k|} \sum_{j \in \mathcal{J}_k} \hat{p}_k^{(j)} \tag{9-24}$$

这种方法的好处在于，当最开始的 L 个符号接收检测后，对于新到达的符号，检测器可以立刻做出估计，同时也会动态更新之前的 $(L-1)$ 个符号的估计。从这个方面看，这个算法和动态规划算法相似。图 9.6 的底部展示了滑动窗双向循环神经网络检测器。以此为例，在开始的 3 个符号到达后，这 3 个符号的 PMF 写作 $\hat{p}_i = \hat{p}_i^{(1)}$。当第 4 个符号到达时，第 1 个符号的估计不会改变，但第 2 个和第 3 个符号的估计更新为 $\hat{p}_i = (\hat{p}_i^{(1)} + \hat{p}_i^{(2)})/2$，第 4 个符号估计成 $\hat{p}_4 = \hat{p}_4^{(2)}$。在第 5 个符号到达的时候，第 2 个符号的估计不变，第 3 个符号更新为

$\hat{p}_3 = (\hat{p}_3^{(1)} + \hat{p}_3^{(2)} + \hat{p}_3^{(3)})/3$，而第 4 个符号更新为 $\hat{p}_4 = (\hat{p}_4^{(2)} + \hat{p}_4^{(3)})/2$。式 (9-24) 为不同的滑动窗设置相同的权重，但这个权重可以变成不同。SBRNN 的复杂度随着 BRNN 窗的长度和记忆长度线性增加。

9.2.3　仿真分析

程序运行在 Python3.5，Tensorflow1.2.0 的环境上，如有问题可以考虑版本匹配原因。

程序采用的训练数据通过仿真产生，采用指数高斯分布的信道，信道长度 Nch 设置为 5，调制阶数用 mu 表示。神经网络采用 tensorflow.conrib.rnn 的库构建 LSTM 单元和双向动态的 RNN，层数 numb_layers 为 3 层，隐藏节点数 hidden_size 设置为 80。滑动窗块的长度设为 10，在函数中参数名为 Lenseq，一个训练样本中符号流的长度设置为 20，用 len_stream 表示。在测试 BER 的时候，要考虑到测试数据量所能衡量的最大精度要优于实际的 BER，例如，数据量是 10^5 时，不足以计算 BER 为 10^{-6} 的场景。mode 是一个用来切换检测器模式的字符串，mode= 'SBRNN' 表示采用滑动窗块 RNN 的序列检测器。

第一步：引入相关的库以及定义基本的参数。

```python
import numpy as np
import tensorflow as tf
import os
np.seterr(divide='ignore', invalid='ignore')
batch_size=100
hidden_size=80
numb_layers=3
peephole=True
Nch=5               # 信道的长度
input_size=20###
sliding=True
mu=4
output_size=2**mu #QAM调制的阶数
cellType='LSTM'
norm_gain=0.1
norm_shift=0.0
SNRdb=10
mode='SBRNN'    # SBRNN代表滑动窗块RNN，BRNN代表块RNN
len_stream=20      # 一个样本里连续的符号个数
Power = 10**(np.divide(-np.arange(Nch),Nch - 1)) #高斯信道功率设定
Power = Power / np.sqrt(sum(Power**2))
```

```
    input=tf.placeholder(shape=(None,None,input_size),type=tf.float3
2, name='inputs')
    input_len = tf.placeholder(shape=(None,), dtype=tf.int32, name=
'inputs_length')
    lr = tf.placeholder(dtype=tf.float32, name='learning_rate')
    targets = tf.placeholder(shape=(None, None), dtype=tf.int64, name=
'targets')
```

第二步：定义网络、损失函数和优化器。

```
    #定义RNN网络
    def BRNN(input):
        if cellType=='GRU':
            fw_cells = [tf.contrib.rnn.GRUCell(num_units=hidden_size)
                        for _ in range(numb_layers) ]
            bw_cells = [tf.contrib.rnn.GRUCell(num_units=hidden_size)
                        for _ in range(numb_layers)]
        elif cellType=='LSTM':
            fw_cells = [tf.contrib.rnn.LSTMCell(num_units=hidden_size,
use_peepholes=peephole)
                        for _ in range(numb_layers)]
            bw_cells = [tf.contrib.rnn.LSTMCell(num_units=hidden_size,
use_peepholes=peephole)
                        for _ in range(numb_layers)]
        elif cellType=='LSTM-Norm':
            fw_cells = [tf.contrib.rnn.LayerNormBasicLSTMCell
(num_units=hidden_size,norm_gain=norm_gain,norm_shift=norm_shift)
                        for _ in range(numb_layers)]
            bw_cells = [tf.contrib.rnn.LayerNormBasicLSTMCell
(num_units=hidden_size,norm_gain=norm_gain,norm_shift=norm_shift)
                        for _ in range(numb_layers)]
        else:
            fw_cells = [tf.contrib.rnn.BasicRNNCell(num_units=hidden_
size)
                        for _ in range(numb_layers)]
            bw_cells=[tf.contrib.rnn.BasicRNNCell(num_units=hidden_
size)
                        for _ in range(numb_layers)]

        (outputs, fw_final_state,
```

```
            bw_final_state)=tf.contrib.rnn.stack_bidirectional_dynamic_ rnn
(cells_fw=fw_cells,
cells_bw=bw_cells,
    inputs=input,
    dtype=tf.float32,
    sequence_length=input_len)
    #网络输出，损失函数，优化器，准确率
    output, predictions, probs = BRNN(input)
    loss= tf.nn.softmax_cross_entropy_with_logits_v2(labels=tf. one_
hot (targets, depth=output_size, dtype= tf.float32),logits=output)
    optimizer = tf.train.AdamOptimizer(lr).minimize(loss)
    accuracy = tf.reduce_mean(tf.cast(tf.equal(predictions, targets),
dtype=tf.float32))
    saver = tf.train.Saver(max_to_keep=10)
```

第三步：　定义训练函数和分割序列的函数。

```
    def train_on_samples(sess, nn_input, labels, Lr, Lenseq,
mode="SBRNN"):
        InpSeq, _,TargetSeq = CutSeq(nn_input,Lenseq,labels,mode)
        Input_len = np.zeros(InpSeq.shape[0]) + Lenseq
        _, Loss, accu = sess.run([optimizer, loss, predictions],
feed_dict={input: InpSeq, targets: TargetSeq,
            input_len: Input_len, lr: Lr})
        return Loss, accu
    #  CutSeq函数把输入序列分割成给定数据块大小，方便进行滑动窗检测
    def CutSeq(nn_input, Lenseq, labels=None,mode="SBRNN"):
############
        if nn_input.shape[1]>Lenseq:
            n_seq = nn_input.shape[0]
            len_seq = nn_input.shape[1]
            if mode == "SBRNN":
                n_ss = len_seq - Lenseq + 1
            else:
                n_ss=len_seq//Lenseq
            new_labels = []
            new_inp = np.zeros((n_ss*n_seq,Lenseq,nn_input.shape[2]))
            if labels is not None:
                new_labels = np.zeros((n_ss*n_seq,Lenseq))
            k = 0
            for i in range(n_seq):
```

```
            for j in range(n_ss):
                if mode == "SBRNN":
                    new_inp[k, :, :] = nn_input[i, j:j + Lenseq, :]
                    if labels is not None:
                        new_labels[k, :] = labels[i, j:j + Lenseq]
                else:
                    new_inp[k, :, :] = nn_input[i, j*Lenseq:(j+1)*
Lenseq, :]
                    if labels is not None:
                        new_labels[k, :] = labels[i, j*Lenseq:(j+1)*
Lenseq]
                k += 1
        return new_inp, n_ss,new_labels
    else:
        return nn_input,1,labels
```

第四步：定义测试函数。

```
    def test_on_sample(sess, nn_input, label, Lenseq, type="mean",
mode="SBRNN"):
        n_seq = label.shape[0]
        InpSeq, n_ss, _ = CutSeq(nn_input, Lenseq,None,mode)
        input_lens = np.zeros(InpSeq.shape[0]) + Lenseq
        Probs = sess.run(probs, feed_dict={input: InpSeq, input_len:
input_lens})
        pred_symb = np.zeros_like(label)
        for i in range(n_seq):
            pred_symb[i]= preds_to_symbs(Probs[i*n_ss:(i+1)*n_ss],
    type=type,mode=mode)
        error_rate = np.mean(pred_symb != label)
    return pred_symb, error_rate   #参考式(9-24)理解下面预测符号的函数

    def preds_to_symbs(preds, type="mean",mode="SBRNN"):#########
        if mode=="SBRNN":
            diags = [preds[::-1, :].diagonal(i) for i in range
(-preds.shape[0] + 1, preds.shape[1])]
            if type == "mean":
                symbs = [np.argmax(np.mean(x, axis=1)) for _, x in
enumerate(diags)]
            else:
```

```
        symbs = [np.argmax(np.median(x, axis=1)) for _, x in
enumerate(diags)]
    else:
        symbs =(np.argmax(preds, axis=-1)).reshape(-1)
    return np.array(symbs)
```

第五步：仿真产生符号间干扰信道的训练样本。

```
# 通过仿真产生一组式(9-21) 所示的训练数据
def simulate_ISI_channel(channel_response):
    tr=[]
    re=np.zeros((batch_size,len_stream,input_size))
    for index_k in range(batch_size):
        bits = np.random.binomial(n=1, p=0.5, size=(len_stream*mu,))
        x, y = conv_channel(bits,channel_response[index_k])
        tr.append(x)
        re[index_k]=y
    return np.asarray(tr),re
# conv_channel函数定义符号在有记忆信道中的卷积过程
def conv_channel(bits,channel_response):
    symbol = Modulation(bits)
    re = []
    for i in range(len_stream):
        tmp=np.convolve(symbol[i], channel_response)
        tmp=np.transpose(np.stack((np.real(tmp),np.imag(tmp)),
axis=0)).reshape([-1])
        tmp=tmp+np.sqrt((10 ** (-SNRdb / 10)) / 2) * np.random.randn
(*tmp.shape)
        tmp=np.concatenate((tmp,
np.transpose(np.stack((np.real(channel_response),
        np.imag(channel_response)),axis=0)).reshape([-1])))
        re.append(tmp)
    re = np.array(re)
    return bit_to_index(bits) , re

# Modulation函数，将比特映射为QAM符号
def Modulation( bits):
    symbol = np.zeros([int(len(bits) / mu)], dtype=complex)
    bit_r = (bits).reshape((int(len(bits) / mu), mu))
    mapping_table_QPSK = {
```

```
        (0, 0): 1 / np.sqrt(2) + (1 / np.sqrt(2)) * 1j,
        (0, 1): 1 / np.sqrt(2) - (1 / np.sqrt(2)) * 1j,
        (1, 0): -(1 / np.sqrt(2)) + (1 / np.sqrt(2)) * 1j,
        (1, 1): -(1 / np.sqrt(2)) - (1 / np.sqrt(2)) * 1j,
    }
    mapping_table_16QAM = {
        (0, 0, 0, 0): 1 / np.sqrt(10) + (1 / np.sqrt(10)) * 1j,
        (0, 0, 0, 1): 1 / np.sqrt(10) + (3 / np.sqrt(10)) * 1j,
        (0, 0, 1, 0): 3 / np.sqrt(10) + (1 / np.sqrt(10)) * 1j,
        (0, 0, 1, 1): 3 / np.sqrt(10) + (3 / np.sqrt(10)) * 1j,
        (0, 1, 0, 0): 1 / np.sqrt(10) + (-1 / np.sqrt(10)) * 1j,
        (0, 1, 0, 1): 1 / np.sqrt(10) + (-3 / np.sqrt(10)) * 1j,
        (0, 1, 1, 0): 3 / np.sqrt(10) + (-1 / np.sqrt(10)) * 1j,
        (0, 1, 1, 1): 3 / np.sqrt(10) + (-3 / np.sqrt(10)) * 1j,
        (1, 0, 0, 0): -1 / np.sqrt(10) + (1 / np.sqrt(10)) * 1j,
        (1, 0, 0, 1): -1 / np.sqrt(10) + (3 / np.sqrt(10)) * 1j,
        (1, 0, 1, 0): -3 / np.sqrt(10) + (1 / np.sqrt(10)) * 1j,
        (1, 0, 1, 1): -3 / np.sqrt(10) + (3 / np.sqrt(10)) * 1j,
        (1, 1, 0, 0): -1 / np.sqrt(10) + (-1 / np.sqrt(10)) * 1j,
        (1, 1, 0, 1): -1 / np.sqrt(10) + (-3 / np.sqrt(10)) * 1j,
        (1, 1, 1, 0): -3 / np.sqrt(10) + (-1 / np.sqrt(10)) * 1j,
        (1, 1, 1, 1): -3 / np.sqrt(10) + (-3 / np.sqrt(10)) * 1j,
    }
    if mu == 2:  # mu=2
        for m in range(0, int(len(bits) / mu)):
            symbol[m] = mapping_table_QPSK[tuple(bit_r[m, :])]
        return symbol
    elif mu == 4:  # mu=4
        for m in range(0, int(len(bits) / mu)):
            symbol[m] = mapping_table_16QAM[tuple(bit_r[m, :])]
        return symbol
    else:
        print("Not a valid modulation mode,")
# bit_to_index函数将比特映射成十进制数，作为符号集的索引
def bit_to_index(bits):
    bit_r = bits.reshape((int(len(bits) / mu), mu))
    Bi_conver_op = 2 ** np.arange(mu)[::-1]
return np.dot(bit_r, Bi_conver_op)
# 产生训练集和测试集的信道
channel_response_set=[]
```

```
ch_cnt=100000
for i_ch in range(ch_cnt):
    h_response=np.multiply(np.random.randn(1, Nch) + 1j * np.random.
randn(1, Nch), np.sqrt(Power / 2))[0]
    channel_response_set.append(h_response)
channel_response_set=np.array(channel_response_set)
channel_response_set_test=channel_response_set[0:10000]
channel_response_set_train=channel_response_set[10000:]
```

第六步：在会话中运行 Tensorflow 图。

```
saver = tf.train.Saver()
file_path="./model_16QAM/csi_"+str(SNRdb)+".ckpt"
conf = tf.ConfigProto()
conf.gpu_options.allow_growth = True
with tf.Session(config=conf) as sess:

sess.run([tf.global_variables_initializer(),tf.local_variables_initi
alizer()])
    #   saver.restore(sess, file_path)
    learning_rate=0.1
    for epoch in range(1000):
        if (epoch and epoch % 200==0):
            learning_rate = learning_rate /5
        channel_response=channel_response_set_train[np.random.
randint(0,len(channel_response_set_train), batch_size),:]
        trans, rec = simulate_ISI_channel(channel_response)
        cccost, accu =train_on_samples(sess,nn_input= rec, labels=
trans, Lr=learning_rate, Lenseq=10,mode=mode)
        _,error=test_on_sample(sess, nn_input= rec, label=trans,
Lenseq=5, type="mean",mode=mode)
        print("epoch",epoch,"errors",error)

    avg_error=0
    test_epoch=1000
    for epoch in range(test_epoch):

channel_response=channel_response_set_test[np.random.randint(0,len(c
hannel_response_set_test),batch_size), :]
        trans, rec = simulate_ISI_channel(channel_response)
```

```
      _,error=test_on_sample(sess, nn_input= rec, label=trans,
Lenseq=10, type="mean",mode=mode)
        avg_error=avg_error+error/test_epoch
    print('test error',avg_error)
    save_path = saver.save(sess, file_path)
    print("Model saved in path: %s" % save_path)
```

获取程序代码

9.2.4　结果分析

考虑一个通信系统，采用 QPSK 或者 16QAM 的调制方式将比特流映射为符号流，经过带有记忆特性的信道后，在接收端获得带有符号间干扰的接收信号。发送符号中的一个符号对应着接收信号中的一个向量，通过将接收信号和信道状态信息送入 RNN 网络获得对发送符号的估计。以 16QAM 符号为例，发送符号的符号集空间的维度为 16，网络输出获得 16 分类的分类概率，选择概率最大值所对应符号作为估计结果。信道设置为指数功率的高斯信道，信道长度设置为 N_{ch}，则接收向量长度为 N_{ch}。每个时隙的接收符号和信道响应级联起来，每个复数符号提取成实部和虚部连接的形式，则 RNN 一个时隙的输入维度是 $4N_{ch}$。采用 mini-batch 的训练方式，一个 batch 的长度设置为 100，滑动窗的尺寸设置为 10。图 9.7 是 BER 性能曲线。

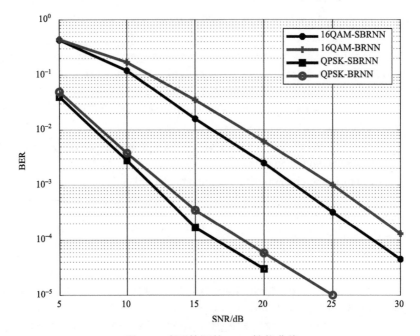

图 9.7　序列检测的 BER 性能曲线

从图 9.7 可以看出，序列检测在低阶调制方式下有着明显的优势，因为分类采用的 softmax 函数在类别维度较大时准确率明显下降，这一点符合所有检测器的特点。在同一种调制阶数下，SBRNN 相比 BRNN 有更好的 BER 性能，在高信噪比和高阶调制方式下，这种优势更加明显。其原因在于同一符号的检测结果是在不同的数据块中平均的结果，可以克服 BRNN 无法捕捉到当前数据块的末尾对下个数据块的影响的缺点。

9.3　本 章 小 结

数字通信系统面临着信道失真引起接收信号中的符号间干扰的问题，为了保证通信系统质量，本章介绍了利用发送信号内在记忆关联性的序列检测方法。9.1 节首先介绍了序列检测的基本原理，以带宽受限、存在信道失真且具有加性白高斯噪声条件下的信道为例，具体介绍序列检测的最大似然准则和维特比算法，进而启发出用深度学习来解决复杂信道模型下的检测问题的思路。9.2 节提供了 SBRNN 的原理和模型解析，并给出了仿真结果和程序。仿真结果证明了 SBRNN 方法在 BER 性能上具有相当的优越性。

参 考 文 献

[1] Nariman F, Goldsmith A. Neural network detection of data sequences in communication systems. IEEE Trans. Signal Process.,2018,66(21):5663-5678.

[2] Proakis J G, Salehi M. Digital communications. New York: McGraw-hill, 2001: 428-434.

[3] Farsad N, Goldsmith A. Sliding bidirectional recurrent neural networks for sequence detection in communication systems. IEEE Int. Conf. Acoustics, Speech and Signal Processing (ICASSP), Calgary, 2018.

[4] Ariki Y, Mizuta S, Nagata M, et al. Spoken-word recognition using dynamic features analysed by two-dimensional cepstrum. IEE Proceedings I-Communications, Speech and Vision, 1989,136(2): 133-140.

[5] Sakoe H, Chiba S. Dynamic programming algorithm optimization for spoken word recognition. IEEE Int. Conf. Acoustics, Speech and Signal Processing (ICASSP), 1978,26(1): 43-49.

[6] Vintsyuk T K. Speech recognition and understanding. Cybernetics, 1982,18(5):657-669.

第 10 章　基于深度学习的 Turbo 码译码

Turbo 码作为一种重要的信道编码技术凭借其接近 Shannon 极限的优异性能在第三代、第四代移动通信系统中得到广泛的应用。在深空通信中，Turbo 码也作为标准码被写入国际空间数据系统咨询委员会(CCSDS)建议。但是 Turbo 码传统的迭代译码算法只能串行处理，无法符合第五代移动通信系统提出的时延极低特征，因此在第五代移动通信系统标准中，数据信道和控制信道的信道编码技术分别采用了低密度奇偶校验码(low density parity check code，LDPC)和极化码。

近年来，深度学习在图像、语音等领域取得了很大的成功，同时也有许多学者尝试将深度学习应用到通信领域，从而提高通信系统的性能[1]。本章旨在讨论深度学习在信道编译码领域的应用，并以 Turbo 码为例介绍基于深度学习的信道译码方法和性能。

首先在 10.1 节对信道编译码技术的重要性以及 Turbo 码的起源进行介绍。在 10.2 节介绍了 Turbo 码的基本编码原理，其中重点介绍并行级联卷积码的编码结构。在 10.3 节介绍了对应并行级联编码结构的 Turbo 码译码结构，并介绍了最大后验概率(maximum a posteriori probability，MAP)译码算法原理及其改进算法。10.4 节介绍了两种主要的深度学习信道译码方法：一种是优化传统的"黑箱"神经网络结构，另一种则是利用先验知识参数化传统译码算法。以信道译码中常用的置信传播算法为例，详细介绍了第二种方法。10.5 节重点介绍了基于深度学习的 Turbo 码译码方法，阐述了具体的模型结构并仿真给出该方法的误码率性能曲线，与传统算法进行比较，分析了算法改进的原因。最后 10.6 节对本章进行总结。

10.1　Turbo 码起源

在无线通信系统中，由于信道固有的噪声和衰落特性的作用，通信传输会产生误码，接收到的数据与传输的数据不同。所以通常利用信道编译码技术来检测传输中产生的错误并尽可能地纠正，从而降低通信系统的误码率。

根据 Shannon 定理，在有噪声干扰的信道中，当信息传输的速率低于信道容量时，则一定存在某种编码及对应的译码方法，使通信系统的差错率能够任意小，反之则无法实现[2]。由于该定理只证明了实现无差错数据传输信道编码技术的存在性，并未给出具体编译码方法，因此，许多学者对其进行深入研究，并提出了许多实际可用的信道编码技术和相应的译码算法。

信道编码通常有分组码和卷积码两种形式。分组码将串行的比特流按照固定的长度分组，然后按照某种方式进行编码，最终得到长度固定的码字，常见的有汉明码、LDPC、极化码等；卷积码则是直接串行地对比特流进行编码，将比特流通过由移位寄存器构成的线性编码器，从而完成编码，如 Turbo 码。

1993 年，C. Berrou 提出了 Turbo 码。在编码时结合了卷积码和随机交织器，在译码时采用了软输入软输出类迭代译码算法[3]。随机交织器使 Turbo 码满足随机编码的要求，因此 Turbo 码的译码性能极大地接近 Shannon 定理极限。在加性白高斯噪声(additive white Gaussian noise，AWGN)信道下，采用二进制相移键控(binary phase shift keying，BPSK)调制，如果交织器的交织深度为 65536，采用迭代译码算法并经过 18 次迭代，当码率为 1/2 的 Turbo 码，误比特率为 10^{-5} 时，信噪比 E_b/N_0 约为 0.7dB，与此时的 Shannon 定理极限 0dB 非常接近，远远超出了其他信道编码方法。因此，关于 Turbo 码的进一步研究也成为信道编码领域的热点。

10.2　Turbo 码编码原理

并行级联卷积码(parallel concatenated convolutional code，PCCC)是最常使用的一种 Turbo 码编码结构，其编码方式非常具有代表性，所以本节将对该编码结构进行详细介绍。此外，串行级联卷积码(serial concatenated convolutional code，SCCC)可以解决上述的 PCCC 型结构在信噪较高时性能难以改善的问题。将上述两种编码结构的特点结合，可以得到混合级联卷积码(hybrid concatenated convolutional code，HCCC)。

10.2.1　PCCC 型编码结构

PCCC 型编码结构是最初采用的 Turbo 码编码结构，如图 10.1 所示。

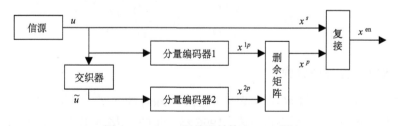

图 10.1　Turbo 码编码结构(PCCC 型)

图 10.1 表明在编码时，信息序列 $u = \{u_1, u_2, \cdots, u_K\}$ 会被交织深度为 K 的交织器随机打乱后重新排序，交织的过程中输入序列的内容和长度不会被改变，输入序列进行随机的排序后得到新序列 $\tilde{u} = \{\tilde{u}_1, \tilde{u}_2, \cdots, \tilde{u}_K\}$，序列 u 和 $\tilde{u}$ 将分别被两个分

量编码器编码，分量编码器通常采用递归系统卷积码(recursive systematic convolutional code，RSC)，得到结果为 $\mathbf{x}^{1p}$ 和 $\mathbf{x}^{2p}$ 的校验序列。通常为了提高码率，会对得到的校验序列进行删余，删余矩阵遵循一定的规则删除校验序列固定位置的比特，最后组合得到校验序列 x^p。x^p 与原信息序列 x^s 按照一定的规则拼接复用后得到 Turbo 码的编码结果 x^{en}。由于 RSC 码是一种系统码，可以由码字直接恢复出信息序列，所以常用作分量编码器。图 10.2 给出一个 RSC 编码器实例。

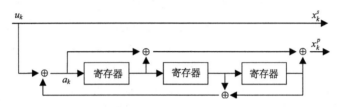

图 10.2　RSC 编码结构

图 10.2 中 x_k^s 和 x_k^p 分别为：

$$x_k^s = u_k \tag{10-1}$$

$$x_k^p = \sum_{i=0}^{M} g_{1i} a_{k-i} \tag{10-2}$$

式中，a_k 可以通过下式计算：

$$a_k = u_k + \sum_{i=0}^{M} g_{0i} a_{k-i} \tag{10-3}$$

式中，M 表示寄存器的个数；$\{g_{0i}\}$、$\{g_{1i}\}$ 是生成序列。RSC 编码器的结构还可以通过生成多项式 $G(D)$ 表示，记 $g_0(D) = 1 + D^2 + D^3$，$g_1(D) = 1 + D + D^3$，则如图 10.2 所示的 RSC 码的生成多项式为：

$$G(D) = \left[1, \ \frac{g_1(D)}{g_0(D)} \right] = \left[1, \ \frac{1 + D + D^3}{1 + D^2 + D^3} \right] \tag{10-4}$$

10.2.2　SCCC 型编码结构

PCCC 型的编码结构存在错误平层(error floor)的问题，当信噪较高时，误码率下降速度会放缓，甚至不再下降。1996 年，SCCC 型编码结构是由 S. Benedetto 等提出。SCCC 型编码结构参考了前者的优点并进行改进，如果信噪比合适，在经过一定次数的迭代以后可以取得极其优异的性能。图 10.3 给出 SCCC 型 Turbo 码编码结构示意图。

图 10.3　Turbo 码编码结构（SCCC 型）

从图 10.3 中可以看出，外码编码器在处理输入数据 u 后产生 c^o，之后 c^o 同样被交织器随机交换顺序得到 c_J^o，最后的输出序列 c^i 由 c_J^o 通过内码编码器后得到。S. Benedetto 指出 SCCC 型结构达到理想性能的前提是内码编码器采用 RSC 码。此时 Turbo 码的码率计算公式为：

$$R = R_i \times R_o \tag{10-5}$$

式中，R_i 表示内码编码器的码率；R_o 表示外码编码器的码率。

10.2.3　HCCC 型编码结构

HCCC 型编码结构是一种将 PCCC 型和 SCCC 型优点相结合的编码方式，有效地解决了错误平层问题，并且不需要太高的信噪比。可以有很多种方式实现 HCCC 型编码，图 10.4 给出其中的两种编码结构。考虑到本章对基于深度神经网络的 Turbo 码译码器研究主要是针对 PCCC 型编码结构，所以这里仅给出其编码结构，不进行具体阐述。

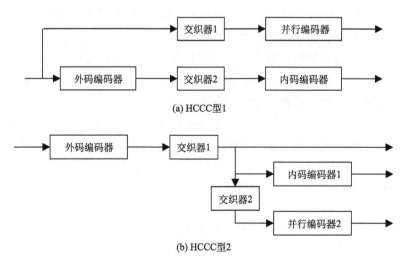

(a) HCCC型1

(b) HCCC型2

图 10.4　Turbo 码编码结构（HCCC 型）

10.3　Turbo 码传统译码算法

本节主要讨论 Turbo 码的传统译码算法。首先给出对应 PCCC 型编码结构的

Turbo 码迭代译码结构，接着详细介绍了 MAP 算法的原理，并在此基础上介绍了 Log-MAP 算法和 Max-Log-MAP 算法。

10.3.1 Turbo 码译码结构

一个常见的 Turbo 码迭代译码结构如图 10.5 所示。

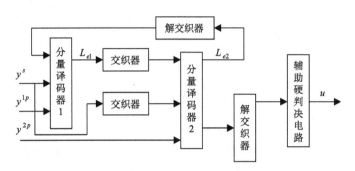

图 10.5   Turbo 码译码结构

图 10.5 表明，Turbo 码在译码时主要使用交织器、分量译码器、解交织器和辅助硬判决电路，该译码结构的一个显著特征是进行迭代。接收端将接收到的信号进行解复用，之后将接收到的信息序列 y^s、校验序列 y^{1p} 和先验信息(由上一次迭代过程中分量译码器 2 输出的外信息解交织得到，第一次迭代时初始化为 0)送入分量译码器 1 进行译码；输出结果和信息序列 y^s 交织后与校验序列 y^{2p} 送入分量译码器 2，从而获得下一次迭代所需的外信息。在多次迭代后对分量译码器 2 的输出解交织和硬判决后得到最终的译码序列。

可见，Turbo 码可以取得接近 Shannon 定理极限的译码性能，与其在译码时分量译码器之间采用软信息交互密切相关。这需要分量译码器既可以输入软信息进行处理，也可以输出软信息用于后续计算，称这样的译码器为软输入软输出(soft input soft output, SISO)译码器。具体而言，译码器的输入为系统信息、校验信息和先验信息，输出为软判决信息。

为了表述方便，用 K 表示信息序列的长度，用 k 表示时刻，第 k 时刻分量编码器中寄存器组的状态用 S_k 表示，在 k 时刻分量编码器输出结果中的信息位用 $x_k^s = u_k$ 表示，校验位用 x_k^p 表示，最终各分量编码器的输出在复用后用 $x = \{x_k\}$ 表示，在 k 时刻接收端收到的码序列解调后用 $y = \{y_k\}$ 表示，其中信息位和校验位分别用 y_k^s 和 y_k^p 表示。

定义接收端 y_k 的条件似然比为：

$$L\left(y_k\big|x_k\right) \triangleq \ln\left(\frac{P\left(y_k\big|x_k=1\right)}{P\left(y_k\big|x_k=0\right)}\right) \tag{10-6}$$

假定采用 BPSK 调制，调制后的序列用 $S=\{s_k\}$ 表示，调制信号通过高斯信道后，可计算接收端解调后 y_k 的条件概率为：

$$P\left(y_k\big|s_k=\pm1\right) = \frac{1}{\sqrt{2\pi}\sigma}\exp\left(-\frac{E_b}{2\sigma^2}\left(y_k\mp a\right)^2\right) \tag{10-7}$$

式中，E_b 表示发送端传输每个比特的能量；σ^2 表示噪声方差；a 表示信道衰落幅度(无衰落时，$a=1$)。于是结合式(10-7)，式(10-6)可以表示为：

$$L\left(y_k\big|x_k\right) \triangleq \ln\left(\frac{\exp\left(-\dfrac{E_b}{2\sigma^2}\left(y_k-a\right)^2\right)}{\exp\left(-\dfrac{E_b}{2\sigma^2}\left(y_k+a\right)^2\right)}\right) = \frac{E_b}{2\sigma^2}\times 4ay_k = L_c y_k \tag{10-8}$$

式中，$L_c = \dfrac{E_b}{2\sigma^2}\times 4a$，只与信噪比和信道衰落幅度有关。所以此时可以直接用 y_k 和 L_c 计算信道软输出 $L\left(y_k\big|x_k\right)$，SISO 译码器输入中的系统信息和校验信息可以分别用 $L_c y_k^s$ 和 $L_c y_k^p$ 计算。

定义后验概率对数似然比为：

$$L\left(u_k\big|y\right) \triangleq \ln\left(\frac{P\left(u_k=1\big|y\right)}{P\left(u_k=0\big|y\right)}\right) \tag{10-9}$$

同时 $L\left(u_k\big|y\right)$ 可以由系统信息 $L_c y_k^s$、先验信息 $L\left(u_k\right)$ 和外信息 $L_e\left(u_k\right)$ 三项相加得到，即

$$L\left(u_k\big|y\right) = L_c y_k^s + L\left(u_k\right) + L_e\left(u_k\right) \tag{10-10}$$

式中，输入的先验信息 $L\left(u_k\right)$ 定义为先验概率对数似然比，即

$$L\left(u_k\right) \triangleq \ln\left(\frac{P\left(u_k=1\right)}{P\left(u_k=0\right)}\right) \tag{10-11}$$

从而得到 SISO 译码器输出的外信息 $L_e\left(u_k\right)$ 为：

$$L_e\left(u_k\right) = L\left(u_k\big|y\right) - L_c y_k^s - L\left(u_k\right) \tag{10-12}$$

可见，SISO 译码器误比特率降低的原因在于其输出的外信息 $L_e\left(u_k\right)$ 与输入译码器中的系统信息 $L_c y_k^s$ 以及先验信息 $L\left(u_k\right)$ 无关，而后续的 SISO 译码器是将该外信息交织后作为先验信息输入的，这样可以提高先验信息的可靠性。因此一个实际使用的 Turbo 码迭代译码结构如图 10.6 所示。

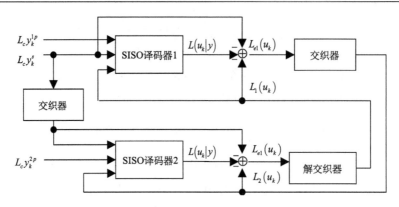

图 10.6　实际使用的 Turbo 码译码结构

对于 SISO 译码器而言，通常有两类算法：一类是 MAP 算法以及在此基础上的一些改进算法[4]；另一类是软输出 Viterbi 算法(soft output Viterbi algorithm, SOVA)以及它的一些改进算法。接下来主要介绍 MAP 算法原理及其改进算法。

10.3.2　MAP 算法

已知接收端接收到的序列为 $y = \{y_k\}$，利用 MAP 算法可以计算信息比特 u_k 为 1 或者 0 的概率，由 Bayes 公式，式(10-9)可写作：

$$L\left(u_k \mid y\right) = \ln\left(\frac{P\left(u_k = 1, y\right) / P(y)}{P\left(u_k = 0, y\right) / P(y)}\right) = \ln\left(\frac{P\left(u_k = 1, y\right)}{P\left(u_k = 0, y\right)}\right) \tag{10-13}$$

当编码器前一时刻状态 S_{k-1} 和当前状态 S_k 已知时，u_k 可以唯一确定。所以 $u_k = 1$ 的概率等价于当 $u_k = 1$ 时，编码器前一时刻状态 S_{k-1} 变为当前状态 S_k 的转移概率。又因为这些转移分支之间都是互斥的，所以转移概率可以由所有分支转移概率求和得到。因此，式(10-13)又可写作：

$$L\left(u_k \mid y\right) = \ln\left(\frac{\sum\limits_{(s',s) \Rightarrow u_k = 1} P\left(S_{k-1} = s', S_k = s, y\right)}{\sum\limits_{(s',s) \Rightarrow u_k = 0} P\left(S_{k-1} = s', S_k = s, y\right)}\right) \tag{10-14}$$

式中，$(s',s) \Rightarrow u_k = 1$ 表示当输入比特 $u_k = 1$ 时，所有状态 $S_{k-1} = s'$ 到状态 $S_k = s$ 的分支转移；$(s',s) \Rightarrow u_k = 0$ 表示当输入比特 $u_k = 0$ 时，所有状态 $S_{k-1} = s'$ 到状态 $S_k = s$ 的分支转移。将 $P\left(S_{k-1} = s', S_k = s, y\right)$ 记作 $P(s', s, y)$，又有

$$P\left(s', s, y\right) = P\left(S_{k-1} = s', S_k = s, y_{j<k}, y_k, y_{j>k}\right) \tag{10-15}$$

假设信道是无记忆的，并且 k 时刻后接收到的序列 $y_{j>k}$ 仅与编码器 k 时刻的状态 s 有关，与编码器 k 时刻之前的状态无关，由 Bayes 公式可知：

$$
\begin{aligned}
P(s',s,y) &= P\left(y_{j>k}\big|s',s,y_{j<k},y_k\right)P\left(s',s,y_{j<k},y_k\right) \\
&= P\left(y_{j>k}\big|s\right)P\left(s',s,y_{j<k},y_k\right) \\
&= P\left(y_{j>k}\big|s\right)P\left(y_k,s\big|y_{j<k},s'\right)P\left(s',y_{j<k}\right) \\
&= P\left(y_{j>k}\big|s\right)P\left(y_k,s\big|s'\right)P\left(s',y_{j<k}\right) \\
&= \beta_k(s)\gamma_k(s',s)\alpha_{k-1}(s')
\end{aligned}
\tag{10-16}
$$

式中，$\alpha_{k-1}(s')=P(s',y_{j<k})$ 表示前向递推；$\beta_k(s)=P\left(y_{j>k}\big|s\right)$ 表示后向递推；$\gamma_k(s',s)=P\left(y_k,s\big|s'\right)$ 表示状态转移概率。MAP算法首先计算 $k=1,2,\cdots,L$ 时的 $\gamma_k(s',s)$，然后迭代计算 $k=1,2,\cdots,L-1$ 时的 $\alpha_k(s)$，$\beta_k(s)$，最后计算 $P(s',s,y)$，其中 $L=K+3$，将式 (10-16) 代入式 (10-14) 可得：

$$
L(u_k|y)=\ln\left(\frac{\displaystyle\sum_{(s',s)\Rightarrow u_k=1}\alpha_{k-1}(s')\gamma_k(s',s)\beta_k(s)}{\displaystyle\sum_{(s',s)\Rightarrow u_k=0}\alpha_{k-1}(s')\gamma_k(s',s)\beta_k(s)}\right)
\tag{10-17}
$$

接下来推导 $\alpha_k(s)$、$\beta_{k-1}(s')$ 和 $\gamma_k(s',s)$ 的计算过程。

1. $\alpha_k(s)$，$\beta_{k-1}(s')$ 的计算

由式 (10-16) 可得：

$$
\begin{aligned}
\alpha_k(s) &= P(s,y_{j<k+1})=P(s,y_{j<k},y_k)=\sum_{s'}P(s,s',y_{j<k},y_k) \\
&= \sum_{s'}P\left(s,y_k\big|s',y_{j<k}\right)P(s',y_{j<k}) \\
&= \sum_{s'}P\left(s,y_k\big|s'\right)P(s',y_{j<k})=\sum_{s'}\gamma_k(s',s)\alpha_{k-1}(s')
\end{aligned}
\tag{10-18}
$$

可见，当 $\gamma_k(s',s)$ 已知时，$\alpha_k(s)$ 可以利用上式递推得到。

$$
\begin{aligned}
\beta_{k-1}(s') &= P\left(y_{j>k-1}\big|s'\right)=\sum_s P\left(y_{j>k-1},s\big|s'\right) \\
&= \sum_s P\left(y_{j>k},y_k,s\big|s'\right) \\
&= \sum_s P\left(y_{j>k}\big|y_k,s,s'\right)P\left(y_k,s\big|s'\right)=\sum_s \beta_k(s)\gamma_k(s',s)
\end{aligned}
\tag{10-19}
$$

当 $\gamma_k(s',s)$ 已知时，$\beta_{k-1}(s')$ 可以利用上式递推得到。

如果编码前和编码后对寄存器清零，则有 $\alpha_k(s)$、$\beta_k(s)$ 的初始条件为：

$$
\begin{aligned}
\alpha_0(s=0)=1,\quad \alpha_0(s\neq 0)=0 \\
\beta_K(s=0)=1,\quad \beta_K(s\neq 0)=0
\end{aligned}
\tag{10-20}
$$

2. $\gamma_k(s',s)$ 的计算

利用 Bayes 公式，可得：

$$\begin{aligned}
\gamma_k(s',s) &= P(y_k,s|s') = P(y_k|s',s)P(s|s') \\
&= P(y_k|s',s)P(u_k) = P(y_k|x_k)P(u_k)
\end{aligned} \tag{10-21}$$

式中，u_k 是对应前一时刻状态 $S_{k-1}=s'$ 向当前状态 $S_k=s$ 转移的输入比特；$P(u_k)$ 表示该比特的先验概率，由式（10-11）可知：

$$P(u_k) = \left(\frac{\exp(-L(u_k)/2)}{1+\exp(-L(u_k))}\right)\exp(u_k L(u_k)/2) = C_{L(u_k)}^{(1)}\exp(u_k L(u_k)/2) \tag{10-22}$$

式中，$C_{L(u_k)}^{(1)} = \left(\dfrac{\exp(-L(u_k)/2)}{1+\exp(-L(u_k))}\right)$ 与 u_k 无关，只与 $L(u_k)$ 有关。

又因为无记忆信道满足：

$$P(y_k|x_k) = \prod_{l=1}^{n} P(y_{kl}|x_{kl}) \tag{10-23}$$

式中，y_{kl}、x_{kl} 分别是接收序列 y_k 和发送序列 x_k 中的单一比特；n 表示码字中的二进制比特个数。考虑 BPSK 调制时，则有

$$P(y_{kl}|x_{kl}) = \frac{1}{\sqrt{2\pi}\sigma}\exp\left(-\frac{E_b}{2\sigma^2}(y_{kl}-ax_{kl})^2\right) \tag{10-24}$$

从而有

$$\begin{aligned}
P(y_k|x_k) &= \prod_{l=1}^{n}\frac{1}{\sqrt{2\pi}\sigma}\exp\left(-\frac{E_b}{2\sigma^2}(y_{kl}-ax_{kl})^2\right) \\
&= \frac{1}{(\sqrt{2\pi}\sigma)^n}\exp\left(-\frac{E_b}{2\sigma^2}\sum_{l=1}^{n}\left(y_{kl}^2+a^2x_{kl}^2-2ax_{kl}y_{kl}\right)\right) \\
&= C_{y_k}^{(2)}C_{x_k}^{(3)}\exp\left(\frac{E_b}{2\sigma^2}\times 2a\sum_{l=1}^{n}x_{kl}y_{kl}\right)
\end{aligned} \tag{10-25}$$

式中，$C_{y_k}^{(2)} = \dfrac{1}{(\sqrt{2\pi}\sigma)^n}\exp\left(-\dfrac{E_b}{2\sigma^2}\sum_{l=1}^{n}y_{kl}^2\right)$；$C_{x_k}^{(3)} = \exp\left(-\dfrac{E_b}{2\sigma^2}a^2\sum_{l=1}^{n}x_{kl}^2\right) = \exp\left(\dfrac{E_b a^2 n}{2\sigma^2}\right)$；

$C_{y_k}^{(2)}$ 只与信噪比和接收码字 y_k 有关；$C_{x_k}^{(3)}$ 只与信噪比和衰落幅度有关。

所以，$\gamma_k(s',s)$ 又可以表示为：

$$\gamma_k\left(s',s\right) = C_{L(u_k)}^{(1)} \exp(u_k L(u_k)/2) C_{y_k}^{(2)} C_{x_k}^{(3)} \exp\left(\frac{E_b}{2\sigma^2} \times 2a \sum_{l=1}^{n} x_{kl} y_{kl}\right)$$

$$= C \exp(u_k L(u_k)/2) \exp\left(\frac{L_c}{2} \sum_{l=1}^{n} x_{kl} y_{kl}\right) \qquad (10\text{-}26)$$

式中，C 与 u_k 和 x_k 均无关。考虑码率为 1/2 的 RSC 码，式(10-26)可以表示为：

$$\gamma_k\left(s',s\right) = C \exp(u_k L(u_k)/2) \exp\left(\frac{L_c}{2}\left(x_k^s y_k^s + x_k^p y_k^p\right)\right) \qquad (10\text{-}27)$$

10.3.3　Log-MAP 算法

MAP 算法使用许多乘除、指数、对数运算，增加了硬件实现上的复杂度，所以有学者在 MAP 算法基础上提出了 Log-MAP 算法[5]。通过对数运算将乘除运算转换为加减运算，大大降低了计算复杂度，并且和 MAP 算法的性能非常接近。

定义 $\bar{\alpha}_k\left(s\right)$、$\bar{\beta}_k\left(s\right)$、$\bar{\gamma}_k\left(s',s\right)$ 和 $\max^*\left(\bullet\right)$ 算子如下：

$$\bar{\alpha}_k\left(s\right) = \ln\left(\alpha_k\left(s\right)\right) \qquad (10\text{-}28)$$

$$\bar{\beta}_k\left(s\right) = \ln\left(\beta_k\left(s\right)\right) \qquad (10\text{-}29)$$

$$\bar{\gamma}_k\left(s',s\right) = \ln\left(\gamma_k\left(s',s\right)\right) \qquad (10\text{-}30)$$

$$\max^*\left(x,y\right) = \ln\left(e^x + e^y\right) = \max(x,y) + \ln\left(1 + e^{-|x-y|}\right) \qquad (10\text{-}31)$$

则此时 $L\left(u_k \big| y\right)$ 可以表示为：

$$L\left(u_k \big| y\right) = \ln \sum_{(s',s) \Rightarrow u_k=1} \alpha_{k-1}\left(s'\right)\gamma_k\left(s',s\right)\beta_k\left(s\right) - \ln \sum_{(s',s) \Rightarrow u_k=0} \alpha_{k-1}\left(s'\right)\gamma_k\left(s',s\right)\beta_k\left(s\right)$$

$$= \ln \sum_{(s',s) \Rightarrow u_k=1} \exp\left\{\ln\left[\alpha_{k-1}\left(s'\right)\gamma_k\left(s',s\right)\beta_k\left(s\right)\right]\right\} - \ln \sum_{(s',s) \Rightarrow u_k=0} \exp\left\{\ln\left[\alpha_{k-1}\left(s'\right)\gamma_k\left(s',s\right)\beta_k\left(s\right)\right]\right\}$$

$$= \ln \sum_{(s',s) \Rightarrow u_k=1} \exp\left\{\bar{\alpha}_{k-1}\left(s'\right)+\bar{\gamma}_k\left(s',s\right)+\bar{\beta}_k\left(s\right)\right\} - \ln \sum_{(s',s) \Rightarrow u_k=0} \exp\left\{\bar{\alpha}_{k-1}\left(s'\right)+\bar{\gamma}_k\left(s',s\right)+\bar{\beta}_k\left(s\right)\right\}$$

$$= \max_{(s',s) \Rightarrow u_k=1}^* \left(\bar{\alpha}_{k-1}\left(s'\right)+\bar{\gamma}_k\left(s',s\right)+\bar{\beta}_k\left(s\right)\right) - \max_{(s',s) \Rightarrow u_k=0}^* \left(\bar{\alpha}_{k-1}\left(s'\right)+\bar{\gamma}_k\left(s',s\right)+\bar{\beta}_k\left(s\right)\right)$$

$$(10\text{-}32)$$

式中，

$$\bar{\alpha}_k\left(s\right) = \ln \sum_{s'} \exp\left[\bar{\alpha}_{k-1}\left(s'\right)+\bar{\gamma}_k\left(s',s\right)\right] = \max_{s'}^*\left(\bar{\alpha}_{k-1}\left(s'\right)+\bar{\gamma}_k\left(s',s\right)\right) \qquad (10\text{-}33)$$

$$\bar{\beta}_{k-1}\left(s'\right) = \ln \sum_{s} \exp\left[\bar{\beta}_k\left(s\right)+\bar{\gamma}_k\left(s',s\right)\right] = \max_{s}^*\left(\bar{\beta}_k\left(s\right)+\bar{\gamma}_k\left(s',s\right)\right) \qquad (10\text{-}34)$$

$$\bar{\gamma}_k(s',s) = \ln\left(C\exp(u_k L(u_k)/2)\exp\left(\frac{L_c}{2}\sum_{l=1}^{n} x_{kl} y_{kl}\right)\right) \tag{10-35}$$

$$= C' + \frac{1}{2}u_k L(u_k) + \frac{L_c}{2}\sum_{l=1}^{n} x_{kl} y_{kl}$$

式 (10-35) 中，$C' = \ln C$，与 u_k 无关。

可见，Log-MAP 算法是在对数域递推计算 $\bar{\alpha}_k(s)$、$\bar{\beta}_k(s)$、$\bar{\gamma}_k(s',s)$，然后计算 $L(u_k|y)$。其核心是 $\max^*(x,y)$ 算子。式 (10-31) 中，$f_c(x) = \ln\left(1+e^{-|x-y|}\right)$ 可以通过查表法实现，极大地降低了计算复杂度。

10.3.4　Max-Log-MAP 算法

对于 Log-MAP 算法，$\max^*(x,y)$ 算子中 $f_c(x) = \ln\left(1+e^{-|x-y|}\right)$ 项的最大值不会超过 $\ln 2$，所以当 $\max(x,y) \gg \ln 2$ 时，该对数项可以忽略，此时有近似计算 $\max^*(x,y) \approx \max(x,y)$，这就是所谓的 Max-Log-MAP 算法[6]。所以此时有

$$\bar{\alpha}_k(s) = \max_{s'}\left(\bar{\alpha}_{k-1}(s') + \bar{\gamma}_k(s',s)\right) \tag{10-36}$$

$$\bar{\beta}_{k-1}(s') = \max_{s}\left(\bar{\beta}_k(s) + \bar{\gamma}_k(s',s)\right) \tag{10-37}$$

该算法通过省略查找表的过程，进一步简化了计算，降低了译码延迟。

10.4　基于深度学习的信道译码

近年来，深度学习技术在图像处理、语音识别等领域取得显著成就。因此有许多学者尝试利用深度学习解决通信领域的一些问题，其中之一就是信道译码。

通常有两种基于深度学习的信道译码方法：一种是优化传统的"黑箱"神经网络结构，从而使网络自身学会译码[7]；另一种是利用先验知识参数化传统译码算法，这种方法可以简化学习的任务[8-11]。本节首先简单介绍第一种方法的原理，之后以信道译码中常用的置信传播 (belief propagation，BP) 算法为例，重点介绍第二种方法的原理，然后将在此基础上详细介绍基于 Max-Log-MAP 算法的 Turbo 码深度学习译码方法。

10.4.1　优化传统"黑箱"神经网络

图 10.7 给出优化传统"黑箱"神经网络方法的信道译码结构图。在发送端，信息序列 u 经过编码得到长度为 N 的码字序列 x，x 经调制以后得到 s，之后通过

AWGN 信道，则此时接收端的信号可以写作：

$$r = s + n \tag{10-38}$$

式中，$n \sim N\left(0, \sigma^2 I_N\right)$，为 $N \times 1$ 的向量。

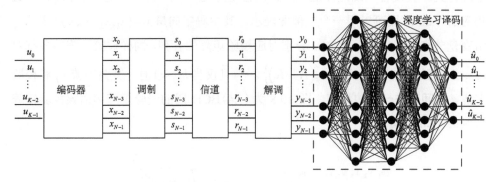

图 10.7　优化传统 "黑箱" 神经网络的信道译码结构图

对接收到的信号解调得到 y，之后用一个全连接的深度神经网络作用于 y，得到对信息序列的估计结果 $\hat{u}$。假设信息序列 u 所有可能的集合为 χ，则基于深度学习的信道译码就是利用样本集数据训练一个合适的深度神经网络，使之能够找到满足下式的 $\hat{u}$：

$$\hat{u} = \arg\max_{u \in \chi} P\left(u \mid y\right) \tag{10-39}$$

由于此时神经网络的设计并没有考虑编码时的实际结构，只是用一个复杂的神经网络，通过大样本的训练使其实现译码的功能，所以称之为优化传统 "黑箱" 神经网络结构的方法。

这种方法本质上可以视作一个分类问题，即根据解调后得到的结果 y 完成一个 2^K 分类问题。由于通常实际使用的纠错码码长都比较大，并且分类的类别随着 K 呈指数增长，当 K 比较大时，这样的分类问题几乎无法实现[12]。故而需要讨论第二种利用先验知识参数化传统译码算法的方法，该方法可以在一定程度上减少码长对深度学习信道译码性能的限制。

10.4.2　参数化传统译码算法

本章在构建 Turbo 码深度学习译码器时采用的是参数化传统译码算法的方法，所以这里以结构较为简单的 BCH 码为例，结合其采用的 BP 译码算法介绍这一方法的基本思想，然后介绍参数化 Max-Log-MAP 算法的过程，从而实现基于深度学习的 Turbo 码译码。

1. Tanner 图

通常 BP 译码器可以通过 Tanner 图构造，而 Tanner 图可以由描述编码的校验矩阵得到。假设有一线性分组码，其校验矩阵为一 $(N-K) \times N$ 矩阵 $[h_{i,j}]$，则其相应的 Tanner 图可以用一个二部图表示，其中码字向量 $x = (x_1, x_2, \cdots, x_N)$ 表示一组变量节点 $\{v_j | j = 1, 2, \cdots, N\}$，分别对应校验矩阵的各列，同样校验矩阵的各行对应一组校验节点 $\{c_i | i = 1, 2, \cdots, (N-K)\}$。当且仅当 $h_{i,j} = 1$ 时，变量节点 v_j 和校验节点 c_i 之间存在一条边相连。图 10.8 为 $(7,4)$ BCH 码的校验矩阵和由该校验矩阵得到的 Tanner 图。

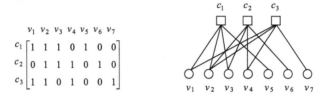

$$\begin{array}{c} \\ c_1 \\ c_2 \\ c_3 \end{array} \begin{array}{c} v_1\ v_2\ v_3\ v_4\ v_5\ v_6\ v_7 \\ \begin{bmatrix} 1 & 1 & 1 & 0 & 1 & 0 & 0 \\ 0 & 1 & 1 & 1 & 0 & 1 & 0 \\ 1 & 1 & 0 & 1 & 0 & 0 & 1 \end{bmatrix} \end{array}$$

图 10.8　$(7,4)$ BCH 码校验矩阵及对应 Tanner 图

2. BP 算法

对于 BP 算法，信息在 Tanner 图中各节点间的边上传播，每个节点根据它从所有边上接收到的传入消息（从传出边接收到的消息除外）计算出传出消息，通过变量节点和校验节点之间的多次迭代实现译码，具体的迭代过程可表示为：

$$Q_{ij}^m = \begin{cases} f_j, & m = 0 \\ f_j + \sum_{k \in C(j) \setminus i} R_{kj}^{m-1}, & m > 0 \end{cases} \tag{10-40}$$

$$R_{ij}^m = 2 \tanh^{-1} \prod_{k \in V(i) \setminus j} \tanh(Q_{ik}^m / 2) \tag{10-41}$$

式中，$f_j = \ln\left(P(u_j = 1 | y_j) / P(u_j = 0 | y_j)\right)$，$j = 1, 2, \cdots, N$，表示信道输出的对数似然比；$m$ 为算法已经迭代的次数；$C(j)$ 表示与变量节点 j 相连的所有校验节点的集合；$C(j) \setminus i$ 表示 $C(j)$ 中除去校验节点 i 后的集合；$V(i)$ 表示与校验节点 i 相连的所有变量节点的集合；$V(i) \setminus j$ 表示 $V(i)$ 中除去变量节点 j 后的集合。

假设经过 M 次迭代后算法终止，此时对所有变量节点计算 Q_j^M 并做硬判决可得最终的译码序列，其中 Q_j^M 的计算公式为：

$$Q_j^M = f_j + \sum_{k \in C(j)} R_{kj}^M \tag{10-42}$$

判决规则为：

$$\hat{x}_j = \begin{cases} 0, & Q_j^M > 0 \\ 1, & Q_j^M < 0 \end{cases} \tag{10-43}$$

3. 基于深度学习的 BP 译码器

接下来搭建一个表示 BP 算法 M 次迭代的神经网络结构图，用 N 表示码字的长度（即 Tanner 图中变量节点的个数），用 E 表示 Tanner 图中边的个数。神经网络的输入层是一个长度为 N 的矢量，表示信道输出的对数似然比。神经网络隐藏层中的节点对应于 Tanner 图中的边，最后的输出层包括 N 个处理单元，用来计算最后的译码结果。

在输入层和输出层之间的所有隐藏层都分别由 E 个神经元构成，对应 Tanner 图中的 E 条边，每个神经元输出的是 Tanner 图中某一变量节点 v_j 与对应校验节点 c_i 之间的边 $e = (v_j, c_i)$ 上传递的信息。例如，考虑第 i 层隐藏层，当 i 为偶数时，则该层对应于边 $e = (v_j, c_i)$ 的神经元与第 $(i-1)$ 层中所有满足 $k \neq i$ 的边 $e' = (v_j, c_k)$ 对应的神经元相连，同时与输入层中对应变量节点 v_j 的节点相连；当 i 为奇数时，若 $i = 1$，则该层对应于边 $e = (v_j, c_i)$ 的神经元与输入层中对应的所有变量节点 v_k 相连，其中 $v_k \in V(i) \setminus j$；若 $i \geq 3$，则该层对应于边 $e = (v_j, c_i)$ 的神经元与第 $(i-1)$ 层中所有满足 $k \neq j$ 的边 $e' = (v_k, c_i)$ 对应的神经元相连；最后的输出层是一个长度为 N 的矢量，用于计算变量节点 v_j 对数似然比的神经元与第 $(i-1)$ 层中所有与变量节点 v_j 相连的边对应的节点相连，同时与输入层中对应变量节点 v_j 的节点相连。以 $(7,4)$ BCH 码为例，结果如图 10.9 所示。

接下来为图 10.9 中的边分配权重，对于神经网络图中的第 i 层，若用 $e = (v, c)$ 表示该层的某个神经元，用 $x_{i,e}$ 表示该神经元的输出信息，当 i 为奇数时，$x_{i,e}$ 对应 BP 算法中从变量节点到校验节点经过 $\left[(i-1)/2\right]$ 次迭代后的传输信息，其计算公式为：

$$x_{i,e=(v,c)} = \tanh\left(\frac{1}{2}\left(w_{i,v}l_v + \sum_{e'=(v,c'),c'\neq c} w_{i,e,e'}x_{i-1,e'}\right)\right) \tag{10-44}$$

当 i 为偶数时，$x_{i,e}$ 对应 BP 算法中从校验节点到变量节点经过 $\left[(i-1)/2\right]$ 次迭代后的传输信息。其计算公式为：

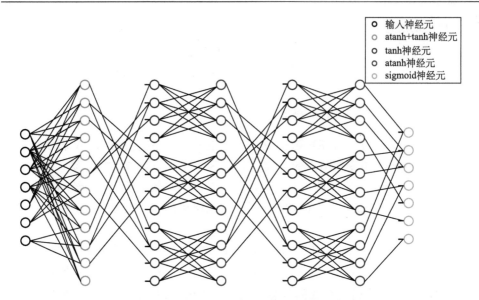

图 10.9　(7,4)BCH 码的神经网络译码图(3 次迭代)

$$x_{i,e=(v,c)} = 2\tanh^{-1}\left(\prod_{e'=(v',c),v'\neq v} x_{i-1,e'}\right) \qquad (10\text{-}45)$$

最后输出层的计算公式为：

$$o_v = \sigma\left(w_{2M+1,v}\,l_v + \sum_{e'=(v,c')} w_{2M+1,v,e'}x_{2M,e'}\right) \qquad (10\text{-}46)$$

式中，$\sigma(x) = \left(1+\mathrm{e}^{-x}\right)^{-1}$，该函数确保神经网络的输出位于区间 $[0,1]$。

这些权重参数在初始化后可以通过训练集数据和随机梯度下降法不断更新。当集合 $\{w_{i,v}, w_{i,e,e'}, w_{2M+1,v,e'}\}$ 中的参数值都为 1，此时图 10.9 和传统的 BP 译码算法等效，所以在训练以后，基于深度学习的 BP 译码器在理论上性能不会劣于传统的 BP 算法。

4. 仿真

损失函数采用交叉熵函数：

$$\text{Loss} = -\frac{1}{K}\sum_{v=1}^{K} u_v \ln\left(o_v\right) + \left(1-u_v\right)\ln\left(1-o_v\right) \qquad (10\text{-}47)$$

训练时，每次使用 120 个样本，训练样本的信噪比从 1dB 到 6dB 变化，使用 RMSPROP 算法进行梯度更新，学习率等于 0.001，神经网络中隐藏层个数为 9(对应 5 次迭代），得到相同迭代次数下的 BCH(63,36)、BCH(127,106) 的误比特率性能曲线分别如图 10.10、图 10.11 所示。

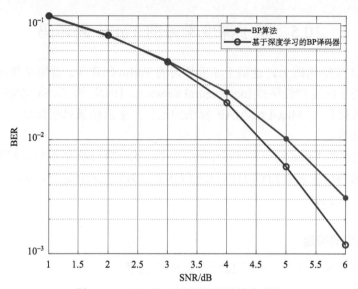

图 10.10　BCH(63,36) 码的误比特率曲线

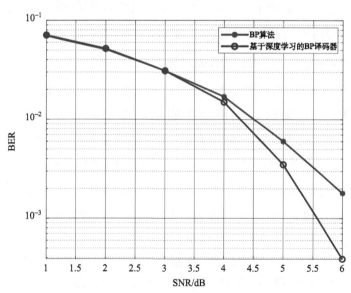

图 10.11　BCH(127,106) 码的误比特率曲线

可见当信噪比较大时，基于深度学习的 BP 译码器性能明显优于传统的 BP 算法。误比特率性能的提高可能是因为通过对迭代时传递的信息合理地配置权重，

Tanner 图中小环的影响可以被部分补偿。例如，如果某个信息是由在领域有许多小环的校验节点产生的，那么该不可靠的信息就会被适当的衰减。

10.5　基于深度学习的 Turbo 码译码

在 10.4 节的基础上讨论基于深度学习的 Turbo 码译码。首先从传统译码结构出发给出基于深度神经网络 (deep neural network，DNN) 的 Turbo 码译码结构，之后阐述参数化传统 Max-Log-MAP 算法的过程，最后仿真基于深度学习的 Turbo 码译码算法性能。

本节提到的 Turbo 码在编码时均采用 2 个 8 状态编码器构成并行级联卷积形式，状态编码器的传输函数为 $G(D) = \left[1, g_1(D) / g_0(D) \right]$，其中 $g_0(D) = 1 + D^2 + D^3$，$g_1(D) = 1 + D + D^3$。

10.5.1　模型的构建

首先介绍系统模型，假设长度为 K 的信息序列 $u = (u_1, u_2, \cdots, u_K)$ 包含两个递归系统卷积码编码器的 Turbo 编码器编码。首先将信息序列输出为系统比特序列 $x^s = \left(x_1^s, x_2^s, \cdots, x_K^s \right)$，其中 $x_k^s = u_k$，信息比特经过递归系统卷积码编码器 1 后输出的校验序列 1 为 $x^{1p} = \left(x_1^{1p}, x_2^{1p}, \cdots, x_K^{1p} \right)$，将经过交织以后得到的信息序列 $\tilde{u}$ 输入递归系统卷积码编码器 2 后得到的校验序列 2，记作 $x^{2p} = \left(x_1^{2p}, x_2^{2p}, \cdots, x_K^{2p} \right)$，最后得到长度为 $N = 3K$ 的码字 $x^{en} = \left(x_1^{en}, x_2^{en}, \cdots, x_K^{en} \right)$，其中 $x_k^{en} = \left(x_k^s, x_k^{1p}, x_k^{2p} \right)$，$k \in \{1, 2, \cdots, K\}$；将编码过程中卷积码编码器所有可能的状态记作集合 $S_R = \{0, 1, \cdots, 7\}$；卷积码编码器在 $(k-1)$ 时刻的状态为 s'，k 时刻的状态为 s，$S^0 = \left\{ (s', s) \big| u_k = 0 \right\}$ 表示 k 时刻输入 Turbo 编码器的信息比特 u_k 为 0 时，卷积码编码器所有可能发生的状态转移分支；$S^1 = \left\{ (s', s) \big| u_k = 1 \right\}$，表示 k 时刻输入 Turbo 编码器的信息比特 u_k 为 1 时，卷积码编码器所有可能发生的状态转移分支；$S = S^0 \cup S^1$。Turbo 编码器输出的码字在调制以后通过无线信道传输，这里假设信道为无记忆加性白高斯噪声信道。在接收端，利用一个软输出的检测器可以计算发送码字序列对应的对数似然比值分别为 $y^s = \left(y_1^s, y_2^s, \ldots, y_K^s \right)$，$y^{1p} = \left(y_1^{1p}, y_2^{1p}, \cdots, y_K^{1p} \right)$ 和 $y^{2p} = \left(y_1^{2p}, y_2^{2p}, \cdots, y_K^{2p} \right)$，记 $y^{de} = \left(y_1^{de}, y_2^{de}, \cdots, y_K^{de} \right)$，其中 $y_k^{de} = \left(y_k^s, y_k^{1p}, y_k^{2p} \right)$；序列 $y = (y_1, y_2, \cdots, y_K)$，其中 $y_k = \left(y_k^s, y_k^{1p} \right)$，$k \in \{1, 2, \cdots, K\}$。表 10.1 整理了 Turbo 码在编码时，卷积码编码器所有可能的状态转移分支以及输

出的校验比特值。

表 10.1 卷积码编码器状态转移分支

	s'	0	1	2	3	4	5	6	7
$u_k = 0$	s	0	4	5	1	2	6	7	3
	x_k^{1p}	0	0	1	1	1	1	0	0
$u_k = 1$	s	4	0	1	5	6	2	3	7
	x_k^{1p}	1	1	0	0	0	0	1	1

考虑图 10.6 中的 Turbo 码译码结构，如果将该迭代译码结构展开，并将其中的每一次迭代用一个 DNN 译码单元表示，得到一个等价于 M 次迭代的平铺式结构如图 10.12 所示。其中 $L^m(u_k)$ 表示 Max-Log-MAP 算法 m 次迭代计算后得到的信息比特 u_k 的先验概率对数似然比，$L^M(u_k|y^{de})$ 表示 Max-Log-MAP 算法 M 次迭代计算后得到的信息比特 u_k 的后验概率对数似然比，$m = 0, 1, \cdots, M-1$。

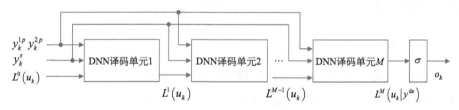

图 10.12 DNN Turbo 译码器

图 10.12 中所示的 DNN 译码单元 M 的结构如图 10.13 所示，其中使用 Max-Log-MAP 算法的 SISO 译码器以及由 SISO 译码器的输出计算外信息的部分被 2 个子网络替代(即子网络 1 和子网络 2)。$L_1^m(u_k|y)$ 和 $L_{e1}^m(u_k)$ 分别表示 SISO 译码器 1 中，利用 Max-Log-MAP 算法进行 m 次迭代计算后得到的信息比特 u_k 的后验概率对数似然比和外信息。图 10.13 所示的第 m 个 DNN 译码单元由 2 个结构相同的交织器、2 个子网络(结构相同，但是参数不共享)、1 个解交织器构成。由解交织器输出的虚线箭头表示第 M 个 DNN 译码单元的输出，实线箭头则表示第 m 个 DNN 译码单元的输出，其中 $m = 0, 1, \cdots, M-1$。

图 10.13 中的子网络 1 是 Max-Log-MAP 算法的图形表示，它一共由 $(K+3)$ 层神经元组成，其中 $(K+1)$ 层为隐藏层。子网络 2 与子网络 1 有着相同的结构，所以接下来以子网络 1 为例具体介绍构建 Max-Log-MAP 算法图形结构的方式及其参数化的过程。

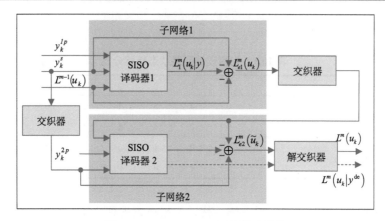

图 10.13　DNN Turbo 译码单元结构

1. 输入层

子网络 1 的输入层由 $3K$ 个神经元组成，并且所有神经元的输出值构成集合 $N^{\mathrm{In}}=\left\{I_k\middle|k=1,2,\cdots,K\right\}$，其中 $I_k=\left(y_k^s,y_k^{1p},L^{m-1}(u_k)\right)$。

2. 隐藏层 1

第 1 层隐藏层由 $|S|\times K=16K$ 个神经元组成，并且这一层中所有神经元的输出构成集合 $N^1=\left\{\overline{\gamma}_k(s',s)\middle|(s',s)\in S,k=1,2,\cdots,K\right\}$。第 1 层隐藏层中，某一个输出对应 $\overline{\gamma}_{k_0}(s_0',s_0)\in N^1$ 的神经元与输入层中输出对应 $y_{k_0}^s$、$y_{k_0}^{1p}$ 以及 $L^{m-1}(u_{k_0})$ 3 个神经元相连接，其中 $(s_0',s_0)\in S$，$k_0\in\{1,2,\cdots,K\}$ 是各自所属集合中的某一个确定元素。图 10.14 给出第 1 层隐藏层中所有输出对应集合 $\left\{\overline{\gamma}_{k_0}(s',s)\middle|(s',s)\in S\right\}$ 中元素的神经元与输入层中对应 $y_{k_0}^s$、$y_{k_0}^{1p}$ 和 $L^{m-1}(u_{k_0})$ 的神经元之间的连接示意图，其中 input neuron 表示网络的输入值，sum neuron 表示对神经元的输入值加权求和后输出（不需要激活函数）。

为图 10.14 所示的输入层与第 1 层隐藏层神经元之间边赋予权重，其中对应 $\overline{\gamma}_{k_0}(s_0',s_0)$ 的神经元计算输出的具体公式为

$$\overline{\gamma}_{k_0}(s_0',s_0)=\frac{1}{2}w_{\overline{\gamma},(s_0',s_0),k_0}^1 u_{k_0}L^{m-1}(u_{k_0})+\frac{1}{2}w_{\overline{\gamma},(s_0',s_0),k_0}^2 x_{k_0}^s y_{k_0}^s+\frac{1}{2}w_{\overline{\gamma},(s_0',s_0),k_0}^3 x_{k_0}^{1p} y_{k_0}^{1p}$$

(10-48)

由表 10.1 知，如果 $s_0'=2$ 并且 $u_{k_0}=x_{k_0}^s=0$，那么 $x_{k_0}^{1p}=1$，此时有

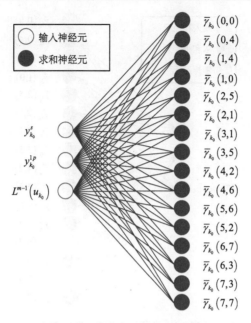

图 10.14　隐藏层 1 结构（全连接）

$$\overline{\gamma}_{k_0}(2,5) = \frac{1}{2} w^3_{\overline{\gamma},(2,5),k_0} y^{1p}_{k_0} \tag{10-49}$$

这意味着隐藏层1中对应 $\overline{\gamma}_{k_0}(2,5)$ 的神经元仅需与输入层中对应 $y^{1p}_{k_0}$ 的神经元相连。类似的有

$$\overline{\gamma}_{k_0}(2,1) = \frac{1}{2} w^1_{\overline{\gamma},(2,1),k_0} L^{m-1}(u_{k_0}) + \frac{1}{2} w^2_{\overline{\gamma},(2,1),k_0} y^s_{k_0} \tag{10-50}$$

$$\overline{\gamma}_{k_0}(0,0) = 0 \tag{10-51}$$

式（10-51）表明隐藏层 1 中对应 $\overline{\gamma}_{k_0}(0,0)$ 的神经元不需要与输入层中的任何神经元相连，可以视作一个输出为恒定值 0 的神经元。因此，得到一个更加准确的结构如图 10.15 所示，其中 zero neuron 表示输出恒定值 0。

3. 隐藏层 2 至隐藏层 K

之后的 $(K-1)$ 层隐藏层中每一层都包含 $2 \times |S_R| = 16$ 个神经元。第 z 层隐藏层中所有神经元的输出构成集合 $N^z = N^z_{\mathrm{odd}} \cup N^z_{\mathrm{even}}$，其中 $N^z_{\mathrm{odd}} = \{\overline{\alpha}_k(s) | k = z-1, s \in S_R\}$ 是第 z 层隐藏层中所有奇数位置神经元的输出构成的集合，而 $N^z_{\mathrm{even}} = \{\overline{\beta}_{k-1}(s') | k = K-z+2, s' \in S_R\}$ 是第 z 层隐藏层中所有偶数位置神经元的输出构成的集合，$z = 2, 3, \cdots, K$。

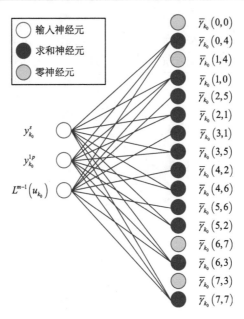

图 10.15　隐藏层 1 结构（非全连接）

(1) 对于某一个 $z_0 \in \{3, 4, \cdots, K\}$：第 z_0 层隐藏层中某一个对应 $\bar{\alpha}_{k_0}(s_0) \in N_{\text{odd}}^{z_0}$ 的神经元和第 $(z_0 - 1)$ 层中所有输出与集合 $\{\bar{\alpha}_{k_0-1}(s') | (s', s_0) \in S\}$ 中元素对应的神经元相连，此外还和第 1 层隐藏层中所有输出与集合 $\{\bar{\gamma}_{k_0}(s', s_0) | (s', s_0) \in S\}$ 中元素对应的神经元相连，其中 $k_0 = z_0 - 1$，$s_0 \in S_R$ 是集合 S_R 中的某一个确定元素；第 z_0 层隐藏层中某一个输出对应 $\bar{\beta}_{k_1-1}(s'_0) \in N_{\text{even}}^{z_0}$ 的神经元和第 $(z_0 - 1)$ 层中所有输出与集合 $\{\bar{\beta}_{k_1}(s) | (s'_0, s) \in S\}$ 中元素对应的神经元相连。此外，还和第 1 层隐藏层中所有输出与集合 $\{\bar{\gamma}_{k_1}(s'_0, s) | (s'_0, s) \in S\}$ 中元素对应的神经元相连，其中 $k_1 = K - z_0 + 2$，$s'_0 \in S_R$ 是集合 S_R 中的某一个确定元素。图 10.16 和图 10.17 给出第 z_0 层隐藏层中的神经元和前面隐藏层（即隐藏层 1 和隐藏层 $(z_0 - 1)$）中的神经元之间连接的结构示意图，其中 max neuron 表示先将输入分组求和，然后求得各组中和的最大值后输出。

由于通常 Turbo 码的码长较大，例如，LTE 标准中 Turbo 码最小的信息位长度为 40，最大为 6144，再将式 (10-36) 和式 (10-37) 参数化会导致神经网络的层数太大，进而会引起梯度消失或者梯度爆炸的问题，所以不为式 (10-36) 和式 (10-37) 添加可以训练的参数。上述第 z_0 层隐藏层中输出对应 $\bar{\alpha}_{k_0}(s_0)$ 的神经元及输出对应 $\bar{\beta}_{k_1-1}(s'_0)$ 的神经元计算输出的具体公式为：

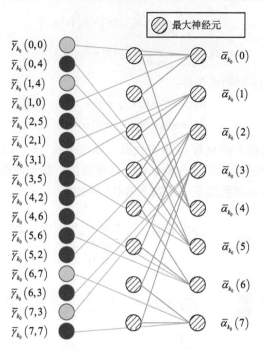

图 10.16　隐藏层 z_0 结构(奇数位置)

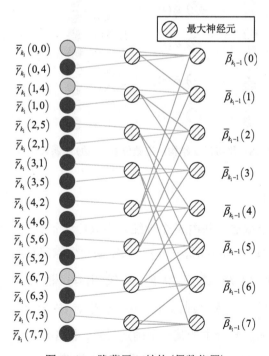

图 10.17　隐藏层 z_0 结构(偶数位置)

$$\bar{\alpha}_{k_0}(s_0) = \max_{(s',s_0)\in S}\left(\bar{\alpha}_{k_0-1}(s') + \bar{\gamma}_{k_0}(s',s_0)\right) \tag{10-52}$$

$$\bar{\beta}_{k_1-1}(s_0') = \max_{(s_0',s)\in S}\left(\bar{\beta}_{k_1}(s) + \bar{\gamma}_{k_1}(s_0',s)\right) \tag{10-53}$$

（2）$z=2$：考虑到初始条件：

$$\begin{aligned}&\bar{\alpha}_0(s=0)=0, \bar{\alpha}_0(s\neq0)=-128\\&\bar{\beta}_K(s=0)=0, \bar{\beta}_K(s\neq0)=-128\end{aligned} \tag{10-54}$$

其中，用了一个比较大的负数 -128 替代原先算法中的 $-\infty$，以便于编程实现。所以第 2 层隐藏层中神经元的部分输入是一些常数值，基于此得到如图 10.18 所示的结构图，其中的短黑色线条表示输入常数值 -128。

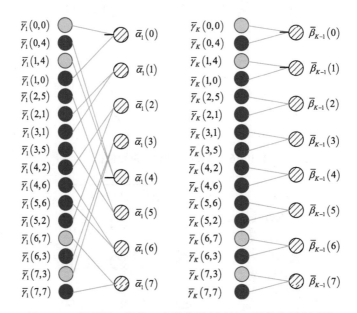

图 10.18　隐藏层 2 结构：奇数位置（左边）；偶数位置（右边）

4. 隐藏层 $(K+1)$

第 $(K+1)$ 层隐藏层一共由 K 个神经元构成，这一层中所有神经元的输出构成集合 $N^{K+1}=\left\{L_1^m(u_k|y)\Big|k=1,2,\cdots,K\right\}$。其中某一个输出对应 $L_1^m(u_{k_0}|y)\in N^{K+1}$ 的神经元与前 K 层隐藏层中所有输出与集合 $\left\{\bar{\alpha}_{k_0-1}(s')\big|s'\in S_R\right\}$、$\left\{\bar{\gamma}_{k_0}(s',s)\big|(s',s)\in S\right\}$、$\left\{\bar{\beta}_{k_0}(s)\big|s\in S_R\right\}$ 中元素对应的神经元相连，其中 $k_0\in\{1,2,\cdots,K\}$ 是所属集合中的某一个确定元素。图 10.19 给出第 $(K+1)$ 层隐藏层中对应 $L_1^m(u_{k_0}|y)$ 的神经元与前面隐藏层（即隐藏层 1、隐藏层 k_0、隐藏层

$(K-k_0+1)$）中神经元之间连接的结构示意图，其中 max-diff neuron 表示先将输入分成两类，然后对每一类分组加权求和，最后求得每一类中各组和的最大值后作差。

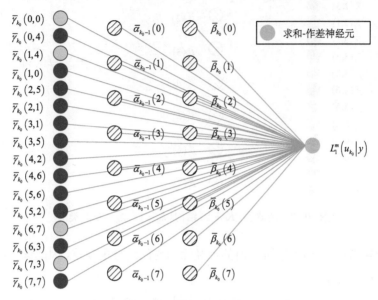

图 10.19　隐藏层（$K+1$）结构

为图 10.19 中的边分配权重，因此上述输出对应 $L_1^m(u_{k_0}|y)$ 的神经元计算输出的具体公式为：

$$L_1^m(u_{k_0}|y) = \max_{(s',s)\in S^1}\left(w_{s',k_0}^1\bar{\alpha}_{k_0-1}(s') + w_{(s',s),k_0}^2\bar{\gamma}_{k_0}(s',s) + w_{s,k_0}^3\bar{\beta}_{k_0}(s)\right)$$
$$- \max_{(s',s)\in S^0}\left(w_{s',k_0}^4\bar{\alpha}_{k_0-1}(s') + w_{(s',s),k_0}^5\bar{\gamma}_{k_0}(s',s) + w_{s,k_0}^6\bar{\beta}_{k_0}(s)\right) \tag{10-55}$$

考虑到 k_0 等于 1 或者 K 时，此时计算 $L_1^m(u_{k_0}|y)$ 用到式（10-54）所述的初始条件，所以此时得到一个特殊的结构如图 10.20 所示。

5. 输出层

子网络 1 的输出层一共由 K 个神经元构成，输出层中所有神经元的输出构成集合 $N^{\text{Out}} = \left\{L_{e1}^m(u_k)|k=1,2,\cdots,K\right\}$。该层中某一个输出对应 $L_{e1}^m(u_{k_0})\in N^{\text{Out}}$ 的神经元与输入层中对应 $y_{k_0}^s$、$L^{m-1}(u_{k_0})$ 及第（$K+1$）层隐藏层中对应 $L_1^m(u_{k_0}|y)$ 的神经元相连，其中 $k_0\in\{1,2,\cdots,K\}$ 是所属集合中的某一个确定元素。

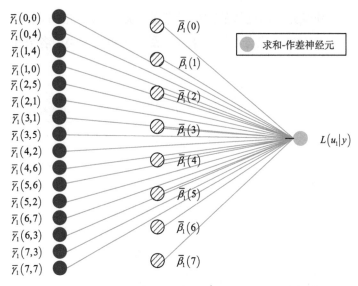

图 10.20 隐藏层 $(K+1)$ 结构（$k_0=1$，$k_0=K$ 时类似）

为和输出层中对应 $L_1^m\left(u_{k_0}\mid y\right)$ 的神经元相连的边分配权重，因此该神经元计算输出的具体公式为：

$$L_{e1}^m\left(u_{k_0}\right)=w_{e,k_0}^1 L_1^m\left(u_{k_0}\mid y\right)-w_{e,k_0}^2 y_{k_0}^s-w_{e,k_0}^3 L^{m-1}\left(u_{k_0}\right) \tag{10-56}$$

一个完整的子网络 1 结构如图 10.21 所示，其中短虚线表示未画出的连接线。

假设图 10.12 中第 M 个 DNN 译码单元的输出为 $L^M\left(u_k\mid y^{\mathrm{de}}\right)$，利用 Sigmoid 函数保证输出 o_k 位于区间 $[0,1]$，即

$$o_k=\sigma\left(L^M\left(u_k\right)\right) \tag{10-57}$$

在计算该网络的损失时，损失函数除了式 (10-45) 所示的交叉熵函数以外，还可以采用传统的均方误差函数，即

$$\mathrm{Loss}=\frac{1}{K}\sum_{k=1}^{K}\left(u_k-o_k\right)^2 \tag{10-58}$$

在构建完成如图 10.12 所示的基于深度神经网络的 Turbo 译码器后，利用随机梯度下降算法进行训练，从而可以更新权重参数 $\left\{w_{\bar{\gamma},(s',s),k}^i,w_{s',k}^j,w_{(s',s),k}^{j+1},w_{s,k}^{j+2},w_{e,k}^l\right\}$，其中 $i=1,2,3$；$j=1,4$；$l=1,2,3$。在训练后对网络的输出 o_k 进行硬判决，即可得到最终的译码结果

$$\hat{u}_k=\begin{cases}1, & o_k\geqslant 0.5\\0, & o_k<0.5\end{cases} \tag{10-59}$$

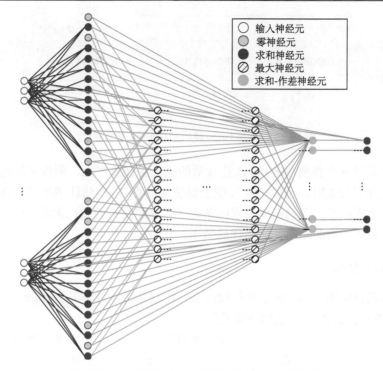

图 10.21　基于 Max-Log-MAP 算法的子网络结构图

当把所有的权重参数置为 1 时，式(10-48)、式(10-55)和式(10-56)的计算结果与传统算法相同，所以基于深度学习的 Turbo 译码器性能在训练以后至少不会劣于传统算法。此外，一旦网络训练结束后，基于深度学习的 Turbo 译码器计算复杂度和传统的 Max-Log-MAP 算法相当。

式(10-45)和式(10-58)采用的损失函数都只考虑第 M 次迭代译码的结果与真实值之间的差距，而没有考虑前 $(M-1)$ 次的情况。事实上，可以将每一个 DNN 译码单元的输出都利用 Sigmoid 函数归一化，然后和真实比特计算损失，最后将这些损失求和作为整个网络的损失。

采用交叉熵损失函数时，

$$\text{Loss} = -\frac{1}{MK}\sum_{i=1}^{M}\sum_{k=1}^{K}u_k \ln\left(o_k^i\right)+\left(1-u_k\right)\ln\left(1-o_k^i\right) \tag{10-60}$$

采用均方误差损失函数时，

$$\text{Loss} = \frac{1}{MK}\sum_{i=1}^{M}\sum_{k=1}^{K}\left(u_k - o_k^i\right)^2 \tag{10-61}$$

式中，o_k^i 表示经过 i 次迭代后第 k 个比特的估计值。此时的译码网络结构如图 10.22 所示。

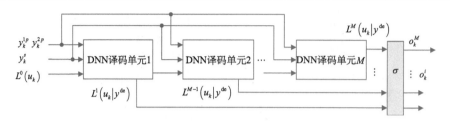

图 10.22　DNN Turbo 译码网络结构（多损失层）

由于此时网络将前 $(M-1)$ 次迭代后的损失也计算在内，所以利用随机梯度下降算法降低损失时，可以一定程度上促使前 $(M-1)$ 次估计的结果和真实值更加接近，进而在相同误比特率要求的条件下，译码所需的迭代次数下降，这样就可以降低译码所需的时间，提高译码效率。

10.5.2　性能仿真

实际训练如图 10.12 所示的神经网络，比较基于深度学习的 Turbo 码译码器和传统 Max-Log-MAP 算法的性能差异。

采用 LTE 标准中 Turbo (40,132) 的编码结构，在编码之后进行 BPSK 调制并通过 AWGN 信道，训练集的样本信噪比为 2.5dB，测试集的样本信噪比从 0dB 到 2.5dB 变化。网络采用 3 个 DNN 译码单元，对应 3 次迭代。损失函数采用均方误差函数，训练时每批数据使用 500 个样本，采用 Adam 算法进行梯度更新，大小为 1×10^{-5} 的学习率[13]。最终得到 Log-MAP 算法、Max-Log-MAP 算法和深度学习 Turbo 译码器的误比特率性能曲线如图 10.23 所示。

从图 10.23 中可以看出，当信噪比 SNR > 1.5dB 后，深度学习 Turbo 译码器的误码率低于相同迭代次数下的 Max-Log-MAP 算法，并且当 SNR > 2dB 后与 3 次迭代的 Log-MAP 算法误码率接近，同时趋近于 5 次迭代的 Max-Log-MAP 算法。

改变发射端的调制方式，采用正交相移键控调制（quadrature phase shift keying，QPSK）调制并通过 AWGN 信道，训练集样本信噪比为 2.5dB，测试集样本信噪比从 0dB 到 2.5dB 变化，此时得到 Log-MAP 算法、Max-Log-MAP 算法和深度学习 Turbo 译码器的误比特率性能曲线如图 10.24 所示。

图 10.24 表明当信噪比 SNR > 1dB 后，深度学习 Turbo 译码器的误码率低于相同迭代次数下的 Max-Log-MAP 算法，并且当信噪比增加后不断趋近 3 次迭代的 Log-MAP 算法和 5 次迭代的 Max-Log-MAP 算法。可见当发送端调制方式改变时，图 10.12 给出的译码结构同样有效。

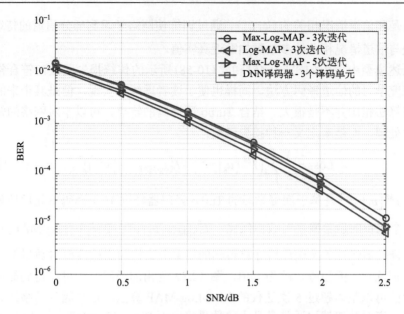

图 10.23　BPSK 调制时 Turbo(40,132) BER 曲线

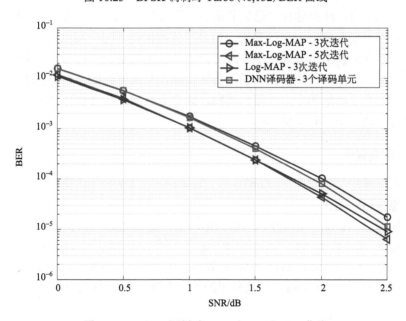

图 10.24　QPSK 调制时 Turbo(40,132) BER 曲线

　　基于深度学习的 Turbo 译码器较传统的 Max-Log-MAP 算法在 BER 性能上的改进，可能是因为在训练后获得的权重一定程度上弥补了由 Log-MAP 算法近似为 Max-Log-MAP 算法时省略的对数项。此外，由于 Max-Log-MAP 算法中的部

分参数是和信道情况相关的(如L_c)，通过训练使网络学习到部分信道的特征，进而这些与信道情况相关的参数更加贴近真实值。

上述模型中采用如式(10-45)和式(10-58)所示的传统损失函数，符合常见的基于深度学习的信道译码方法，同样也便于读者理解与实现，但是其带来的增益同传统算法相比并不是很大。结合 Turbo 码译码的特点，可以不对网络的输出作归一化处理，而是新定义一种损失函数：

$$\text{Loss} = \frac{1}{K} \sum_{k=1}^{K} \left(L^M \left(u_k \big| y^{\text{de}} \right) - L_{\text{Log-MAP}}^T \left(u_k \big| y^{\text{de}} \right) \right)^2 \tag{10-62}$$

式中，$L^M \left(u_k \big| y^{\text{de}} \right)$ 是基于深度学习的 Turbo 译码器经过 M 个译码单元后计算得到的第 k 个比特的后验概率对数似然比；$L_{\text{Log-MAP}}^T \left(u_k \big| y^{\text{de}} \right)$ 是基于 Log-MAP 算法的 Turbo 译码器经过 T 次迭代后计算得到的第 k 个比特的后验概率对数似然比。此外，将训练样本的信噪比改为 0dB，图 10.12 给出的译码结构可以得到显著的增益，效能可以整体超过 5 次迭代的 Max-Log-MAP 算法。这是因为网络计算得到的后验概率对数似然比通常是几十的数量级，而 Sigmoid 函数在 $|x| > 10$ 后已经基本趋近 0 或者 1，此时的梯度已经非常小，所以利用 Sigmoid 函数归一化后再计算损失很容易引起梯度消失的问题，而且当信噪比较高时，Turbo 码的误码率很低，这样网络的损失值就非常小。此外，由于发生错误的比特很少，网络很难通过这些样本学会如何纠正错误。通过仿真实验，发现将训练样本的信噪比设置为 0dB 比较有利于网络的学习。限于篇幅，这里不再给出仿真实验的过程，感兴趣的读者可以进一步了解文献[14]。

10.5.3　仿真程序

本实验程序是建立在 Python3.5.2，Tensorflow1.2.0 的环境基础上，仿真前请注意环境是否匹配。

程序是以 Turbo(40,132) 码的结构编写的，如需仿真测试在另外一种结构下 DNN Turbo 译码器的性能，需要手动更改的参数 K 的大小；interleave(data) 函数中的 f_1、f_2、k，de_interleave(data) 函数中的 f_1、f_2、k，sub_decoder(x,example_number) 函数中的 k_length，建议采用的值可以参考 3GPP LTE 标准中有关 Turbo 编码器的建议。

程序中需要手动设置的超参数有批训练的大小 Batch_size，训练总 epoch 的大小 Num_epoch，测试集样本的信噪比 SNR，Adam 算法的学习率 learning_rate。

在训练集数据和测试集数据的导入部分，注意在程序 main.py 相同路径下存在文件"3X_train_0dB.csv""3Y_train_0dB.csv""3LLR_train_0dB.csv"，分别对应训练集样本解调器输出值、真实的比特、Log-MAP 算法计算得到的后验概率对数似然比，此外存在"3X_test_SNRdB.csv""3X_test_SNRdB.csv"两个测试集文件，其中 SNR 为上述测试集样本信噪比。在完成上述准备工作后，程序可以在 GPU 环境下运行。

程序中先完成对解调数据的解复用和重新排序，interleave(data) 函数实现交织的功能，de_interleave(data) 函数实现解交织的功能，get_batch() 函数获得训练的批样本，程序中 sub_decode() 子函数为 10.5.1 节中 DNN 译码器的实现，相当于一个 SISO 译码器，函数的输出为经过可训练参数加权后的外信息，通过交织函数作为下一次译码的先验信息输入，再经过多次迭代以后将输出的后验概率对数似然比和导入的标签计算损失，并利用 Adam 算法不断更新参数，在网络训练完成以后利用 Sigmoid 函数对后验概率对数似然比归一化并四舍五入得到最后的译码比特用于计算误码率。以式(10-62)定义的损失函数为例，完整的程序如下所示。

第一步：设置超参数、导入文件并完成数据的解复用。

```python
# coding: UTF-8
# DNN Turbo decoder
# ch10_1.py
import numpy as np
import tensorflow as tf
import pandas as pd
import os
# 设置可见的GPU
os.environ['CUDA_VISIBLE_DEVICES'] = '1'


K=40                                      # 信息为长度
Batch_size = 500                          # 批训练大小
Num_epochs = 50                           # epoch次数
SNR = 2                                    # 测试信噪比


# 定义文件名并导入数据
filename_X_test = '3X_test_' + str('{:g}'.format(SNR)) + 'dB.csv'
filename_Y_test = '3Y_test_' + str('{:g}'.format(SNR)) + 'dB.csv'
filename_ber = '3ber_' + str('{:g}'.format(SNR)) + 'dB.csv'
X_train_data = np.loadtxt('3X_train_0dB.csv', delimiter=',')
Y_train_data = np.loadtxt('3Y_train_0dB.csv', delimiter=',')
LLR_train_data = np.loadtxt('3LLR_train_0dB.csv', delimiter=',')
X_test_data = np.loadtxt(filename_X_test, delimiter=',')
Y_test_data = np.loadtxt(filename_Y_test, delimiter=',')
# 获取训练样本个数和测试样本个数
Num_training = X_train_data.shape[0]
```

```
Num_testing = X_test_data.shape[0]

# 接收端数据解复用
X_train_data_s_part1 = X_train_data[:, 0:3*K:3]
X_train_data_p1_part1 = X_train_data[:, 1:3*K:3]
X_train_data_p2_part1 = X_train_data[:, 2:3*K:3]
X_train_data_s_part2 = X_train_data[:, 3*K:3*K+6:2]
X_train_data_p1_part2 = X_train_data[:, 3*K+1:3*K+6:2]
X_train_data_s_part3 = X_train_data[:, 3*K+6:3*K+12:2]
X_train_data_p2_part2 = X_train_data[:, 3*K+7:3*K+12:2]

X_test_data_s_part1 = X_test_data[:, 0:3*K:3]
X_test_data_p1_part1 = X_test_data[:, 1:3*K:3]
X_test_data_p2_part1 = X_test_data[:, 2:3*K:3]
X_test_data_s_part2 = X_test_data[:, 3*K:3*K+6:2]
X_test_data_p1_part2 = X_test_data[:, 3*K+1:3*K+6:2]
X_test_data_s_part3 = X_test_data[:, 3*K+6:3*K+12:2]
X_test_data_p2_part2 = X_test_data[:, 3*K+7:3*K+12:2]
```

第二步：数据重新复用、定义占位符、完成参数的初始化。

```
# 外信息初始化
llr_e_train_init = np.zeros([Num_training, K+3])
llr_e_test_init = np.zeros([Num_testing, K+3])

# 对解复用的数据重新拼接
X_train_data_new = np.hstack((X_train_data_s_part1,
X_train_data_s_part2,
X_train_data_s_part3,
X_train_data_p1_part1,
X_train_data_p1_part2,
X_train_data_p2_part1,
X_train_data_p2_part2,
llr_e_train_init))

# 定义占位符
x_in = tf.placeholder(tf.float64, [None, 3*K+12+K+3])    # 网络输入
y_out = tf.placeholder(tf.float64, [None, K])            # 网络输出
num_data_float = tf.placeholder(tf.float64)              # 测试集样本个数
num_data = tf.to_int32(num_data_float)
alpha0 = tf.placeholder(tf.float64, [None, 8])           # α_0
```

```
betan = tf.placeholder(tf.float64, [None, 8])             # β_L

# 训练时的α_0、β_L初始化
alpha0_value_train_init = np.zeros([Batch_size, 8])
alpha0_value_train_init[:, 1:8:1] = -128
betan_value_train_init = np.zeros([Batch_size, 8])
betan_value_train_init[:, 1:8:1] = -128

# 测试时的α_0、β_L初始化
alpha0_value_test_init = np.zeros([Num_testing, 8])
alpha0_value_test_init[:, 1:8:1] = -128
betan_value_test_init = np.zeros([Num_testing, 8])
betan_value_test_init[:, 1:8:1] = -128
# 保存模型
saver=tf.train.Saver(max_to_keep=0)
```

第三步：定义交织器、解交织器、批获取函数。

```
# 交织器
def interleave(data):
f1 = 3
f2 = 10
k = 40
# size = np.array(data.shape, dtype=int)[0]
size = num_data
dic = dict.fromkeys(range(k), 0)
for i in range(k):
dic[i] = tf.slice(data, [0, (f1*i+f2*i*i) % k], [size, 1])
output = tf.concat([dic[i] for i in range(k)], axis=1)
return output


# 解交织器
def de_interleave(data):
f1 = 3
f2 = 10
k = 40
# size = np.array(data.shape, dtype=int)[0]
size = num_data
dic = dict.fromkeys(range(k), 0)
for i in range(k):
```

```
dic[(f1*i+f2*i*i) % k] = tf.slice(data, [0, i], [size, 1])
output = tf.concat([dic[i] for i in range(k)], axis=1)
return output


# 获取batch
def get_batch(data, label, batch_size, num_epoch):
input_queue = tf.train.slice_input_producer([data, label],
num_epochs=num_epoch, shuffle=False, capacity=32)
x_batch, y_batch = tf.train.batch(input_queue, batch_size=
batch_size,num_threads=1, capacity=32, allow_smaller_final_batch=
False)
return x_batch, y_batch
```

第四步：定义用于参数迭代计算的权重矩阵。

```
# 输入0时的α 转移
def w_01_alpha_update0(size, i):
d0 = np.array([[1, 0, 0, 0, 0, 0, 0, 0],
[0, 0, 0, 0, 1, 0, 0, 0],
[0, 0, 0, 0, 0, 1, 0, 0],
[0, 1, 0, 0, 0, 0, 0, 0],
[0, 0, 1, 0, 0, 0, 0, 0],
[0, 0, 0, 0, 0, 0, 1, 0],
[0, 0, 0, 0, 0, 0, 0, 1],
[0, 0, 0, 1, 0, 0, 0, 0]])
w_01_alp_0 = np.zeros([(8+(size+3)*8), 8])
for j in range(8):
for k in range(8):
w_01_alp_0[j, k] = d0[j, k]
index_vector = np.arange(8*(i+1), 8*(i+2), 1)
for j in index_vector:
for k in range(8):
w_01_alp_0[j, k] = d0[j-8*(i+1), k]
return w_01_alp_0


# 输入1时的α 转移
def w_01_alpha_update1(size, i):
d1 = np.array([[0, 0, 0, 0, 1, 0, 0, 0],
[1, 0, 0, 0, 0, 0, 0, 0],
```

```python
        [0, 1, 0, 0, 0, 0, 0, 0],
        [0, 0, 0, 0, 0, 1, 0, 0],
        [0, 0, 0, 0, 0, 0, 1, 0],
        [0, 0, 1, 0, 0, 0, 0, 0],
        [0, 0, 0, 1, 0, 0, 0, 0],
        [0, 0, 0, 0, 0, 0, 0, 1]])
    w_01_alp_1 = np.zeros([(8+(size+3)*8), 8])
    for j in range(8):
        for k in range(8):
            w_01_alp_1[j, k] = d1[j, k]
    index_vector = np.arange(8*(i+1), 8*(i+2), 1)
    for j in index_vector:
        for k in range(8):
            w_01_alp_1[j, k] = d1[j-8*(i+1), k]
    return w_01_alp_1


# 输入0时的β转移
def w_01_beta_update0(size, i):
    d0_beta = np.array([[1, 0, 0, 0, 0, 0, 0, 0],
        [0, 0, 0, 1, 0, 0, 0, 0],
        [0, 0, 0, 0, 1, 0, 0, 0],
        [0, 0, 0, 0, 0, 0, 0, 1],
        [0, 1, 0, 0, 0, 0, 0, 0],
        [0, 0, 1, 0, 0, 0, 0, 0],
        [0, 0, 0, 0, 0, 1, 0, 0],
        [0, 0, 0, 0, 0, 0, 1, 0]])
    d0_gamma = np.array([[1, 0, 0, 0, 0, 0, 0, 0],
        [0, 1, 0, 0, 0, 0, 0, 0],
        [0, 0, 1, 0, 0, 0, 0, 0],
        [0, 0, 0, 1, 0, 0, 0, 0],
        [0, 0, 0, 0, 1, 0, 0, 0],
        [0, 0, 0, 0, 0, 1, 0, 0],
        [0, 0, 0, 0, 0, 0, 1, 0],
        [0, 0, 0, 0, 0, 0, 0, 1]])
    w_01_beta_0 = np.zeros([(8+(size+3)*8), 8])
    for j in range(8):
        for k in range(8):
            w_01_beta_0[j, k] = d0_beta[j, k]
    index_vector = np.arange(((8+(size+3)*8)-8*(i+1)),
```

```
((8+(size+3)*8)-8*i), 1)
for j in index_vector:
for k in range(8):
w_01_beta_0[j, k] = d0_gamma[j-((8+(size+3)*8)-8*(i+1)), k]
return w_01_beta_0


# 输入1时的β转移
def w_01_beta_update1(size, i):
d1_beta = np.array([[0, 1, 0, 0, 0, 0, 0, 0],
[0, 0, 1, 0, 0, 0, 0, 0],
[0, 0, 0, 0, 0, 1, 0, 0],
[0, 0, 0, 0, 0, 0, 1, 0],
[1, 0, 0, 0, 0, 0, 0, 0],
[0, 0, 0, 1, 0, 0, 0, 0],
[0, 0, 0, 0, 1, 0, 0, 0],
[0, 0, 0, 0, 0, 0, 0, 1]])
d1_gamma = np.array([[1, 0, 0, 0, 0, 0, 0, 0],
[0, 1, 0, 0, 0, 0, 0, 0],
[0, 0, 1, 0, 0, 0, 0, 0],
[0, 0, 0, 1, 0, 0, 0, 0],
[0, 0, 0, 0, 1, 0, 0, 0],
[0, 0, 0, 0, 0, 1, 0, 0],
[0, 0, 0, 0, 0, 0, 1, 0],
[0, 0, 0, 0, 0, 0, 0, 1]])
w_01_beta_1 = np.zeros([(8+(size+3)*8), 8])
for j in range(8):
for k in range(8):
w_01_beta_1[j, k] = d1_beta[j, k]
index_vector = np.arange(((8+(size+3)*8)-8*(i+1)),
((8+(size+3)*8)-8*i), 1)
for j in index_vector:
for k in range(8):
w_01_beta_1[j, k] = d1_gamma[j-((8+(size+3)*8)-8*(i+1)), k]
return w_01_beta_1


# 输入为0时的后验概率
def w_01_llr0_part1(size):
w_llr0 = np.zeros([((size+4)*8*2+(size+3)*8), (size+3)])
```

```
for i in range((size+3)):
j = i
w_llr0[8*i, j] = 1
w_llr0[((size + 4) * 8 + 8 * i + 8), j] = 1
w_llr0[((size + 4) * 8 * 2 + 8 * i), j] = 1
return w_llr0


def w_01_llr0_part2(size):
w_llr0 = np.zeros([((size+4)*8*2+(size+3)*8), (size+3)])
for i in range((size+3)):
j = i
w_llr0[8*i+1, j] = 1
w_llr0[((size + 4) * 8 + 8 * i + 8 + 4), j] = 1
w_llr0[((size + 4) * 8 * 2 + 8 * i + 1), j] = 1
return w_llr0


def w_01_llr0_part3(size):
w_llr0 = np.zeros([((size+4)*8*2+(size+3)*8), (size+3)])
for i in range((size+3)):
j = i
w_llr0[8*i+2, j] = 1
w_llr0[((size + 4) * 8 + 8 * i + 8 + 5), j] = 1
w_llr0[((size + 4) * 8 * 2 + 8 * i + 2), j] = 1
return w_llr0


def w_01_llr0_part4(size):
w_llr0 = np.zeros([((size+4)*8*2+(size+3)*8), (size+3)])
for i in range((size+3)):
j = i
w_llr0[8*i+3, j] = 1
w_llr0[((size + 4) * 8 + 8 * i + 8 + 1), j] = 1
w_llr0[((size + 4) * 8 * 2 + 8 * i + 3), j] = 1
return w_llr0


def w_01_llr0_part5(size):
w_llr0 = np.zeros([((size+4)*8*2+(size+3)*8), (size+3)])
```

```python
for i in range((size+3)):
j = i
w_llr0[8*i+4, j] = 1
w_llr0[((size + 4) * 8 + 8 * i + 8 + 2), j] = 1
w_llr0[((size + 4) * 8 * 2 + 8 * i + 4), j] = 1
return w_llr0


def w_01_llr0_part6(size):
w_llr0 = np.zeros([((size+4)*8*2+(size+3)*8), (size+3)])
for i in range((size+3)):
j = i
w_llr0[8*i+5, j] = 1
w_llr0[((size + 4) * 8 + 8 * i + 8 + 6), j] = 1
w_llr0[((size + 4) * 8 * 2 + 8 * i + 5), j] = 1
return w_llr0


def w_01_llr0_part7(size):
w_llr0 = np.zeros([((size+4)*8*2+(size+3)*8), (size+3)])
for i in range((size+3)):
j = i
w_llr0[8*i+6, j] = 1
w_llr0[((size + 4) * 8 + 8 * i + 8 + 7), j] = 1
w_llr0[((size + 4) * 8 * 2 + 8 * i + 6), j] = 1
return w_llr0


def w_01_llr0_part8(size):
w_llr0 = np.zeros([((size+4)*8*2+(size+3)*8), (size+3)])
for i in range((size+3)):
j = i
w_llr0[8*i+7, j] = 1
w_llr0[((size + 4) * 8 + 8 * i + 8 + 3), j] = 1
w_llr0[((size + 4) * 8 * 2 + 8 * i + 7), j] = 1
return w_llr0


# 输入为1时的后验概率
def w_01_llr1_part1(size):
```

```
w_llr1 = np.zeros([((size+4)*8*2+(size+3)*8), (size+3)])
for i in range((size+3)):
j = i
w_llr1[8*i, j] = 1
w_llr1[((size + 4) * 8 + 8 * i + 8 + 4), j] = 1
w_llr1[((size + 4) * 8 * 2 + 8 * i), j] = 1
return w_llr1


def w_01_llr1_part2(size):
w_llr1 = np.zeros([((size+4)*8*2+(size+3)*8), (size+3)])
for i in range((size+3)):
j = i
w_llr1[8*i+1, j] = 1
w_llr1[((size + 4) * 8 + 8 * i + 8 + 0), j] = 1
w_llr1[((size + 4) * 8 * 2 + 8 * i + 1), j] = 1
return w_llr1


def w_01_llr1_part3(size):
w_llr1 = np.zeros([((size+4)*8*2+(size+3)*8), (size+3)])
for i in range((size+3)):
j = i
w_llr1[8*i+2, j] = 1
w_llr1[((size + 4) * 8 + 8 * i + 8 + 1), j] = 1
w_llr1[((size + 4) * 8 * 2 + 8 * i + 2), j] = 1
return w_llr1


def w_01_llr1_part4(size):
w_llr1 = np.zeros([((size+4)*8*2+(size+3)*8), (size+3)])
for i in range((size+3)):
j = i
w_llr1[8*i+3, j] = 1
w_llr1[((size + 4) * 8 + 8 * i + 8 + 5), j] = 1
w_llr1[((size + 4) * 8 * 2 + 8 * i + 3), j] = 1
return w_llr1


def w_01_llr1_part5(size):
```

```
w_llr1 = np.zeros([((size+4)*8*2+(size+3)*8), (size+3)])
for i in range((size+3)):
j = i
w_llr1[8*i+4, j] = 1
w_llr1[((size + 4) * 8 + 8 * i + 8 + 6), j] = 1
w_llr1[((size + 4) * 8 * 2 + 8 * i + 4), j] = 1
return w_llr1


def w_01_llr1_part6(size):
w_llr1 = np.zeros([((size+4)*8*2+(size+3)*8), (size+3)])
for i in range((size+3)):
j = i
w_llr1[8*i+5, j] = 1
w_llr1[((size + 4) * 8 + 8 * i + 8 + 2), j] = 1
w_llr1[((size + 4) * 8 * 2 + 8 * i + 5), j] = 1
return w_llr1


def w_01_llr1_part7(size):
w_llr1 = np.zeros([((size+4)*8*2+(size+3)*8), (size+3)])
for i in range((size+3)):
j = i
w_llr1[8*i+6, j] = 1
w_llr1[((size + 4) * 8 + 8 * i + 8 + 3), j] = 1
w_llr1[((size + 4) * 8 * 2 + 8 * i + 6), j] = 1
return w_llr1


def w_01_llr1_part8(size):
w_llr1 = np.zeros([((size+4)*8*2+(size+3)*8), (size+3)])
for i in range((size+3)):
j = i
w_llr1[8*i+7, j] = 1
w_llr1[((size + 4) * 8 + 8 * i + 8 + 7), j] = 1
w_llr1[((size + 4) * 8 * 2 + 8 * i + 7), j] = 1
return w_llr1


def w_llr_e_out_value(size, lc):
```

```python
w_llr_e_out = np.zeros([(3*(size+3)), (size+3)])
for i in range((size+3)):
w_llr_e_out[i, i] = 1
w_llr_e_out[(size+3+i), i] = -1c
w_llr_e_out[2*(size+3)+i, i] = -1
return w_llr_e_out


def w_01_llr_e_out_shape(size):
w_01_llr_e_out = np.zeros([(3 * (size + 3)), (size + 3)])
for i in range((size + 3)):
w_01_llr_e_out[i, i] = 1
w_01_llr_e_out[(size + 3 + i), i] = 1
w_01_llr_e_out[2 * (size + 3) + i, i] = 1
return w_01_llr_e_out
```

第五步：定义 max 函数。

```python
# 2输入的max函数
def get_max1(data1, data2):
data1 = tf.expand_dims(data1, 0)
data2 = tf.expand_dims(data2, 0)
data = tf.concat([data1, data2], 0)
data_max = tf.reduce_max(data, reduction_indices=[0])
return data_max


# 8输入的max函数
def get_max2(data1, data2, data3, data4,
data5, data6, data7, data8):
data1 = tf.expand_dims(data1, 0)
data2 = tf.expand_dims(data2, 0)
data3 = tf.expand_dims(data3, 0)
data4 = tf.expand_dims(data4, 0)
data5 = tf.expand_dims(data5, 0)
data6 = tf.expand_dims(data6, 0)
data7 = tf.expand_dims(data7, 0)
data8 = tf.expand_dims(data8, 0)
data = tf.concat([data1, data2, data3, data4,
data5, data6, data7, data8], 0)
data_max = tf.reduce_max(data, reduction_indices=[0])
```

```
return data_max
```

第六步：定义 DNN SISO 译码器。

```
# DNN 译码器
def sub_decode(x, example_number):
k_length = 40                         # 信息位长度
lc = 0.02                             # Lc
c = 0.0
b_llr_init = 0.0
# calculate gamma1
a1 = 2*np.array([[lc/2, lc/2, 1/2],
[lc/2, lc/2, 1/2],
[lc/2, 0, 1/2],
[lc/2, 0, 1/2],
[lc/2, 0, 1/2],
[lc/2, 0, 1/2],
[lc/2, lc/2, 1/2],
[lc/2, lc/2, 1/2]]).T
b1 = np.ones([3, 8])
w1_init = np.zeros([(k_length+3)*3, (k_length+3)*8])
w1_value_init = np.zeros([(k_length+3)*3, (k_length+3)*8])

for i in range((k_length+3)):
for j in range(8):
w1_value_init[i, (8*i+j)] = a1[0, j]
w1_value_init[(k_length+3+i), (8*i+j)] = a1[1, j]
w1_value_init[(2*(k_length+3)+i), (8*i+j)] = a1[2, j]
w1_init[i, (8 * i + j)] = b1[0, j]
w1_init[(k_length + 3 + i), (8 * i + j)] = b1[1, j]
w1_init[(2 * (k_length + 3) + i), (8 * i + j)] = b1[2, j]
w1_01 = tf.constant(w1_init, dtype=tf.float64)
w1_gamma = tf.Variable(w1_value_init, dtype=tf.float64)
w1_gamma = w1_01 * w1_gamma
b1_value_init = [c for i in range((k_length+3)*8)]
b1_gamma = tf.Variable(b1_value_init, dtype=tf.float64)
gamma1 = tf.matmul(x, w1_gamma) + b1_gamma

# calculate γ_0
a0 = 2*np.array([[0, 0, 0],
[0, 0, 0],
```

```
[0, lc/2, 0],
[0, lc/2, 0],
[0, lc/2, 0],
[0, lc/2, 0],
[0, 0, 0],
[0, 0, 0]]).T
b0 = np.ones([3, 8])
w0_init = np.zeros([(k_length+3)*3, (k_length+3)*8])
w0_value_init = np.zeros([(k_length+3)*3, (k_length+3)*8])
for i in range((k_length+3)):
for j in range(8):
w0_value_init[i, (8*i+j)] = a0[0, j]
w0_value_init[(k_length+3+i), (8*i+j)] = a0[1, j]
w0_value_init[(2*(k_length+3)+i), (8*i+j)] = a0[2, j]
w0_init[i, (8 * i + j)] = b0[0, j]
w0_init[(k_length + 3 + i), (8 * i + j)] = b0[1, j]
w0_init[(2 * (k_length + 3) + i), (8 * i + j)] = b0[2, j]
w0_01 = tf.constant(w0_init, dtype=tf.float64)
w0_gamma = tf.Variable(w0_value_init, dtype=tf.float64)
w0_gamma = w0_01 * w0_gamma
b0_value_init = [c for i in range((k_length+3)*8)]
b0_gamma = tf.Variable(b0_value_init, dtype=tf.float64)
gamma0 = tf.matmul(x, w0_gamma) + b0_gamma

alpha_temp = alpha0
alpha = alpha0

beta_temp = betan
beta = betan
temp1 = betan
temp2 = betan
for i in range(k_length+3):
alp_gam0 = tf.concat([alpha_temp, gamma0], axis=1)
w_01_alpha0 = tf.constant(w_01_alpha_update0(k_length, i),
dtype=tf.float64)
alpha_temp_part1 = tf.matmul(alp_gam0, w_01_alpha0)
alp_gam1 = tf.concat([alpha_temp, gamma1], axis=1)
w_01_alpha1 = tf.constant(w_01_alpha_update1(k_length, i),
dtype=tf.float64)
alpha_temp_part2 = tf.matmul(alp_gam1, w_01_alpha1)
```

```
alpha_temp = get_max1(alpha_temp_part1, alpha_temp_part2)
alpha = tf.concat([alpha, alpha_temp], axis=1)

be_gam0 = tf.concat([beta_temp, gamma0], axis=1)
w_01_beta0 = tf.constant(w_01_beta_update0(k_length, i),
dtype=tf.float64)
beta_temp_part1 = tf.matmul(be_gam0, w_01_beta0)
temp1 = tf.concat([beta_temp_part1, temp1], axis=1)
be_gam1 = tf.concat([beta_temp, gamma1], axis=1)
w_01_beta1 = tf.constant(w_01_beta_update1(k_length, i),
dtype=tf.float64)
beta_temp_part2 = tf.matmul(be_gam1, w_01_beta1)
temp2 = tf.concat([beta_temp_part2, temp2], axis=1)
beta_temp = get_max1(beta_temp_part1, beta_temp_part2)
beta = tf.concat([beta_temp, beta], axis=1)

# 计算输入为0时8种状态转移
alp_be_gam0 = tf.concat([alpha, beta, gamma0], axis=1)
alp_be_gam1 = tf.concat([alpha, beta, gamma1], axis=1)
b_llr_value_init = [b_llr_init for i in range(k_length + 3)]
w0_llr_part1_init = np.ones([((k_length+4)*8*2+(k_length+3)*8),
(k_length+3)])
w0_llr_part1_shape = tf.constant(w_01_llr0_part1(k_length),
dtype=tf.float64)
w0_llr_part1 = w0_llr_part1_shape * tf.Variable(w0_llr_part1_init,
dtype=tf.float64)
b0_llr_part1 = tf.Variable(b_llr_value_init, dtype=tf.float64)
llr0_part1 = tf.matmul(alp_be_gam0, w0_llr_part1) + b0_llr_part1
w0_llr_part2_init = np.ones([((k_length+4)*8*2+(k_length+3)*8),
(k_length+3)])
w0_llr_part2_shape = tf.constant(w_01_llr0_part2(k_length),
dtype=tf.float64)
w0_llr_part2 = w0_llr_part2_shape*tf.Variable(w0_llr_part2_init,
dtype=tf.float64)
b0_llr_part2 = tf.Variable(b_llr_value_init, dtype=tf.float64)
llr0_part2 = tf.matmul(alp_be_gam0, w0_llr_part2) + b0_llr_part2
w0_llr_part3_init = np.ones([((k_length + 4) * 8 * 2 + (k_length +
3) * 8),(k_length + 3)])
w0_llr_part3_shape = tf.constant(w_01_llr0_part3(k_length),
dtype=tf.float64)
```

```
    w0_llr_part3 = w0_llr_part3_shape * tf.Variable(w0_llr_part3_init,
    dtype=tf.float64)
    b0_llr_part3 = tf.Variable(b_llr_value_init, dtype=tf.float64)
    llr0_part3 = tf.matmul(alp_be_gam0, w0_llr_part3) + b0_llr_part3
    w0_llr_part4_init = np.ones([[((k_length + 4) * 8 * 2 + (k_length +
3) * 8),(k_length + 3)])
    w0_llr_part4_shape = tf.constant(w_01_llr0_part4(k_length),
    dtype=tf.float64)
    w0_llr_part4 = w0_llr_part4_shape * tf.Variable(w0_llr_part4_init,
    dtype=tf.float64)
    b0_llr_part4 = tf.Variable(b_llr_value_init, dtype=tf.float64)
    llr0_part4 = tf.matmul(alp_be_gam0, w0_llr_part4) + b0_llr_part4
    w0_llr_part5_init = np.ones([[((k_length + 4) * 8 * 2 + (k_length +
3) * 8),(k_length + 3)])
    w0_llr_part5_shape = tf.constant(w_01_llr0_part5(k_length),
    dtype=tf.float64)
    w0_llr_part5 = w0_llr_part5_shape * tf.Variable(w0_llr_part5_init,
    dtype=tf.float64)
    b0_llr_part5 = tf.Variable(b_llr_value_init, dtype=tf.float64)
    llr0_part5 = tf.matmul(alp_be_gam0, w0_llr_part5) + b0_llr_part5
    w0_llr_part6_init = np.ones([[((k_length + 4) * 8 * 2 + (k_length +
3) * 8),(k_length + 3)])
    w0_llr_part6_shape = tf.constant(w_01_llr0_part6(k_length),
    dtype=tf.float64)
    w0_llr_part6 = w0_llr_part6_shape * tf.Variable(w0_llr_part6_init,
    dtype=tf.float64)
    b0_llr_part6 = tf.Variable(b_llr_value_init, dtype=tf.float64)
    llr0_part6 = tf.matmul(alp_be_gam0, w0_llr_part6) + b0_llr_part6
    w0_llr_part7_init = np.ones([[((k_length + 4) * 8 * 2 + (k_length +
3) * 8),(k_length + 3)])
    w0_llr_part7_shape = tf.constant(w_01_llr0_part7(k_length),
    dtype=tf.float64)
    w0_llr_part7 = w0_llr_part7_shape * tf.Variable(w0_llr_part7_init,
    dtype=tf.float64)
    b0_llr_part7 = tf.Variable(b_llr_value_init, dtype=tf.float64)
    llr0_part7 = tf.matmul(alp_be_gam0, w0_llr_part7) + b0_llr_part7
    w0_llr_part8_init = np.ones([[((k_length + 4) * 8 * 2 + (k_length +
    3) * 8),(k_length + 3)])
    w0_llr_part8_shape = tf.constant(w_01_llr0_part8(k_length),
    dtype=tf.float64)
```

```
w0_llr_part8 = w0_llr_part8_shape * tf.Variable(w0_llr_part8_init,
dtype=tf.float64)
b0_llr_part8 = tf.Variable(b_llr_value_init, dtype=tf.float64)
llr0_part8 = tf.matmul(alp_be_gam0, w0_llr_part8) + b0_llr_part8
llr_0 = get_max2(llr0_part1, llr0_part2, llr0_part3, llr0_part4,
llr0_part5, llr0_part6, llr0_part7, llr0_part8)

# 计算输入为1时8种状态转移
w1_llr_part1_init = np.ones([((k_length + 4) * 8 * 2 + (k_length+3)
*8 ),(k_length + 3)])
w1_llr_part1_shape = tf.constant(w_01_llr1_part1(k_length),
dtype=tf.float64)
w1_llr_part1 = w1_llr_part1_shape * tf.Variable(w1_llr_part1_init,
dtype=tf.float64)
b1_llr_part1 = tf.Variable(b_llr_value_init, dtype=tf.float64)
llr1_part1 = tf.matmul(alp_be_gam1, w1_llr_part1) + b1_llr_part1
w1_llr_part2_init = np.ones([((k_length + 4) * 8 * 2 + (k_length +
3) * 8),(k_length + 3)])
w1_llr_part2_shape = tf.constant(w_01_llr1_part2(k_length),
dtype=tf.float64)
w1_llr_part2 = w1_llr_part2_shape * tf.Variable(w1_llr_part2_init,
dtype=tf.float64)
b1_llr_part2 = tf.Variable(b_llr_value_init, dtype=tf.float64)
llr1_part2 = tf.matmul(alp_be_gam1, w1_llr_part2) + b1_llr_part2
w1_llr_part3_init = np.ones([((k_length + 4) * 8 * 2 + (k_length +
3) * 8),(k_length + 3)])
w1_llr_part3_shape = tf.constant(w_01_llr1_part3(k_length),
dtype=tf.float64)
w1_llr_part3 = w1_llr_part3_shape * tf.Variable(w1_llr_part3_init,
dtype=tf.float64)
b1_llr_part3 = tf.Variable(b_llr_value_init, dtype=tf.float64)
llr1_part3 = tf.matmul(alp_be_gam1, w1_llr_part3) + b1_llr_part3
w1_llr_part4_init = np.ones([((k_length + 4) * 8 * 2 + (k_length +
3) * 8),(k_length + 3)])
w1_llr_part4_shape = tf.constant(w_01_llr1_part4(k_length),
dtype=tf.float64)
w1_llr_part4 = w1_llr_part4_shape * tf.Variable(w1_llr_part4_init,
dtype=tf.float64)
b1_llr_part4 = tf.Variable(b_llr_value_init, dtype=tf.float64)
llr1_part4 = tf.matmul(alp_be_gam1, w1_llr_part4) + b1_llr_part4
```

```
w1_llr_part5_init = np.ones([((k_length + 4) * 8 * 2 + (k_length +
3) * 8),(k_length + 3)])
w1_llr_part5_shape = tf.constant(w_01_llr1_part5(k_length),
dtype=tf.float64)
w1_llr_part5 = w1_llr_part5_shape * tf.Variable(w1_llr_part5_init,
dtype=tf.float64)
b1_llr_part5 = tf.Variable(b_llr_value_init, dtype=tf.float64)
llr1_part5 = tf.matmul(alp_be_gam1, w1_llr_part5) + b1_llr_part5
w1_llr_part6_init = np.ones([((k_length + 4) * 8 * 2 + (k_length +
3) * 8),(k_length + 3)])
w1_llr_part6_shape = tf.constant(w_01_llr1_part6(k_length),
dtype=tf.float64)
w1_llr_part6 = w1_llr_part6_shape * tf.Variable(w1_llr_part6_init,
dtype=tf.float64)
b1_llr_part6 = tf.Variable(b_llr_value_init, dtype=tf.float64)
llr1_part6 = tf.matmul(alp_be_gam1, w1_llr_part6) + b1_llr_part6
w1_llr_part7_init = np.ones([((k_length + 4) * 8 * 2 + (k_length +
3) * 8),(k_length + 3)])
w1_llr_part7_shape = tf.constant(w_01_llr1_part7(k_length),
dtype=tf.float64)

w1_llr_part7 = w1_llr_part7_shape * tf.Variable(w1_llr_part7_init,
dtype=tf.float64)
b1_llr_part7 = tf.Variable(b_llr_value_init, dtype=tf.float64)
llr1_part7 = tf.matmul(alp_be_gam1, w1_llr_part7) + b1_llr_part7
w1_llr_part8_init = np.ones([((k_length + 4) * 8 * 2 + (k_length +
3) * 8),(k_length + 3)])
w1_llr_part8_shape = tf.constant(w_01_llr1_part8(k_length),
dtype=tf.float64)
w1_llr_part8 = w1_llr_part8_shape * tf.Variable(w1_llr_part8_init,
dtype=tf.float64)
b1_llr_part8 = tf.Variable(b_llr_value_init, dtype=tf.float64)
llr1_part8 = tf.matmul(alp_be_gam1, w1_llr_part8) + b1_llr_part8
llr_1 = get_max2(llr1_part1, llr1_part2, llr1_part3, llr1_part4,
llr1_part5, llr1_part6, llr1_part7, llr1_part8)

# 计算后验概率和外信息
# 后验概率
llr = llr_1 - llr_0
# 系统信息
```

```
    y_s = tf.slice(x, [0, 0], [example_number, (k_length+3)])
    # 输入外信息(先验概率)
    llr_e_in=tf.slice(x,[0,2*(k_length+3)],[example_number,(k_length+3)])
    # 将先验概率、系统信息、后验概率拼接
    llr_ys_llrein = tf.concat([llr, y_s, llr_e_in], axis=1)

    w_01_llr_e_output = tf.constant(w_01_llr_e_out_shape(k_length),
    dtype=tf.float64)

    w_llr_e_out_init = w_llr_e_out_value(k_length, lc)
    w_llr_e_out = tf.Variable(w_llr_e_out_init, dtype=tf.float64)
    w_llr_e_output = w_01_llr_e_output * w_llr_e_out
    b_llr_e_output_value_init = 0.0
    b_llr_e_output_init=[b_llr_e_output_value_init for i in range(k_
length+3)]
    b_llr_e_output = tf.Variable(b_llr_e_output_init, dtype=tf.float64)
    # 计算输出外信息
    llr_e_output = tf.matmul(llr_ys_llrein, w_llr_e_output) + b_llr_e_
output
    # 函数返回外信息，llr和beta作程序调试用
    return llr_e_output, llr, beta
```

第七步：构成 3 个译码单元的迭代译码结构。

```
    input1_part1 = tf.slice(x_in, [0, 0], [num_data, K+3])
    input1_part2 = tf.slice(x_in, [0, K+6], [num_data, K+3])
    input1_part3 = tf.slice(x_in, [0, 3*K+12], [num_data, K+3])
    # 对输入拼接
    input1= tf.concat([input1_part1, input1_part2, input1_part3], axis=1)
    # 第1次迭代SISO decoder_1输出
    output1, llr1, a1 = sub_decode(input1, num_data)
    # 对s交织，和s2拼接在一起，与p2和output1的交织拼接成input2
    s = tf.slice(x_in, [0, 0], [num_data, K])
    # 对系统信息交织
    input2_part1_1 = interleave(s)
    input2_part1_2 = tf.slice(x_in, [0, K+3], [num_data, 3])
    input2_part1 = tf.concat([input2_part1_1, input2_part1_2], axis=1)
    input2_part2 = tf.slice(x_in, [0, 2*K+9], [num_data, K+3])
    # 对SISO_decoder_1输出外信息交织
    input2_part3_1 = interleave(tf.slice(output1, [0, 0], [num_data,
K]))
```

```
    input2_part3_2 = tf.zeros([num_data, 3], dtype=tf.float64)
    input2_part3 = tf.concat([input2_part3_1, input2_part3_2], axis=1)
    input2 = tf.concat([input2_part1, input2_part2, input2_part3],
axis=1)
    # 第1次迭代SISO decoder_2输出
    output2, llr2, a2 = sub_decode(input2, num_data)

    input3_part3_1 = de_interleave(tf.slice(output2, [0, 0], [num_data,
K]))
    input3_part3_2 = tf.zeros([num_data, 3], dtype=tf.float64)
    input3_part3 = tf.concat([input3_part3_1, input3_part3_2], axis=1)
    input3 = tf.concat([input1_part1, input1_part2, input3_part3],
axis=1)
    output3, llr3, a3 = sub_decode(input3, num_data)

    input4_part3_1 = interleave(tf.slice(output3, [0, 0], [num_data,
K]))
    input4_part3_2 = tf.zeros([num_data, 3], dtype=tf.float64)
    input4_part3 = tf.concat([input4_part3_1, input4_part3_2], axis=1)
    input4 = tf.concat([input2_part1, input2_part2, input4_part3],
axis=1)
    output4, llr4, a4 = sub_decode(input4, num_data)

    input5_part3_1 = de_interleave(tf.slice(output4, [0, 0], [num_data,
K]))
    input5_part3_2 = tf.zeros([num_data, 3], dtype=tf.float64)
    input5_part3 = tf.concat([input5_part3_1, input5_part3_2], axis=1)
    input5 = tf.concat([input1_part1, input1_part2, input5_part3],
axis=1)
    output5, llr5, a5 = sub_decode(input5, num_data)

    input6_part3_1 = interleave(tf.slice(output5, [0, 0], [num_data,
K]))
    input6_part3_2 = tf.zeros([num_data, 3], dtype=tf.float64)
    input6_part3 = tf.concat([input6_part3_1, input6_part3_2], axis=1)
    input6 = tf.concat([input2_part1, input2_part2, input6_part3],
axis=1)
    output6, llr6, a6 = sub_decode(input6, num_data)

    output_data_6 = tf.slice(llr6, [0, 0], [num_data, K])
```

```
output_valid_6 = de_interleave(output_data_6)
```

第八步：定义损失函数，设置优化器学习率，配置 GPU。

```
# 对输出硬判决
out = tf.sigmoid(output_valid_6)

# 计算网络损失
loss = tf.reduce_mean(tf.square(out - y_out))
# 设置优化器和学习率
optimizer=tf.train.AdamOptimizer(learning_rate=1e-5).Minimize(loss)
# 计算误码率
err_rate=tf.reduce_sum(tf.abs(tf.round(out)-y_out))/(num_data_
float*K)
# 获取batch
x_batch_train, y_batch_train = get_batch(data=X_train_data_new,
label=LLR_train_data,
batch_size=Batch_size,
num_epoch=Num_epochs)

# 配置GPU
config = tf.ConfigProto()
config.gpu_options.allow_growth = True
```

第九步：开始训练。

```
with tf.Session(config=config) as sess:
# 初始化参数
sess.run(tf.global_variables_initializer())
sess.run(tf.local_variables_initializer())

# 开启协调器
coord = tf.train.Coordinator()

# 使用start_queue_runners 激活队列填充
threads = tf.train.start_queue_runners(sess, coord)
epoch = 0
ber_vector = [1.0 for i in range(int(Num_training*Num_epochs /
Batch_size))]

    try:
```

```
while not coord.should_stop():
# 获取训练用的每一个batch中batch_size个样本和标签
if epoch == 0:
ber0 = err_rate.eval({x_in: X_test_data_new,
y_out: Y_test_data,
num_data_float: Num_testing,
alpha0: alpha0_value_test_init,
betan: betan_value_test_init})
print(ber0)

feature_train, label_train = sess.run([x_batch_train,y_batch_train])

sess.run(optimizer, feed_dict={x_in: feature_train,
y_out: label_train,
num_data_float: Batch_size,
alpha0: alpha0_value_train_init,
betan: betan_value_train_init})

train_ber = err_rate.eval({x_in: feature_train,
y_out: label_train,
num_data_float: Batch_size,
alpha0: alpha0_value_train_init,
betan: betan_value_train_init})

train_loss = loss.eval({x_in: feature_train,
y_out: label_train,
num_data_float: Batch_size,
alpha0: alpha0_value_train_init,
betan: betan_value_train_init})

ber_temp = err_rate.eval({x_in: X_test_data_new,
y_out: Y_test_data,
num_data_float: Num_testing,
alpha0: alpha0_value_test_init,
betan: betan_value_test_init})
ber_vector[epoch] = ber_temp
print(ber_temp)
pd.DataFrame(data=ber_vector).to_csv(filename_ber)
epoch = epoch + 1
# 保存模型
```

```
# saver.save(sess, "./BPSK.ckpt", global_step=epoch-1)

except tf.errors.OutOfRangeError:  # num_epochs 次数用完会抛出此异常
print("---Train end---")

finally:
# 协调器coord发出所有线程终止信号
coord.request_stop()
print('---Programme end---')
coord.join(threads)   # 把开启的线程加入主线程，等待threads结束
```

获取程序代码

10.6　本 章 小 结

本章首先介绍了 Turbo 码的基本原理和传统译码算法；接着介绍了两种基于深度学习的信道译码方法，并以置信传播算法为例重点介绍了利用先验知识参数化传统译码算法的方法，该方法可以一定程度上减少码长对算法译码性能的限制。之后详细介绍了基于 Max-Log-MAP 算法的 Turbo 码深度学习译码方法，并仿真比较了该方法与传统译码算法的性能。从结果中看出通过训练找到一组更加合适的权重参数可以提高传统算法的译码性能，这样在相同误码率性能的要求下可以减少迭代所需的次数，进而减少了译码所需的时间，降低了延迟。

参 考 文 献

[1] Shea T O', Hoydis J. An introduction to deep learning for the physical layer. IEEE Transactions on Cognitive Communications and Networking . 2017,3（4）:563-575.

[2] Shannon C E. A mathematical theory of communication. The Bell System Technical Journal, 1948,27（4）:623-656.

[3] Berrou C, Glavieux A, Thitimajshima P. Near Shannon limit error-correcting coding and decoding: Turbo-codes. Proceedings of ICC '93, 1993.

[4] Bahl L, Cocke J, Jelinek F, et al. Optimal decoding of linear codes for minimizing symbol error rate. IEEE Trans. Inf. Theory, 1974, IT-20（2）:284-287.

[5] Robertson P, Hoeher P, Villebrun E. Optimal and sub-optimal maximum a posteriori algorithms suitable for turbo decoding. Eur. Trans. Telecommun., 1997,8（2）:119-125.

[6] Erfanian J A, Pasupathy S, Gulak G. Reduced complexity symbol detectors with parallel structures for ISI channels. IEEE Trans. Commun., 1994, 42（234）:1661-1671.

[7] Gruber T, Cammerer S, Hoydis J, et al. On deep learning-based channel decoding. in Proc. IEEE 51st Annu. Conf. Inf. Sciences Syst., 2017: 1-6.

[8]　Nachmani E, Be'ery Y, Burshtein D. Learning to decode linear codes using deep learning. in Proc. IEEE Annu. Allerton Conf. Commun., Control, and Computing, 2016.

[9]　Lugosch L, Gross W J. Neural offset min-sum decoding. 2017 IEEE Int. Symp. Inf. Theory, 2017.

[10]　Nachmani E, Marciano E, Lugosch L, et al. Deep learning methods for improved decoding of linear codes. IEEE J. Sel. Topics Signal Process.,2018,12(1):119-131.

[11]　Kim H, Jiang Y, Rana R, et al. Communication Algorithms via Deep Learning. ICLR 2018, 2018.

[12]　Wang X A, Wicker S B. An artificial neural net Viterbi decoder. IEEE Trans. Commun., 1996,44(2):165-171.

[13]　Kingma D P, Ba J. Adam: A method for stochastic optimization. arxiv preprint arXiv:1412.6980, 2014.

[14]　He Y F, Zhang J, Wen C K. TurboNet: A model-driven DNN decoder based on max-log-MAP algorithm for Turbo code. arxiv preprint arXiv:1905.10502, 2019.